```cpp
#include <ros/ros.h>
#include <vector>

int main(int argc, char **argv)
{
    ros::init(argc, argv, "my_first_node");
    ros::NodeHandle nh;

    std::string name = ros::this_node::getName();

    std::string nameSpace = ros::this_node::getNamespace();
```

# ROS
## プログラミング

銭 飛 著

```cpp
    ros::V_string pub, sub;
    ros::this_node::getAdvertisedTopics(pub);

    ros::this_node::getSubscribedTopics(sub);
    ROS_INFO_STREAM("namespace: " << nameSpace);
    ROS_INFO_STREAM("Node [" << name << "]");

    if(pub.size() == 0)
        ROS_INFO_STREAM("Publications: None");
    else {
        ROS_INFO_STREAM("Publications:");
        for(int i=0;i<pub.size();i++)
            ROS_INFO_STREAM(" * " << pub[i]);
    }
    ROS_INFO("\n");

    if(sub.size() == 0)
        ROS_INFO_STREAM("Subscriptions: None");
    else {
        ROS_INFO_STREAM("Subscriptions:");
        for(int i=0;i<sub.size();i++)
            ROS_INFO_STREAM(" * " << sub[i]);
```

森北出版株式会社

●本書のサポート情報を当社 Web サイトに掲載する場合があります．下記の URL にアクセスし，サポートの案内をご覧ください．

　　　　　　　http://www.morikita.co.jp/support/

●本書の内容に関するご質問は，森北出版 出版部「(書名を明記)」係宛に書面にて，もしくは下記の e-mail アドレスまでお願いします．なお，電話でのご質問には応じかねますので，あらかじめご了承ください．

　　　　　　　editor@morikita.co.jp

●本書により得られた情報の使用から生じるいかなる損害についても，当社および本書の著者は責任を負わないものとします．

■本書に記載している製品名，商標および登録商標は，各権利者に帰属します．

■本書を無断で複写複製（電子化を含む）することは，著作権法上での例外を除き，禁じられています．複写される場合は，そのつど事前に (社)出版者著作権管理機構 (電話 03-3513-6969，FAX 03-3513-6979，e-mail：info@jcopy.or.jp) の許諾を得てください．また本書を代行業者等の第三者に依頼してスキャンやデジタル化することは，たとえ個人や家庭内での利用であっても一切認められておりません．

# まえがき

　近年，知能ロボットに関する研究がますます注目され，さまざまな技術分野で目覚ましい発展を遂げている．1947 年に Argonne 国立研究所で開発されたホットラボ用マニピュレータが世に現れてきてから半世紀以上の年月が経ち，現在では，産業用ロボット以外でも，医療福祉，社会生活，スポーツ，軍事産業などの分野で，さまざまなロボットが開発されている．

　ソフトウェアの立場で考えると，コンピュータ技術により支えられている知能ロボットを開発するには，制御プログラムの移植性，再利用性，およびモジュール化などへの要求が日に日に強まってきている．さまざまなロボットが独自の専用プラットフォームで開発されてきた現在では，たとえば，共通した制御機能がある場合でも，別々に開発したソフトウェアを互いに援用させることは難しい．さらに，本来の開発目的を達成するためにロボット指向プログラミングになったせいで，研究者はすべてのプログラムの開発を強いられている．そのため，同じ組織内の研究者どうしでなければ，プログラムリソースの共有はほとんどできず，世界範囲に及ぶロボット研究のコミュニティは形成されていなかった．その結果，既存のソフトウェアの再利用性は低く，重複開発に費やす時間とコストが無駄になってきた．

　ロボット開発におけるこのような問題が注目され，現在では Player, YARP, Orocos, CARMEN, Orca, Microsoft Robotics Studio などといった，開発プラットフォームの標準化に対する研究が行われている．その中で，ロボットアプリケーションの開発支援を行うロボットオペレーティングシステム (robot operating system, ROS) とよばれるツールパッケージが，2010 年に Willow Garage 社より公開され，世界範囲のロボット研究者の中で話題になり，ROS プログラミングのブームを形成している．

　ROS 上で開発されたソフトウェアモジュールは，汎用性，再利用性，移植性に優れている．ROS コミュニティは世界中に形成され，さまざまなロボットに対応するパッケージはオープンソースの形で公開され，誰でも自由に利用することができる．ROS 上で新しいロボットの制御プログラムを開発する場合，既存のモジュールを組み合わせ，必要最小限の開発を行うだけで，短時間，ローコストで目的を達成することができる．

　現在，ロボット研究に携わっている世界中のトップ研究者たちが ROS コミュニティに集まってきており，さまざまな研究開発を行っている．しかしながら，日本国内においては，ROS プログラミングに関連する書籍がほとんど見当たらず，ROS に関する知

識の習得は ROS Wiki に頼っているのが現状である．

　本書は，C++プログラミングの基本スキルを有し，ROS ロボットプログラミングを勉強する大学3年生以上の学部学生や，大学院生，また，ROS を利用して新しい知能ロボットを研究開発しようとする研究者，エンジニアなどを対象にしている．C++を用いた ROS プログラミングを基礎から学びたい方への入門書として，ROS のコア機能のプログラミングの大半をカバーしており，各章は以下のように構成されている．

　第1章では，ROS の基本概念，ROS の基本要素，ROS のシステムアーキテクチャ，および基本操作を紹介する．

　第2章では，ROS を利用する視点で，ROS パッケージの作成方法から，ROS ノード，トピック，サービス，パラメータ，ROS のジョブ制御言語であるランチファイルの構成を紹介する．ROS に初めて触れる読者は，この章を徹底的に理解しておくことをおすすめする．

　第3章では，ROS プログラミングの基本要件を紹介する．この章で，ROS ノードの基本操作から，ROS トピックの配布者・購読者プログラム，ROS サービスのサーバ・クライアントプログラム，ROS パラメータのプログラミング方法などの詳細を理解することができる．

　第4章では，第3章の内容を理解したうえで，ゲームパッドやジョイスティック，ビデオカメラ，Leap Motion デバイス，Arduino での各種センサの扱い方，レーザ測位センサ，Kinect の ROS プログラミングを紹介する．

　第5章では，ROS の座標系，座標変換とアクションプログラミングを紹介する．

　第6章では，ROS プラグイン機能とノードレット機能のプログラミングを紹介する．これらの機能は，大規模ロボットアプリケーションを開発する際に大変重要であるので，しっかり理解してもらいたい．

　第7章では，ROS でのロボットモデリングとシミュレーションを紹介する．RViz/Arbotix を利用したロボットシミュレーションの可視化，URDF/Xacro を利用したロボットの3Dモデリングを紹介した後，TurtleBot の実機プログラミング方法，およびシミュレーションの事例を紹介する．

　第8章では，ROS プログラミングの実践を行い，最近話題になっている AR.Drone の基本プログラミングと自律飛行制御を体験してもらう．また，ROS ネットワーキングする際のネットワーク設定や，ROS ノードの分散的実行する方法を紹介する．

　現在 ROS では，C++，Python，Lisp，Java など複数の言語をサポートしているが，API が最も充実していることと，公開されているほとんどのモジュールの開発言語が C++であることなどを考え，本書は C++を用いた ROS プログラミング技法を解説している．

　本書に関連するすべてのソースコード，および本書に記載した内容に関連する各種 ROS パッケージは下記 URL にて公開している．

http://www.morikita.co.jp/books/mid/085341

　最後に，本書の執筆にあたり，さまざまなディスカッション，実験検証を手伝っていただいた関東学院大学理工学部大規模並列分散システム研究室の大学院生の皆様，ならびに，本書の出版・編集にあたり，多大なご尽力をいただいた森北出版株式会社の皆様に厚く御礼申し上げる．

2016 年 2 月

著　者

# 目 次

## 1. ROSとは

### 1.1 ROSの設計目標と基本特徴 ……………………………………… 2
### 1.2 ROSのシステムアーキテクチャ …………………………………… 6
  1.2.1 ファイルシステムレベル　6
  1.2.2 コンピューティンググラフレベル　12
  1.2.3 コミュニティレベル　16
### 1.3 ROSファイルシステムの基本操作 ………………………………… 17
  1.3.1 ROSノードの操作　18
  1.3.2 ROSトピックの操作　22
  1.3.3 ROSメッセージの操作　27
  1.3.4 ROSサービスの操作　29
  1.3.5 ROSサービスのデータ構造の確認　32

## 2. ROSを始めよう

### 2.1 catkinワークスペース ……………………………………………… 36
### 2.2 ROSパッケージの作成 ……………………………………………… 38
  2.2.1 新しいパッケージの作成　38
  2.2.2 マニフェストファイルの準備　42
  2.2.3 CMakeファイルの準備　44
  2.2.4 パッケージの構築　48
### 2.3 turtlesimでROSノードを理解する ……………………………… 49
  2.3.1 ノードの起動と終了　50
  2.3.2 ノードのリネーム　52
### 2.4 turtlesimでROSトピックとメッセージを理解する ………… 53
  2.4.1 ROSトピック間の依存関係　54
  2.4.2 ROSメッセージとメッセージデータタイプ　57
### 2.5 turtlesimでROSサービスを理解する …………………………… 62
  2.5.1 ROSサービスの検索　62

2.5.2　ROS サービスの利用　64
　2.6　turtlesim で ROS パラメータを理解する ･････････････････････ 65
　　　2.6.1　利用可能なパラメータの表示　66
　　　2.6.2　パラメータの変更　67
　2.7　turtlesim で roslaunch の基本を理解する ･････････････････････ 69
　　　2.7.1　ROS ランチファイル　69
　　　2.7.2　ROS ランチファイルの使用例　77

# 3. ROS の基礎プログラミング

　3.1　ROS のプログラミング言語 ･････････････････････････････････ 82
　3.2　ROS ノードのプログラミング ･･･････････････････････････････ 83
　　　3.2.1　Hello ROS world!　83
　　　3.2.2　rosconsole での出力処理　85
　　　3.2.3　ROS ノードハンドラ　89
　　　3.2.4　ROS ノード情報の取得　94
　　　3.2.5　ROS タイマーの利用　96
　3.3　ROS トピックのプログラミング ･････････････････････････････ 98
　　　3.3.1　配布者プログラムの基本　98
　　　3.3.2　購読者プログラムの基本　101
　　　3.3.3　ROS メッセージデータタイプファイルの利用　103
　　　3.3.4　購読者の管理　107
　　　3.3.5　トピックを中継する mimic ノード　109
　3.4　ROS サービスのプログラミング ･････････････････････････････ 110
　　　3.4.1　ROS サービスサーバプログラムの基本　110
　　　3.4.2　ROS サービスクライアントプログラムの基本　114
　3.5　ROS パラメータのプログラミング ･･･････････････････････････ 117
　　　3.5.1　パラメータの取得　117
　　　3.5.2　パラメータの設定　118
　　　3.5.3　パラメータサーバを利用したノード間の通信　120

# 4. ROS の応用プログラミング

　4.1　ゲームパッドやジョイスティックの ROS プログラミング ････ 125
　　　4.1.1　ゲームパッドの準備　125
　　　4.1.2　joystick_drivers パッケージ　126
　　　4.1.3　ゲームパッドの制御プログラム例　129

- 4.2 ビデオカメラの ROS プログラミング ……………………… 133
  - 4.2.1 USB カメラ用モジュールの準備　133
  - 4.2.2 USB カメラの利用　134
  - 4.2.3 カメラキャリブレーション　135
  - 4.2.4 ビデオストリームの配布と購読　137
  - 4.2.5 ビデオストリーム配布者のプログラミング　148
  - 4.2.6 ビデオストリーム購読者のプログラミング　153
- 4.3 Leap Motion の ROS プログラミング ……………………… 157
  - 4.3.1 Leap Motion SDK の準備　157
  - 4.3.2 Leap Motion の ROS 配布者プログラム例　159
  - 4.3.3 Leap Motion の ROS 購読者プログラム例　164
- 4.4 ロボット基本デバイスの ROS プログラミング ……………… 165
  - 4.4.1 ROSserial と Arduino　165
  - 4.4.2 超音波センサのプログラミング　167
  - 4.4.3 GPS モジュールのプログラミング　170
  - 4.4.4 レーザ測位センサプログラミング　174
  - 4.4.5 Kinect プログラミング　178

## 5. 座標変換とアクションプログラミング

- 5.1 ROS の座標系と座標変換 ……………………………………… 184
- 5.2 tf 座標情報の送受信処理 ……………………………………… 189
  - 5.2.1 tf パッケージ　189
  - 5.2.2 tf ブロードキャスタープログラム例　197
  - 5.2.3 tf リスナープログラム例　199
- 5.3 tf 座標フレームの追加 ………………………………………… 201
- 5.4 ROS アクションのプログラミング …………………………… 204
  - 5.4.1 ROS アクションプロトコルの基本　204
  - 5.4.2 ROS アクションの基本 API　206
  - 5.4.3 アクションデータタイプの定義　211
  - 5.4.4 アクションプログラミングの例　212

## 6. プラグインとノードレットのプログラミング

- 6.1 ROS プラグインのプログラミング …………………………… 222
  - 6.1.1 pluginlib の基本 API　222
  - 6.1.2 プラグインプログラムの作成手順　227
- 6.2 ROS ノードレットのプログラミング ………………………… 234

        6.2.1　ノードレットプログラミングの基本　235
        6.2.2　Kinect 画像表示用ノードレットのプログラム例　240

# 7. ロボットモデリングとシミュレーション

## 7.1　RViz/Arbotix によるロボットシミュレーションの可視化　243
        7.1.1　RViz/Arbotix の基本的な使い方　244
        7.1.2　TurtleBot ロボットの制御　247
        7.1.3　オドメトリ情報の利用　250
## 7.2　URDF/Xacro でロボットの 3D モデリング　256
        7.2.1　URDF の基本構成　257
        7.2.2　Xacro での URDF 記述の簡略化　261

# 8. ROS の実践プログラミング

## 8.1　AR.Drone の基本プログラミング　265
        8.1.1　ardrone_autonomy パッケージ　266
        8.1.2　ardrone_autonomy のナビゲーション関連の ROS トピック　269
        8.1.3　ardrone_autonomy のフライト制御関連のトピック　274
        8.1.4　ardrone_autonomy のサービス　275
        8.1.5　ardrone_autonomy を利用した AR.Drone プログラミング　278
## 8.2　AR.Drone の自律飛行　283
        8.2.1　tum_ardrone の自律飛行制御機構　283
        8.2.2　tum_ardrone の drone_gui パッケージ　284
        8.2.3　tum_ardrone の drone_autopilot パッケージ　286
        8.2.4　tum_ardrone の drone_stateestimation パッケージ　288
        8.2.5　自律飛行の例　290
## 8.3　ROS ネットワーキング　291
        8.3.1　ROS ネットワークの設定　291
        8.3.2　ROS ノードの分散的実行　293

付録 A　ROS のインストール　296

付録 B　ROS-Arduino 開発環境のインストール　298

付録 C　TurtleBot 開発環境のインストール　300

索　引　303

chapter

# 1

# ROSとは

近年，知能ロボット技術が目覚ましい発展を成し遂げている．さまざまなロボットが産業用から非製造用，社会参加支援，生活支援へと進化している．生活分野，医療福祉分野，スポーツ分野，軍事産業などでの成長が期待され，ロボット産業全体の市場規模は 2025 年に 8 兆円にも達すると予測されている．こういう状況のもとで，知能ロボットの研究・開発についての，ソースコードの汎用性，移植性とモジュール化への要求がますます強くなってきている．しかし，これまでのオープンソースベースの開発環境では，こういった需要を満たすことが困難であった．そこで，2010 年に Willow Garage 社が ROS (robot operating system) を発表し，知能ロボットの研究開発に統一したプラットフォームを提供し始めた．

ROS は，ロボット開発するためのさまざまなソフトウェアの集合であり，プロセス間通信のためのライブラリと，プログラムをコンパイルするためのビルドシステムを提供している．ROS は本来，Stanford 大学の AI Lab (STAIR) において開発が行われていたが，現在，ROS の開発は OSRF (open source robotics foundation) によって行われている．2016 年 2 月現在の LTS (long term support, 長期サポート) 版である Indigo では，リリース時に 2000 を超えるパッケージが提供されており，ROS はロボット業界において大きな影響力をもつようになった．とくに，欧米の研究者コミュニティでは人気が高い．

ROS は，基本的にオープンソースのプラットフォームであり，ソフトウェアパッケージのほとんどは BSD ライセンスを採用している．いままでの ROS の各安定バージョンは，以下のようにアルファベット順に亀の名前が採用されている[†]（図 1.1 参照）．

本書では，ROS Indigo を対象にして ROS プログラミング技法を解説する．ROS Indigo のインストール方法については，付録 A を参照してほしい．

---

[†] 亀の名前には，知能ロボットの世界において，ROS が，古代インドの宇宙観におけるウミガメのような役割が果たせるようにとの願いが込められている (古代インドでは，ウミガメの甲羅の上に立つ 4 頭の象が半球状の大地を支えていると考えられていた)．

2　第 1 章　ROS とは

図 1.1　ROS のリリース (http://wiki.ros.org/)

| バージョン名 | リリース期日 | バージョンロゴ<br>(http://wiki.ros.org/) | サポート終了日 |
| --- | --- | --- | --- |
| Box Turtle | 2010 年 03 月 01 日 | | 終了 |
| C Turtle | 2010 年 08 月 03 日 | | 終了 |
| Diamondback | 2011 年 02 月 03 日 | | 終了 |
| Electric Emys | 2011 年 08 月 30 日 | | 終了 |
| Fuerte | 2012 年 04 月 23 日 | | 終了 |
| Groovy Galapagos | 2012 年 12 月 31 日 | | 終了 |
| Hydro Medusa | 2013 年 09 月 09 日 | | 終了 |
| Indigo Igloo | 2014 年 06 月 22 日 | | 2019 年 4 月 |
| Jade Turtle | 2015 年 5 月 23 日 | | 2017 年 5 月 |

## 1.1　ROS の設計目標と基本特徴

　ROS を OS の視点から厳密に考えると，従来の基本 OS と，さまざまな知能ロボット用アプリケーションとの間に位置するミドルウェアに当たる．しかし，アプリケーション側から見たときには，ハードウェアの抽象化，各種ドライバの管理，共有機能の実行管

理，ジョブ管理，プロセス間のメッセージパッシングなど，基本 OS の管理機能に類似する上位機能を提供しており，ロボット向けの基本 OS になれるようにと設計されてきていることがわかる．もちろん，本来の基本 OS は ROS よりカプセル化され，ロボットアプリケーションからはシームレスとなっている (図 1.2 参照)．

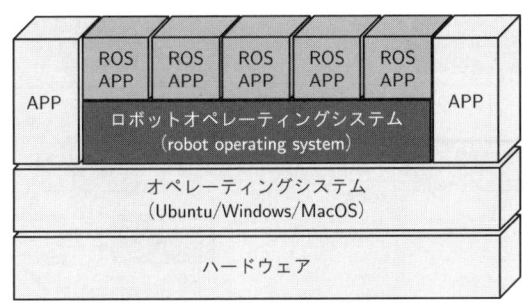

図 1.2 ROS のスタック構成

ROS の設計目標の最も重要な要素の一つは，ソースコードのユーザビリティを改善することである．ROS は分散処理システムであり，各種ロボット向けの基本機能のうち，汎用性のある部分を**ノード** (nodes) とよばれる機能モジュールに表現されている．そして，ノードを組み合わせることにより，より複雑な制御機能を分散的に実現する．これらのノードモジュールを**パッケージ** (packages) にまとめることができるので，開発済みの機能モジュールの共有と配布が簡単に行えるようになっている．さらに，ROS のファイルシステムでは，統合開発機能をサポートしており，ファイルレベルからライブラリレベルまでの設計，開発，管理を独立的に行うことができる．

ROS は分散型処理システムであり，各ノードは通信モジュール間のピアツーピアネットワークで関係付けられている．このネットワーク上で同期型リモートプロシージャコール (remote procedure calls, RPC) をベースにしたノード間の通信や，**トピック** (topics) の配布/購読により実現される非同期型データ通信，パラメータサーバでのパラメータ (グローバル変数) の分散的格納と取り出し機能を提供されているが，厳密なリアルタイム性をもたない．

ROS の基本特徴を以下に示す．

### ■ ピアツーピア設計方式

ROS の実行ジョブは，分散された一連のプロセスで構成される．これらのプロセスは同じホスト，または，別々のホスト上に分散させることができ，プロセス間ではピアツーピアネットワークを構成する．このようなピアツーピア設計を利用することにより，サービス管理やノード管理などを，ビジュアル処理部または音声処理部などのロボットの補助処理部から，計算負荷を分散させることができる (図 1.3 参照)．

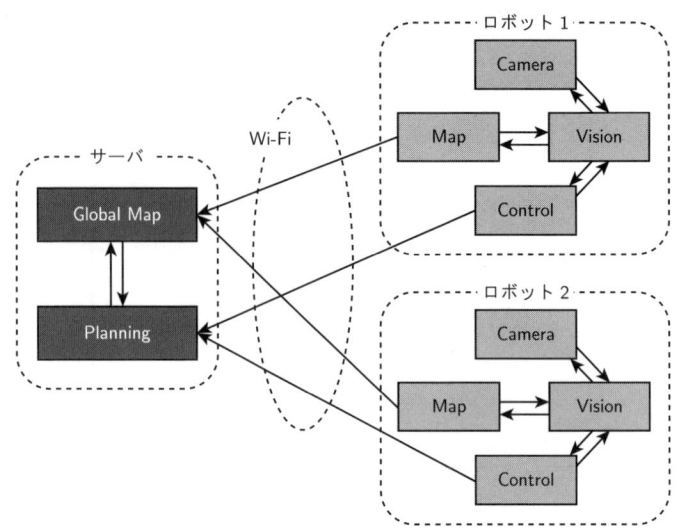

図 1.3 ROSのピアツーピア設計例

■ 多言語に対応

さまざまな開発者のニーズに対応するために，ROSでは，C++，Python，Java，Octave，Lispなど，複数のプログラミング言語をサポートしている．さらに，現在サポートしていないプログラミング言語に対しては，さまざまな言語インターフェイスを提供している．

ROSの基本特性は，主にメッセージ通信層に具現化されている．ピアツーピアの接続と配置は，XML-RPC機構で実現することができる．XMLで記述されたモジュール間の依存関係は，各種プログラミング言語に対応しやすい．

複数の言語が混在する環境では，ROSはプログラミング言語に独立する簡単なインターフェイス定義言語を提供し，各モジュール間でのメッセージ通信を表現する．インターフェイス定義言語で構成されるテキストファイルでは，各ノードのメッセージの構造を表現している．これにより，目的コードを生成する際に，対応するコードをノードごとに生成することができる．

■ 機能の細分化と集約

既存の手法で知能ロボット向けのソフトウェアを開発する場合，重複作業が多く，本来共有すべきドライバなどのソースコードは，各ロボットのミドルウェアの制限で抽出しにくく，ほかのロボットへ援用することが困難であった．ROSの場合，汎用性のある機能，または計算処理部を独立性のあるモジュールにしており，各モジュールはCMakeにより単独にコンパイルすることができる．さらに，細分化された汎用性のある機能モ

ジュールをライブラリに集約することにより，より複雑な機能が実現しやすくなり，ユーザビリティの改善が期待できる．

■ 補助ツールが豊富

複雑になっていくROSパッケージを管理するために，ROSではさまざまなツールを用意して，ROSパッケージのビルド管理や，新しい機能モジュールの開発を比較的に簡単にしている．ROSのコア部は，知能ロボットを制御する基本的な部分しかもっておらず，モジュールを追加することにより，さまざまなバリエーションをもたらすことができる．これらの補助ツールは，すべてのロボットの共通機能を組み合わせるための方法を提供している (図1.4参照).

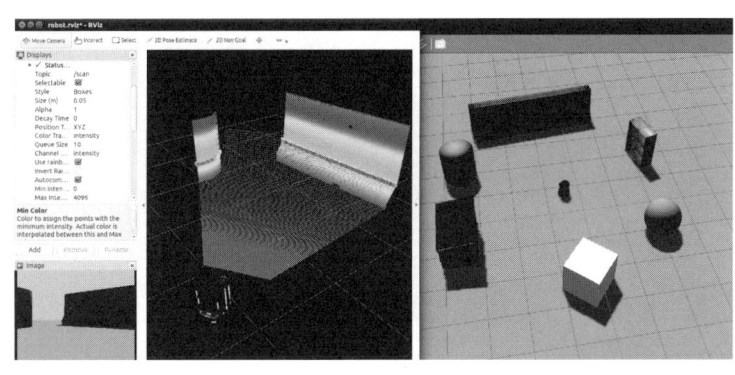

（a）ROS RViz　　　　　　　　（b）ROS Gazebo

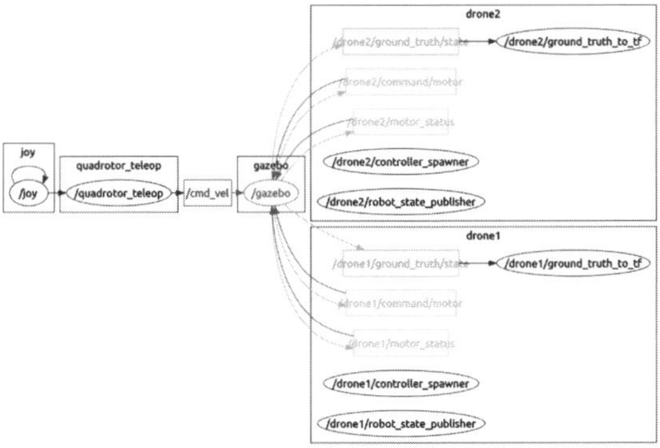

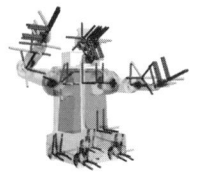

（d）ROS tf

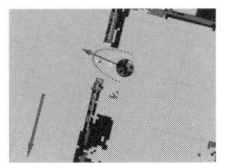

（c）ROS graph　　　　　　　　（e）ROS Navigation

図 1.4　ROSのツール例

### ■ オープンソースのプラットフォーム

ROSのすべてのソースコードが一般公開されており，それらのほとんどがBSDライセンスのもとで使用できる．つまり，非商用/商用ベースでの使用が許可されている．

## 1.2 ROSのシステムアーキテクチャ

ROSのシステムアーキテクチャは，**ファイルシステム**，**コンピューティンググラフ**，**コミュニティ**という三つの機能レベルで構成される．

### 1.2.1 ファイルシステムレベル

ROSのファイルシステムは，ROSパッケージのソースコードのハードディスク上で配置構造を与えている．ROSパッケージ，つまり機能モジュールは，ノード，メッセージ，サービス，ツール，ライブラリファイル，サードパーティリソースより提供されるファイルで構成される．パッケージの集合をメタパッケージとよぶ．

ROSのファイルシステムは，一般のOSのファイルシステムと同じで，ファイルを機能ごとにいくつかのディレクトリの下に格納している (図1.5参照).

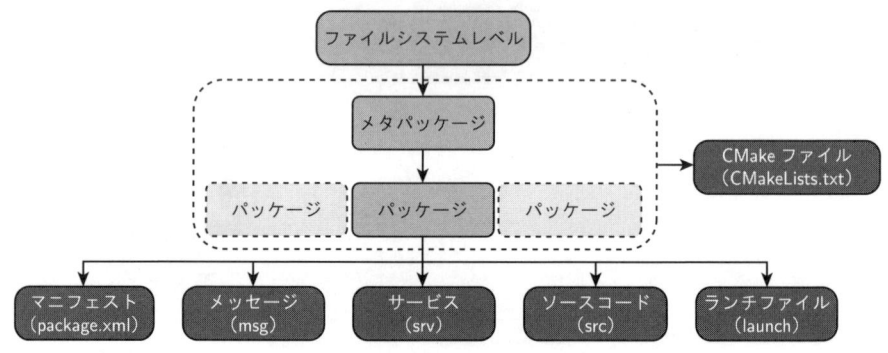

図 1.5 ROSのファイルシステム

ここでまず，ROSファイルシステムに関係する基本用語を以下にまとめておく．

・パッケージ

　ROSモジュールの基本単位で，ROSプログラムを作成するための最小の構造およびコンテンツをもつ．通常，ROSのランタイムプロセス(nodes)のソースコード，コンフィグレーションファイルなどが含まれる．

## 1.2 ROSのシステムアーキテクチャ

- **パッケージマニフェスト**
  パッケージの基本情報，ライセンス情報，ほかのパッケージとの依存関係，コンパイルフラグなどを記述したファイル (package.xml) で表現される．

- **メタパッケージ**
  ROS では以前，複数のパッケージを一つにまとめたものを"スタック"とよんで使っていたが，ROS Groovy から廃止した．その代わりに，過去の rosbuild をベースにしたスタックへの互換性を維持するために，パッケージのグループを表す概念として，"メタパッケージ"を取り入れた．メタパッケージは，直接に依存するいくつかのパッケージで構成される特別なパッケージのことであると認識すればよい．メタパッケージの導入に伴い，それまでに利用されていたマニフェストファイル manifest.xml と stack.xml は package.xml に統一されている．manifests.xml で管理されていたライブラリのエクスポート情報などは，CMakeLists.txt で管理されるようになった．

- **メッセージデータタイプ**
  プロセス間でやりとりをするメッセージのデータ型のことである．ROS ではたくさんのメッセージデータタイプが存在する．該当するパッケージのメッセージデータタイプは，$package/$msg/*.msg というファイル内に記述される．

- **サービスデータタイプ**
  ROS サービスのデータ構造を定義するもので，サービスリクエストとレスポンスするプロセスに利用される．該当するパッケージのサービスデータタイプは，$package/$srv/*.srv というファイル内に記述される．

### ■ ROS パッケージ

ROS パッケージは，主に ROS の機能モジュールを実現する以下のファイルとディレクトリで構成される．

| ファイル・ディレクトリ | 機能 |
| --- | --- |
| bin/ | コンパイルで生成される実行形式のファイルを格納する |
| include/$my\_package$/ | パッケージが必要とするヘッダファイルを格納する |
| msg/ | メッセージのデータタイプを定義するファイルを格納する |
| scripts/ | Bash，Python などのスクリプト言語で記述された実行可能なスクリプトファイルを格納する |
| src/ | パッケージの機能モジュール，つまりノードを構成するソースファイルを格納する |
| srv/ | サービスデータタイプを定義するファイルを格納する |
| CMakeLists.txt | CMake 用ビルドファイル |
| package.xml | パッケージのマニフェストファイル |

ROSではパッケージを生成，編集などを管理するために，以下のツールを提供している．

| 命令 | 機能 |
| --- | --- |
| rospack | ROSファイルシステムの中でパッケージを検索し，その基本情報を取得する |
| roscreate-pkg | 新しいパッケージを作成する際に，ファイルシステムのひな形を生成する |
| catkin_make | ROSパッケージをコンパイルする |
| rosdep | 該当パッケージが依存するほかのパッケージをインストールする |

ROSファイルシステムを操作するために，ROSではrosbashという簡易なシェル環境を提供している．rosbashの操作はUnixのbashに非常に似ていて，bash命令の先頭にrosを冠した形で利用される．以下にその命令の一部を示す．

| 命令 | 機能 |
| --- | --- |
| roscd | ROSファイルシステム内でカレントディレクトリをチェンジする |
| rosed | ROSファイルを編集するためのラインエディタ |
| roscp | ROSパッケージを複製する |
| rosd | ROSパッケージのディレクトリを表示する |
| rosls | ROSパッケージのファイルを表示する |

■ ROSビルドシステム

ビルドシステムとは，ソースコードからエンドユーザが使用できる目的コードを生成するものである．目的コードは実行形式コード，スクリプト，ヘッダーファイルなどのインターフェイス，ダイナミックコードなどさまざまな表現形式がある．有名なビルドシステムとして，Make, Autoconf, CMake, Qt Creator, Eclipseなどが一般に知られている．

ROSでは，2012年12月にリリースされたGroovyから新しいビルドシステムcatkinを採用している．catkinは，CMakeのマクロとPythonのスクリプトを組み合わせ，ROS専用のビルド機能をもつ．また，以前まで使われていたrosbuildよりもより使いやすく，パッケージの再配布やクロスコンパイルのサポートも行われ，ソフトウェアの移植性が向上している．

rosbuildとは違い，catkinはアウトソースビルド方式を採用しており，ビルドした結果をそのパッケージのソースコードとは異なるディレクトリに格納することができる．これにより，ソースコードの安全性を保とうとしている．

ROSでは，rosbuildからcatkinへの移行期間中にrosbuildを使用したパッケージをDryパッケージ，catkinに対応したパッケージをWetパッケージとよんでいる．

catkinの使い方は，基本的にはCMakeに似ているが，パッケージの検索機能や，複数の独立したプロジェクトを同時にビルドする機能などが追加されている．

catkinでビルドした結果の保存方法は，ファイルシステム階層標準 (filesystem hierarchy standard, FHS)†に準拠している．これにより，ROS は多くのオープンソースシステムとの親和性が向上している．

catkinを利用したパッケージのビルド方法については，次章以降で説明する．

## ■ ROS メッセージ

ROS ノード間で情報交換を行う手段として，メッセージパッシングを利用している．ROS でのメッセージパッシングはトピック通信とよび，メッセージを配信する側を**配布者** (publisher)，メッセージを受信する側を**購読者** (subscriber) とよぶ．ROS のトピック通信は，基本的に多対多の非同期型通信である．

ROS メッセージは具体的なデータ構造をもっており，各種プログラミング言語で扱うデータの属性を厳密に定義している．ROS では，簡単なメッセージ記述言語を利用して，メッセージのデータ型をメッセージデータタイプファイル (msg ファイル) に記述する．メッセージデータタイプファイルは，各 ROS パッケージの msg ディレクトリの下に格納され，ファイルの拡張子は.msg である．

ROS のメッセージデータタイプファイルのフォーマットは，以下のとおりである．

---
**ROS メッセージデータタイプファイルのフォーマット**

```
<フィールドタイプ 1>    <フィールド名 1>
<フィールドタイプ 2>    <フィールド名 2>
        :                    :
```
---

メッセージデータタイプファイルの各行は，個別な変数を定義するフィールドタイプとフィールド名で構成される．

たとえば，あるノードが送出するメッセージが二つの 32 bit 整数 x,y で表現される場合，メッセージデータタイプファイルを以下のように記述すればよい．

```
int32 x
int32 y
```

ROS のメッセージデータタイプファイルで利用できるフィールドタイプには，以下のものがある．

### (1) 定義済みのフィールドタイプ

ROS では，以下に示す定義済みのフィールドタイプ，つまり標準データタイプがあ

---
† FHS は，多くの Linux とほかの UNIX 系 OS が採用しているディレクトリと，その内容の配置を定式化した基準であり，BSD 系 UNIX のディレクトリ階層をもとにして拡張し定式化してきたものである．

り，さまざまな用途に合わせて利用することができる．

なお，ROS では char 型と byte 型の使用は非推奨であり，代わりに uint8 と int8 の利用が推奨されている．

| ROS FT | 内部表現 | C++ | Python |
|---|---|---|---|
| bool | 符号なし 8 bit 整数表現 | uint8_t | bool |
| int8 | 符号付き 8 bit 整数表現 | int8_t | int |
| uint8 | 符号なし 8 bit 整数表現 | uint8_t | int |
| int16 | 符号付き 16 bit 整数表現 | int16_t | int |
| uint16 | 符号なし 16 bit 整数表現 | uint16_t | int |
| int32 | 符号付き 32 bit 整数表現 | int32_t | int |
| uint32 | 符号なし 32 bit 整数表現 | uint32_t | int |
| int64 | 符号付き 64 bit 整数表現 | int64_t | long |
| uint64 | 符号なし 64 bit 整数表現 | uint64_t | long |
| float32 | 32 bit IEEE 浮動小数表現 | float | float |
| float64 | 64 bit IEEE 浮動小数表現 | double | float |
| string | ASCII 文字列 | std::string | string |
| time | 秒．ナノ秒を表す符号なし 32 bit 整数表現 | ros::Time | rospy.Time |
| duration | 秒．ナノ秒を表す符号付き 32 bit 整数表現 | ros::Duration | rospy.Duration |
| fixed-length array[ ] | 固定サイズ配列 | 0.11+: boost::array, otherwise: std::vector | tuple |
| variable-length array[ ] | uint32 可変長配列 | std::vector | tuple |
| uint8[ ] | uint8 可変長配列 | std::vector | string |
| bool[ ] | uint8 可変長配列 | std::vector<uint8_t> | list(bool) |

(2) 個別定義フィールドタイプ

メッセージのフィールド名を個別に定義する．この場合，フィールド名は該当するデータを参照するプログラミング言語に利用される．たとえば，フィールド名として my_variable と定義した場合，C++からは my_variable var で宣言しておけば var で参照でき，Python から参照する場合，obj.my_variable のようにインスタンスで参照できる．

フィールド名は英文字で始まり，英数字 (a, b, . . . , z, A, B, . . . , Z, 0, 1, . . . , 9) とアンダースコア (_) の組み合わせで表現される．目標言語のキーワードと (for, while など) 被らないようにしたほうがよい．

なお，個別に定義したメッセージのデータタイプから C++や Python 用のヘッダを生成するには，該当するパッケージの CMakeLists.txt にメッセージのデータタイプファイル名と，generate_messages() 文を記述すればよい．以下はその記述例である．

```
cmake_minimum_required(VERSION 2.8.3)
find_package(catkin REQUIRED COMPONENTS ... message_generation)
...
add_message_files(FILES    メッセージファイル名.msg)
...
generate_messages(DEPENDENCIES std_msgs)
catkin_package(CATKIN_DEPENDS message_runtime std_msgs)
```

メッセージの生成方法の詳細については，次章以降で説明する．

**(3) Header タイプ**

ROS で提供されている特殊なデータ型である．このデータ型はタイムスタンプや，メッセージのシーケンス番号とフレーム ID を参照する際に利用される．Header タイプは以下のフィールドをもつ．

```
uint32 seq
time stamp
string frame_id
```

このタイムスタンプとフレーム ID をうまく利用すれば，ロボットの状態を時系列的に把握することができる．

■ ROS サービス

ノード間で情報を交換する手法として，ROS ではメッセージのほかに，サービスとよばれるクライアントサーバ通信機構を提供している．ROS サービスを利用した通信は，関数の呼び出しにより実現される．つまり，あるノードが提供する関数（サービス）を，ほかのノードが呼び出すことである．関数の引数と戻り値は，任意に構成することができる．サービスを提供する側を**サーバ** (server)，サービスを利用する側を**クライアント** (client) とよぶ．

ROS サービスのデータタイプは，それぞれのパッケージの srv/ディレクトリの下のテキストファイルに格納される．ファイルの拡張子は.srv であり，そのフィールド構成はメッセージのデータタイプファイルと同じであるが，サービス要求とサービス応答という二つの部分で構成される．

**ROS サービスデータタイプファイルのフォーマット**

```
サービス要求メッセージタイプ記述部
---
サービス応答メッセージタイプ記述部
```

サービスのデータタイプファイルから C++や Python 用のヘッダを生成するには，該当するパッケージの CMakeLists.txt にサービスのデータタイプファイル名と generate_messages() 文を記述すればよい．以下はその記述例である．

```
make_minimum_required(VERSION 2.8.3)
add_service_files(DIRECTORY srv FILES サービスファイル名.srv)
...
generate_messages(DEPENDENCIES std_msgs)
catkin_package(CATKIN_DEPENDS message_runtime std_msgs)
```

サービスのデータタイプの生成方法の詳細については，次章以降で説明する．

## 1.2.2 コンピューティンググラフレベル

ROSは，分散システム指向の上位OSとして，柔軟かつ堅牢なシステムの確立を目指している．分散システムにすることにより，ロボットの部品やロボットを制御するアルゴリズムなどの再利用性が改善されている．また，運用時はソフトウェアの部分的なエラーがシステム全体の運用に影響を及ぼしにくいという耐故障性をもつ．さらに，RPC通信プロトコルとしてTCP/UDPを利用するので，TCP/IPネットワークとの親和性が高く，ハードウェア的に分散したシステムを構築するのに適している．

ROSのコンピューティンググラフはデータの処理上の依存関係を表すもので，ポイントツーポイントネットワークで示される機能グラフのことである．以降，特別に明記しない限り，ROSのポイントツーポイントネットワークを単にネットワークとよぶ．

ROSのコンピューティンググラフレベルでは，ノード，マスター，パラメータサーバ，メッセージ，サービス，トピック，バッグという機能単位があり，これらを機能的に表現することにより，ネットワークグラフが構成される (図1.6参照)．

・ノード

処理機能の基本単位で，処理プロセスを表す．ROSでは，プロセス間のデータ通信を実現するために，各プロセスをノードで表現する必要がある．通常では，ROSシステムはさまざまなノードより提供される機能で構成されているが，ノー

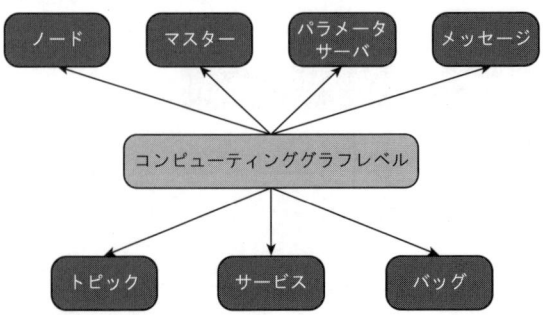

図1.6 ROSのコンピューティンググラフレベル

ドの設計方針として，複雑な機能表現，あるいはたくさんの機能をもたせるのではなく，できるだけ単一機能にする，ということがある．そして，このように単純化されたノードを組み合わせることにより，より複雑な機能を実現するのである．この点では，UNIX の哲学に一致している．

ノードは roscpp や rospy など，ROS のクライアントライブラリにより生成することができる．

・マスター

ROS のノードやトピック，サービスの管理を行う機能単位である．ROS システムの中でマスターが起動していなければ，ノード間の通信ができない．マスターを利用すれば，異なるコンピュータの中のノード間の通信も実現することができる．マスターの仕組みは，roscore というプロセスにより提供されている．roscore は，ノードやトピック，サービスなどの名前の登録，ノードの URI の検索，トピックの検索，トピックに対する購読者の参加通知などを提供する．ROS システムの中で，roscore は必ず一つ立ち上げておく必要がある．

・パラメータサーバ

ROS にはトピックのほかに，数値などのデータを送受信する仕組みとしてパラメータ通信機構がある．パラメータは，パラメータサーバにグローバル変数として保持しておくことができる．パラメータは本来，ノードをコンフィグレーションする目的で利用される．パラメータサーバを利用すれば，ほかのノードと協調しながらノードのダイナミックコンフィグレーションを実現することができる．

・メッセージ

前述のとおり，ノード間でデータ通信を行うデータ単位の一つであり，さまざまなデータタイプをもつ．

・トピック

ROS ネットワーク中で転送される各メッセージは識別子をもつ必要がある．配布者が提供するデータは，トピックの形で ROS ネットワーク中に公開される．購読者は，自分に関係のあるトピックを常に監視していて，自分のメッセージタイプでトピックのデータを受け取って利用する．つまり，トピックはメッセージのインスタンスであると考えてよい．メッセージのインスタンスを生成する側は配布者，利用する側は購読者である．

たとえば，カメラで取得した画像を利用する複数のノードがあるとすると，カメラノードは画像メッセージをトピックとして発行し，ほかのノードはそのトピックを監視して，カメラ情報を分散的に利用することができる (図 1.7 参照)．

なお，トピック名は，ROS システム中で動作しているノード間での唯一性を保証する必要がある．

## 14 第1章 ROSとは

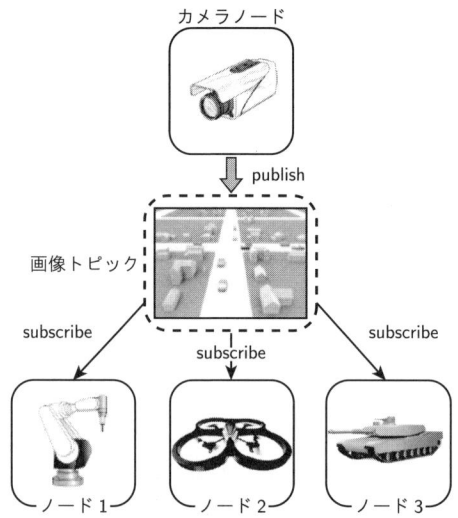

図 1.7 ROS トピックを利用した情報共有

・サービス

ノード間で通信を行うための一つの手段である．サービスは，ROS ネットワークの中でただ一つの名前で識別される．

・バッグ

ROS メッセージの記録と再生に使われる．バッグは，収集しにくいセンサデータを処理するアルゴリズムを開発・テストする際に，データを格納する重要なメカニズムであり，複雑なロボットを制御するプログラムを開発する際に大変重要な役割を果たす．

ノード間の通信を管理するために，ROS マスターは RPC を利用して，メッセージやサービスの登録，検索を行う．トピックを利用したメッセージ通信の基本手順を以下に示す (図 1.8 参照).

⓪ メッセージの配布者は，ROS マスターに自分のトピック情報 (トピック名 (name)，ノードのピアアドレス (afo:1234)) を登録してもらう．
① ほかのノードは，配布者のトピック (name) を ROS マスターで検索して購読する．
② 購読したいトピック (name) がすでに登録してあった場合，配布者ノードのピアアドレス (afo:1234) を取得する．
③ 購読者が取得したピアアドレス (afo:1234) を利用して配布者ノードに接続する．
④ 配布者が該当するトピックを処理するプロセスのピアアドレス (afo:2345) を購読者に返送する．
⑤ 購読者が知らされたピアアドレス (afo:2345) で配布者に接続する．
⑥ 以降，配布者のメッセージデータを受信する．

## 1.2 ROS のシステムアーキテクチャ

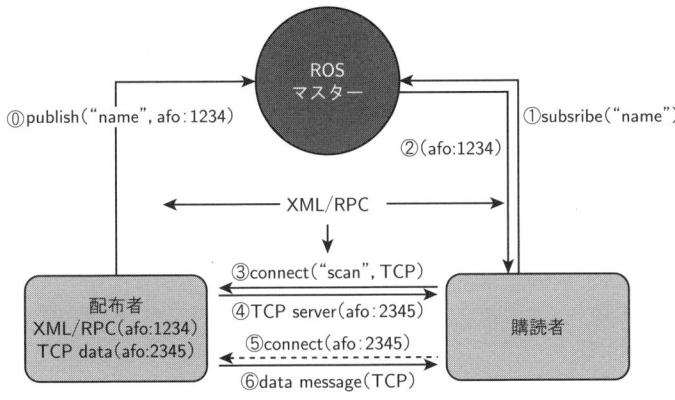

図 1.8　ROS のトピック通信モデル

このモデルにおいて，ROS マスターは DNS に似た役割を果たしている．つまり ROS マスターは，購読者に対してトピックを提供する配布者のピアアドレスの検索サービスを提供している．

一方，ROS サービスを利用した通信の処理手順を以下に示す (図 1.9 参照)．

⓪ サービスサーバは ROS マスターに自分が提供するサービスを，サービス名 (name) とピアアドレス (afo:1234) を登録してもらう．
① サービスクライアントは，自分が受けたいサービス (name) を ROS マスターに検索してもらう．
② サービスがすでに登録してあった場合，サーバノードのピアアドレス (afo:1234) を取得する．
③ クライアントが取得したピアアドレスを利用して，サーバにサービス要求を送信する．
④ サーバがリクエストされたデータをクライアントに応答する．

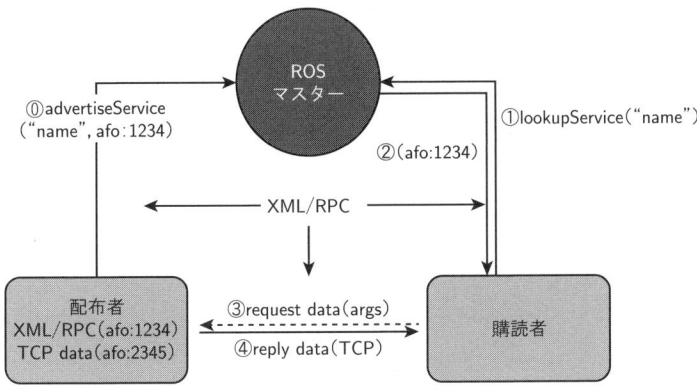

図 1.9　ROS のサービス通信モデル

この際，サービス要求とサービス応答をするメッセージのデータ構造は，サービスデータタイプによって定義される．

### 1.2.3 コミュニティレベル

ROS のコミュニティレベルは，ネットワーク上で ROS ソースコードを配布する組織の概念であり，ROS のソースコードや開発知識などの情報資産を共有する枠組みを示すものである (図 1.10 参照)．

ROS コミュニティには，以下のものが含まれる．

- ROS ディストリビューション
  ROS ユーザに対して，ROS パッケージの配布を行う役割を果たす．
- ROS リポジトリ
  それぞれのロボット向けの ROS パッケージを開発・リリースする機関，個人のこと．
- ROS Wiki
  ROS についての情報を文書化するための中心的な役割を果たす場所．Wiki のアカウントの作成が自由であり，ROS 関連のドキュメントやパッケージのアップデートを行ったり，サンプルコードなどを提供したり，ROS の使い方に関する情報を公開したりすることができる．
- ROS デバッグチケットシステム (ROS Wiki に含まれる)
  ROS パッケージにバグを発見した場合や，付けてほしい機能などを開発チームに連絡する方式の一つ．チケットシステムを利用すれば，ROS の開発状況やバグ修正状況などを追跡できる．

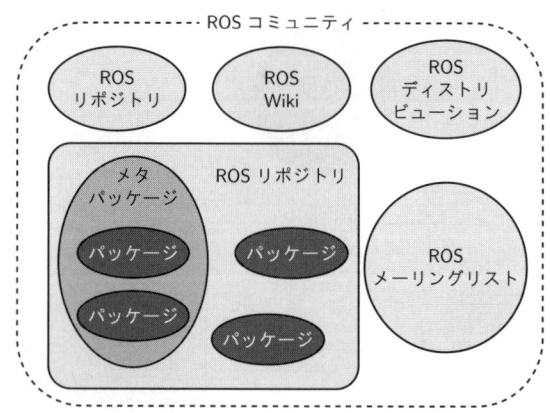

図 1.10 ROS のコミュニティレベル

・ROS メーリングリスト
　　ROS ユーザの情報を交換する場所．

## 1.3　ROS ファイルシステムの基本操作

　ROS ファイルシステムの基本操作を理解するために，ここで，ROS の turtlesim パッケージを利用してみる．turtlesim は小亀を画面上で動かすシミュレータで，それを利用して ROS のさまざまな基本概念を勉強することができる．そのパッケージの詳細については，以降の章節で紹介する．
　まず，ターミナル画面を一つ開いて，ROS マスターを起動しておく[†]．

実行例：
```
% roscore
... logging to /home/afo/.ros/log/
                c4d88442-a696-11e4-a8f9-000c29412daa/
        roslaunch-ubuntu-18241.log
Checking log directory for disk usage. This may take awhile.
Press Ctrl-C to interrupt
Done checking log file disk usage. Usage is <1GB.

started roslaunch server http://localhost:40818/
ros_comm version 1.11.10

SUMMARY
========
PARAMETERS
 * /rosdistro: indigo
 * /rosversion: 1.11.10

NODES

auto-starting new master
process[master]: started with pid [18253]
ROS_MASTER_URI=http://localhost:11311/

setting /run_id to c4d88442-a696-11e4-a8f9-000c29412daa
process[rosout-1]: started with pid [18266]
started core service [/rosout]
```

次に，もう一枚のターミナル画面で turtlesim ノードを実行する．

実行例：
```
% rosrun turtlesim turtlesim_node
[INFO] [1422412723.060988315]: Starting turtlesim with node name
                               /turtlesim
```

---

[†] 実行例中の "%" から始まる行は命令行である．"%" はコマンドプロンプトであり，Ubuntu のシステム環境によって異なる場合がある．

## 18  第 1 章 ROS とは

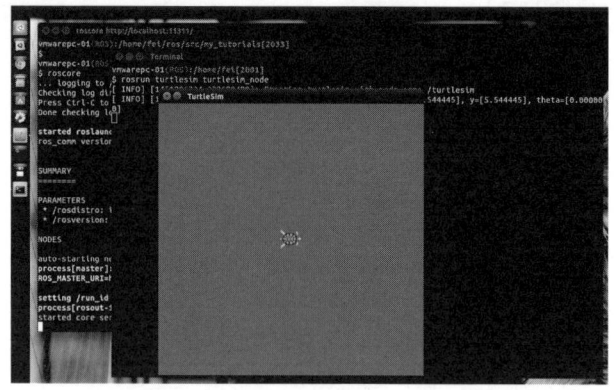

図 1.11　ROS マスターと turtlesim の実行例

```
[INFO] [1422412723.067035821]: Spawning turtle [turtle1]
       at x=[5.544445], y=[5.544445], theta=[0.000000]
```

すると，図 1.11 に示す画面が現れる．この節以降では，ROS ファイルシステムの基本操作を勉強する際，すべてこの状況のもとで行う．

## 1.3.1　ROS ノードの操作

ROS ノードは，roscpp や rospy ライブラリを利用して作成することができる．roscpp は C++，rospy は Python 言語に対応している．

ROS ノードを操作するために，rosnode というコマンドラインツールが用意されている．

### ■ rosnode の使い方を調べる

以下の命令を利用すればよい．

```
% rosnode help
rosnode is a command-line tool for printing information about
            ROS Nodes.
Commands:
   rosnode ping     test connectivity to node
   rosnode list     list active nodes
   rosnode info     print information about node
   rosnode machine  list nodes running on a particular machine or
                    list machines
   rosnode kill     kill a running node
   rosnode cleanup  purge registration information of unreachable nodes
Type rosnode <command> -h for more detailed usage,
                        e.g. 'rosnode ping -h'
```

これにより，rosnode ツールで利用できる命令が表示される．

■ 現在使用可能なノードを表示する

現在動作中のノードの一覧を表示するには，rosnode list 命令を利用する．

rosnode list 命令の書式

```
rosnode list [-u] [-a|--all] [-h|--help]

   -u        : XML-RPC の URI を表示する
   -a, --all : XML-RPC の URI とノードを表示する
   -h, --help : list 命令のヘルプメッセージを表示する
```

```
実行例:
 % rosnode list -a
 http://localhost:58031/      /rosout
 http://localhost:37871/      /turtlesim
```

これにより，turtlesim のピアアドレスは localhost:37871 になっていることがわかる．

■ ノードへ接続可能かどうかをチェックする

該当するノードがアクティブ状態になっているかどうかを調べるには，rosnode ping 命令を利用する．

rosnode ping 命令の書式

```
rosnode ping [-a|--all] [-c <count>] <ノード名> [-h|--help]

   -a, --all   : すべてのノードに対して ping テストをする
   -c <count>  : 指定されたノードに count 回だけ ping メッセージを送信する
   -h, --help  : ping 命令のヘルプメッセージを表示する
```

```
実行例:
 % rosnode ping turtlesim
 rosnode: node is [/turtlesim]
 pinging /turtlesim with a timeout of 3.0s
 xmlrpc reply from http://localhost:37871/        time=0.451088ms
 ...

 % rosnode ping -a
 Will ping the following nodes:
  * /turtlesim
  * /rosout

 pinging /turtlesim with a timeout of 3.0s
```

```
xmlrpc reply from http://localhost:37871/        time=0.340939ms
pinging /rosout with a timeout of 3.0s
xmlrpc reply from http://localhost:58031/        time=0.389099ms
```

### ■ ノード情報を表示する

ノードにより提供されているサービスやトピック，ノードのプロセス ID などを表示するには，rosnode info 命令を利用する．

> **rosnode info 命令の書式**
>
> rosnode info <ノード名> [<ノード名> ...] [-h|--help]
>
>   -h, --help : ping 命令のヘルプメッセージを表示する

```
実行例：
% rosnode info turtlesim
--------------------------------------------------------------
Node [/turtlesim]
Publications: ← 配布しているトピック
 * /turtle1/color_sensor [turtlesim/Color]
 * /rosout [rosgraph_msgs/Log]
 * /turtle1/pose [turtlesim/Pose]

Subscriptions: ← 購読しているトピック
 * /turtle1/cmd_vel [unknown type]

Services: ← 提供しているサービス
 * /reset
 * /spawn
 * /clear
 ...

contacting node http://localhost:37871/ ...
Pid: 18439
Connections:
 * topic: /rosout
    * to: /rosout
    * direction: outbound
    * transport: TCPROS
```

### ■ ノードを削除する

ノードを削除，または停止信号を送り，ROS コンピューティンググラフから削除するには，rosnode kill 命令を利用する．

## 1.3 ROS ファイルシステムの基本操作

> **rosnode kill 命令の書式**
>
> ```
> rosnode kill [-a|--all] [<ノード名>] [-h|--help]
> ```
>
>  -a, --all　：すべてのノードを削除する
>  -h, --help　：kill 命令のヘルプメッセージを表示する

実行例：
```
% rosnode list              ← 現在のノードリストを表示する
/rosout
/turtlesim
% rosnode kill turtlesim    ← /turtlesim を削除する
killing /turtlesim
killed
% rosnode list              ← 削除の結果を確認する
/rosout
```

■ 到達できないノードの登録情報を削除する

何らかの原因で到達できなくなったノードの登録情報を削除するには，rosnode cleanup 命令を利用する．

> **rosnode cleanup 命令の書式**
>
> ```
> rosnode cleanup [-h|--help]
> ```
>
>  -h, --help　：cleanup 命令のヘルプメッセージを表示する

■ あるホスト上のノードを表示する

ROS は分散システムであるので，必要に応じてノードを複数のホストに分散することができる．あるホスト上でアクティブ状態になっているノードの一覧を表示するには，rosnode machine 命令を利用する．

> **rosnode machine 命令の書式**
>
> ```
> rosnode machine [<ホスト名>] [-h|--help]
> ```
>
>  -h, --help　：machine 命令のヘルプメッセージを表示する

なお，ホスト名が省略された場合，現在のホスト名が表示される．

実行例：
```
% rosnode machine localhost
/rosout
/turtlesim
```

## 1.3.2 ROS トピックの操作

ROS トピックは，ノード間でメッセージ通信を行う際に利用される．トピック通信を利用すれば，メッセージを生成する側と受け取り側が独立になり，互いに意識する必要がなく，一つのトピックを複数の購読者により購読することができる．

ROS トピックの情報を調べるには，rostopic ツールを利用する．

### ■ rostopic の使い方を調べる

以下の命令を利用すればよい．

```
実行例：
% rostopic -h
rostopic is a command-line tool for printing information about
ROS Topics.
Commands:
  rostopic bw     display bandwidth used by topic
  rostopic echo   print messages to screen
  rostopic find   find topics by type
  rostopic hz     display publishing rate of topic
  rostopic info   print information about active topic
  rostopic list   list active topics
  rostopic pub    publish data to topic
  rostopic type   print topic type
Type rostopic <command> -h for more detailed usage,
                      e.g. 'rostopic echo -h'
```

### ■ ROS トピックの一覧を表示する

現在 ROS マスターに登録済みのトピックの一覧を表示するには，rostopic list 命令を利用する．

#### rostopic list 命令の書式

```
rostopic list [-b BAGFILE | --bag=BAGFILE][-v|--verbose][-p]
              [-s][--host][-h | --help]
```

| | |
|---|---|
| -b, --bag | : BAGFILE で指定されたバッグファイル内のトピックを表示する |
| -v, --verbose | : トピックの詳細情報を表示する |
| -p | : トピックの配布者を表示する |
| -s | : トピックの購読者を表示する |
| --host | : トピックをホスト名でグループ化して表示する |
| -h, --help | : list 命令のヘルプメッセージを表示する |

## 1.3 ROS ファイルシステムの基本操作

実行例:
```
% rostopic list
/rosout
/rosout_agg
/turtle1/cmd_vel
/turtle1/color_sensor
/turtle1/pose

% rostopic list --host
Host [localhost]:
  /rosout
  /rosout_agg
  /turtle1/cmd_vel
  /turtle1/color_sensor
  /turtle1/pose
```

■ ROS トピックが使用する帯域幅を調べる

配布，または購読中のトピックの平均転送速度を調べるには，rostopic bw 命令を利用する．

### rostopic bw 命令の書式

```
rostopic bw [-w WINDOW| --window=WINDOW][-h|--help]
```

- -w, --window : 平均値を計算するウィンドウサイズ (メッセージ数) を指定する
- -h, --help : bw 命令のヘルプメッセージを表示する

実行例:
```
% rostopic bw /turtle1/pose
subscribed to [/turtle1/pose]
average: 1.26KB/s
     mean: 0.02KB min: 0.02KB max: 0.02KB window: 62
...

% rostopic bw -w 10 /turtle1/pose
subscribed to [/turtle1/pose]
average: 1.28KB/s
     mean: 0.02KB min: 0.02KB max: 0.02KB window: 10
...
```

■ 受信した ROS トピックを画面に表示する

購読しているトピックの更新情報を画面に表示するには，rostopic echo 命令を利用する．

## 第1章 ROS とは

**rostopic echo 命令の書式**

```
rostopic echo [-b BAGFILE|--bag=BAGFILE][-p][-w NUM_WIDTH]
              [--filter=FILTER-EXPRESSION][--nostr][--noarr]
              [-c|--clear][-a|--all][-n COUNT][--offset]
              <トピック名> [-h|--help]
```

| オプション | 説明 |
| --- | --- |
| -b,--bag | ： BAGFILE で指定されたバッグファイルからメッセージを表示する |
| -p | ： プロット形式でメッセージデータを表示する |
| -w | ： 数値データを固定幅で表示する |
| --filter | ： Python 命令文 FILTER-EXPRESSION にマッチしたものだけを表示する |
| --nostr | ： 文字列フィールドを除外する |
| --noarr | ： 配列を除外する |
| -c,--clear | ： 新しいメッセージを表示する前に画面をクリアする |
| -a,--all | ： -b オプションと連動して，バッグ内のすべてのメッセージを表示する |
| -n | ： 表示するメッセージ数 |
| --offset | ： 現在の時刻から秒単位でトピックを表示する |
| -h,--help | ： echo 命令のヘルプメッセージを表示する |

```
実行例：
% rostopic echo -p /turtle1/pose
%time,field.x,field.y,field.theta,field.linear_velocity,
                                field.angular_velocity
14224171493527265083,5.544444561,5.544444561,0.0,0.0,0.0
...

% rostopic echo -n 2 /turtle1/pose
x: 5.544444561
y: 5.544444561
...
---
x: 5.544444561
y: 5.544444561
...
```

### ■ ROS トピックを検索する

指定されたメッセージタイプからトピック名を検索するには，rostopic find 命令を利用する．

1.3 ROS ファイルシステムの基本操作　25

> **rostopic find 命令の書式**
>
> ```
> rostopic find <メッセージタイプ> [-h|--help]
> ```
>   -h,--help　：find 命令のヘルプメッセージを表示する

実行例：
```
% rostopic find turtlesim/Pose
/turtle1/pose
```

### ■ ROS トピックの配布速度を表示する

ROS トピックの配布速度を表示するには，rostopic hz 命令を利用する．

> **rostopic hz 命令の書式**
>
> ```
> rostopic hz [-w WINDOW, --window=WINDOW][--filter=EXPR]
>             <トピック名> [-h|--help]
> ```
>   -w, --window　：平均速度を計算するウィンドウサイズ (メッセージ数)
>   --filter　　　：Python スクリプト EXPR にマッチしたものだけ表示する
>   -h,--help　　 ：hz 命令のヘルプメッセージを表示する

実行例：
```
% rostopic hz /turtle1/pose
subscribed to [/turtle1/pose]
average rate: 62.562
      min: 0.015s max: 0.018s std dev: 0.00119s window: 62
...
```
なお，平均速度の表示結果は Hz 単位である．

### ■ ROS トピックの情報を表示する

トピックの配布者と購読者のピア情報とメッセージタイプ名を表示するには，rostopic info 命令を利用する．

> **rostopic info 命令の書式**
>
> ```
> rostopic info <トピック名> [-h]
> ```
>   -h,–help　：info 命令のヘルプメッセージを表示する

実行例：
```
% rostopic info /turtle1/pose
Type: turtlesim/Pose
```

```
Publishers:
 * /turtlesim (http://localhost:54815/)

Subscribers: None
```

■ ROS トピックにデータを配布する

コマンドライン上で指定された ROS トピックにデータを配布するには，rostopic pub 命令を利用する．

rostopic pub 命令の書式

```
rostopic pub <トピック名> [-v][-r RATE|--rate=RATE][-1|--once]
             [-f FILE | --file=FILE][-l|--latch][-h|--help]
             <contents>
```

| | |
|---|---|
| -v | ：詳細出力情報を表示する |
| -r,--rate | ：配布速度 (hz 命令)．キーボード入力や-f で指定したファイルから読み取る場合のデフォルトは 10 msg/s である． |
| -1, --once | ：一つのメッセージだけを配布する |
| -f,--file | ：FILE で指定した YAML 形式ファイルのデータを配布する |
| -l,latch | ：-f -r オプションの出力を標準入力へパイプ接続する |
| -h,--help | ：pub 命令のヘルプメッセージを表示する |
| contents | ：トピックコンテンツを指定する |

実行例：
```
% rostopic pub -v -1 turtle1/cmd_vel geometry_msgs/Twist \
       --- '[2.0, 0.0, 0.0]' '[0.0, 0.0, 1.8]'
```

rostopic pub の詳細については，次章以降で説明する．

■ ROS トピックのデータタイプを表示する

ROS トピックのメッセージデータタイプを表示するには，rostopic type 命令を利用する．

rostopic type 命令の書式

```
rostopic type <トピック名> [-h|--help]
```

-h,--help ：type 命令のヘルプメッセージを表示する

実行例：
```
% rostopic type /turtle1/cmd_vel
geometry_msgs/Twist
```

## 1.3.3 ROS メッセージの操作

ROS メッセージのデータタイプ情報を表示するには，rosmsg ツールを利用する．

### ■ rosmsg の使い方を表示する

以下の命令で利用すればよい．

```
実行例：
  % rosmsg help
  rosmsg is a command-line tool for displaying information about
          ROS Message types.
  Commands:
          rosmsg show     Show message description
          rosmsg list     List all messages
          rosmsg md5      Display message md5sum
          rosmsg package  List messages in a package
          rosmsg packages List packages that contain messages
  Type rosmsg <command> -h for more detailed usage
```

### ■ ROS メッセージの一覧を表示する

ROS システム内で利用可能なメッセージデータタイプの一覧を表示するには，rosmsg list 命令を利用する．

#### rosmsg list 命令の書式

```
rosmsg list [-h | --help]
```
　-h, --help：list 命令のヘルプメッセージを表示する

```
実行例：
  % rosmsg list
  actionlib/TestAction
  actionlib/TestActionFeedback
  ...
```

### ■ ROS メッセージデータタイプの定義を表示する

メッセージのデータタイプの定義を表示するには，rosmsg show 命令を利用する．

#### rosmsg show 命令の書式

```
rosmsg show [-r|--raw][-b BAGFILE|--bag=BAGFILE]
            <メッセージタイプ> [-h|--help]
```
　-r,--raw　：コメントを含む RAW メッセージを表示する

```
      -b,--bag   ：BAGFILE より指定されたバッグファイルのメッセージデータタ
                   イプを表示する
      -h,--help  ：show 命令のヘルプメッセージを表示する
```

```
実行例：
  % rosmsg show turtlesim/Pose
  float32 x
  float32 y
  ...
```

■ ROS メッセージデータの MD5 ハッシュ値を表示する

ROS ではメッセージの信頼性を保証するために，MD5 認証を提供している．メッセージデータの MD5 ハッシュ値を表示するには，rosmsg md5 命令を利用する．

rosmsg md5 命令の書式

```
    rosmsg md5 <メッセージタイプ> [-h|--help]

      -h,--help  ：md5 命令のヘルプメッセージを表示する
```

```
実行例：
  % rosmsg md5 turtlesim/Pose
  863b248d5016ca62ea2e895ae5265cf9
```

■ ROS パッケージのメッセージデータタイプを表示する

指定された ROS パッケージの中で定義されているメッセージデータタイプを表示するには，rosmsg package 命令を利用する．

rosmsg package 命令の書式

```
    rosmsg package <パッケージ名> [-h|--help]

      -h,--help  ：package 命令のヘルプメッセージを表示する
```

```
実行例：
  % rosmsg package turtlesim
  turtlesim/Color
  turtlesim/Pose
```

これにより，パッケージ turtlesim には二つのメッセージデータタイプが定義されていることがわかる．

## 1.3 ROS ファイルシステムの基本操作　29

■ メッセージデータタイプを定義したパッケージの一覧を表示する

ROS システム内で購読可能で，メッセージデータタイプを定義したパッケージの一覧を表示するには，rosmsg packages 命令を利用する．

rosmsg packages 命令の書式

```
rosmsg packages [-s][-h|--help]
```
　　-s　　　：すべてのパッケージを 1 行に表示する
　　-h,--help　：packages 命令のヘルプメッセージを表示する

実行例：
```
% rosmsg packages
actionlib
actionlib_msgs
ctionlib_tutorials
...
```

### 1.3.4　ROS サービスの操作

ROS サービス情報の検索，表示，呼び出しを行うには，rosservice ツールを利用する．

■ rosservice の使い方を表示する

```
% rosservice -h
Commands:
        rosservice args   print service arguments
        rosservice call   call the service with the provided args
        rosservice find   find services by service type
        rosservice info   print information about service
        rosservice list   list active services
        rosservice type   print service type
        rosservice uri    print service ROSRPC uri
Type rosservice <command> -h for more detailed usage,
            e.g. 'rosservice call -h'
```

■ ROS サービスの一覧を表示する

ROS システム内で利用可能なサービスの一覧を表示するには，rosservice list 命令を利用する．

rosservice list 命令の書式

```
rosservice list [-n|--nodes][-h|--help]
```

```
-n,--nodes  : ROS サービスとそれらを提供するノードを表示する
-h,--help   : list 命令のヘルプメッセージを表示する
```

```
実行例：
% rosservice list
/clear
/kill
...
% rosservice list -n
/clear                        /turtlesim
/kill                         /turtlesim
...
```

この例で示しているとおり，-n オプションを付けると，2 列の情報が表示される（ここではわかりやすくするために，命令の出力を整形している）．最初の列はサービス名で，次の列はそのサービスを提供するノード名となる．

### ■ ROS サービスの引数リストを表示する

ROS サービスを利用する際に，引数の指定が必要になる場合がある．現在使用可能なサービスにどのような引数が要求されているかを調べるには，rosservice args 命令を利用する．

**rosservice args 命令の書式**

```
rosservice args <サービス名> [-h|--help]
  -h,--help  : list 命令のヘルプメッセージを表示する
```

```
実行例：
% rosservice args /turtle1/set_pen
r g b width off
```

### ■ ROS サービスのサービスデータタイプを表示する

ROS サービスのサービス要求とサービス応答のメッセージデータタイプを表示するには，rosservice type 命令を利用する．

**rosservice type 命令の書式**

```
rosservice type <サービス名> [-h|--help]
  -h,--help  : type 命令のヘルプメッセージを表示する
```

## 1.3 ROS ファイルシステムの基本操作

実行例：
```
% rosservice type /turtle1/set_pen
turtlesim/SetPen
```

これで，サービス/turtle1/set_pen のサービスタイプは turtlesim/SetPen であることがわかる．

### ■ ROS サービスをサービスデータタイプで検索する

ROS のマスターサーバに登録している ROS サービスをサービスデータタイプで検索するには，rosservice find 命令を利用する．

rosservice find 命令の書式

```
rosservice find <サービスデータタイプ名> [-h|--help]
    -h,--help  : find 命令のヘルプメッセージを表示する
```

実行例：
```
% rosservice find turtlesim/SetPen
/turtle1/set_pen
```

### ■ ROS サービス情報を表示する

サービスを提供するノード名や，そのピアアドレス，サービスデータタイプと引数リストをまとめて表示するには，rosservice info 命令を利用する．

rosservice info 命令の書式

```
rosservice info <サービス名> [-h|--help]
    -h,--help  : info 命令のヘルプメッセージを表示する
```

実行例：
```
% rosservice info /turtle1/set_pen
Node: /turtlesim
URI: rosrpc://localhost:57191
Type: turtlesim/SetPen
Args: r g b width off
```

### ■ ROS サービスを提供するノードのピアアドレス表示する

サービスを提供するノードのピアアドレスだけを表示するには，rosservice uri 命令を利用する．

## 第 1 章 ROSとは

> **rosservice uri 命令の書式**
>
> ```
> rosservice uri <サービス名> [-h|--help]
> ```
> -h,--help ： uri 命令のヘルプメッセージを表示する

実行例：
```
% rosservice uri /turtle1/set_pen
rosrpc://localhost:57191
```

■ ROS サービスを利用する

ROS サービスを呼び出して利用するには，rosservice call 命令を使う．

> **rosservice call 命令の書式**
>
> ```
> rosservice call [<サービス名>] [-v][--wait][-h|--help]
> ```
> -v ： 詳細な出力を表示する
> --wait ： サービスの通知を待ち合わせる
> -h,--help ： call 命令のヘルプメッセージを表示する

サービス名が省略された場合，すべてのサービスを呼び出すことになる．

ここで，turtlesim で新しい小亀を配置する例を見てみよう．

まず，以下の命令は turtlesim 画面をクリアしてリセットする．

実行例：
```
% rosservice call /clear
% rosservice call /reset
```

次に，以下の命令を実行すると，turtlesim 画面にもう 1 匹の小亀が現れる．

実行例：
```
% rosservice call spawn 2 2 0.2 ""
```

・上記の命令を実行した後，トピックリストとサービスリストがどのように変化したかをコマンドライン上で確かめなさい．

### 1.3.5 ROS サービスのデータ構造の確認

rosservice は利用可能なサービスに関する情報を調べる命令であるが，サービスのデータ構造を調べるには rosserv を利用する．

## 1.3 ROSファイルシステムの基本操作

■ rossrv の使い方を表示する

以下の命令を利用すればよい．

```
% rossrv -h
rossrv is a command-line tool for displaying information about ROS
         Service types.
Commands:
        rossrv show      Show service description
        rossrv list      List all services
        rossrv md5       Display service md5sum
        rossrv package   List services in a package
        rossrv packages  List packages that contain services
Type rossrv <command> -h for more detailed usage
```

■ サービスデータタイプの一覧を表示する

現在使用可能なサービスのデータタイプの一覧を表示するには，rossrv list 命令を利用する．

rossrv list 命令の書式

rossrv list [-h|--help]

-h,--help : list 命令のヘルプメッセージを表示する

実行例：
```
% rossrv list
roscpp/Empty
roscpp/GetLoggers
...
```

■ サービスデータタイプの詳細を表示する

サービスデータタイプにより定義されたデータ構造の詳細を表示するには，rossrv show 命令を利用する．

rossrv show 命令の書式

rossrv show [-r][-b BAGFILE|--bag=BAGFILE][-h|--help]
         <サービスデータタイプ名>

-r         : サービスタイプの内容 (コメントを含む) を RAW テキストの形式で表示する
-b,--bag   : BAGFILE より指定された.bag ファイルからサービスタイプの内容を表示する
-h,--help  : package 命令のヘルプメッセージを表示する

実行例：
```
% rossrv show turtlesim/Spawn
float32 x
float32 y
float32 theta
string name
---
string name
```

ここで，"---"の上に表示したのはサービス要求，下はサービス応答のデータ構造である．

■ 特定のパッケージのサービスデータタイプを表示する

特定のパッケージのサービスデータタイプだけを表示するには，rossrv package 命令を利用する．

rossrv package 命令の書式

rossrv package [-s][-h|--help] <パッケージ名>

-s ：すべての出力を1行に表示する
-h,--help ：package 命令のヘルプメッセージを表示する

実行例：
```
% rossrv package turtlesim
turtlesim/Kill
turtlesim/SetPen
turtlesim/Spawn
turtlesim/TeleportAbsolute
turtlesim/TeleportRelative
```

■ すべてのパッケージのサービスデータタイプの一覧を表示する

すべてのパッケージの中で定義されたサービスデータタイプの一覧を表示するには，rossrv packages 命令を利用する．

rossrv packages 命令の書式

rossrv packages [-s][-h|--help]

-s ：すべての出力を1行に表示する
-h,--help ：packages 命令のヘルプメッセージを表示する

実行例：
```
% rossrv packages
my_tutorials
roscpp
```

```
roscpp_tutorials
rospy_tutorials
std_srvs
topic_tools
turtlesim
```

■ サービスデータの MD5 ハッシュ値を表示する

ROS ではサービス要求とサービス応答メッセージの信頼性を保証するために，MD5 認証を提供している．サービスデータの MD5 ハッシュ値を表示するには，rossrv md5 命令を利用する．

rossrv md5 命令の書式

```
rossrv md5 [-h|--help] <サービスタイプ名>

  -h,--help  : packages 命令のヘルプメッセージを表示する
```

実行例：
```
% rossrv md5 turtlesim/SetPen
9f452acce566bf0c0954594f69a8e41b
```

# 2 ROS を始めよう

この章では，ROS プログラミングの基本概念である ROS パッケージの作成と管理，ROS ファイルシステムの基本構造，ROS プログラムの開発方針とプログラムの実行方法を紹介する．

## 2.1 catkin ワークスペース

ROS パッケージを作成する前に，まず，ROS ワークスペースを作成しておく必要がある．ROS ワークスペースは，新しい ROS パッケージを開発する場合の作業用ルートディレクトリに相当するものである．一般に，新しいパッケージの開発は，すべてワークスペースのもとで行う．ワークスペースを複数用意することも可能であり，その際は，シェル変数 ROS_PACKAGE_PATH に，それぞれのワークスペースのパスを登録しておく．パッケージのソースコードはワークスペースの下の src に格納される．

ここでは，ワークスペースを~/ros とし，以下のように生成しておく．

```
% mkdir -p ~/ros/src
% cd ~/ros/src
% catkin_init_workspace
```

これで，~/ros/src の下に CMakeLists.txt ファイルが生成される．これから新しいパッケージを開発する際には，~/ros/src の下にパッケージディレクトリ用意して，それぞれのディレクトリの下に，ソースコードに応じて CMakeLists.txt とマニフェストファイル package.xml を作成しておく．

ROS のビルドシステムを rosbuild から catkin に変更してから，このワークスペースのことを catkin ワークスペースとよぶようになった．本章以降，とくに明記しない限り，catkin ワークスペースのことを ROS ワークスペース，または単にワークスペースとよぶ．

catkin ワークスペースのディレクトリの典型的な構成を図 2.1 に示す．build と devel ディレクトリは，パッケージをビルドする際に生成されるが，以下のように先に生成し

```
~/ros/ ←──────────────── catkin ワークスペース
  └─ src ←────────────── ソースワークスペース
      ├─ CMakeLists.txt ←─── トップレベル CMake ファイル
      ├─ Package1 ←──────── パッケージスペース
      │   ├─ CMakeLists.txt ←── package1 の CMake ファイル
      │   ├─ package.xml ←──── package1 のマニフェストファイル
      │   ├─ include ←──────── package1 用ヘッダファイル
      │   ├─ launch ←───────── package1 用ランチファイル
      │   ├─ msg ←──────────── package1 用メッセージタイプファイル
      │   ├─ src ←──────────── package1 用ソースファイル
      │   ├─ srv ←──────────── package1 用サービスタイプファイル
      │   └─ ...
      ├─ Package2
      │   ├─ CMakeLists.txt
      │   ├─ package.xml
      │   └─ ...
      └─ ...
  ├─ devel
  ├─ build
  └─ ...
```

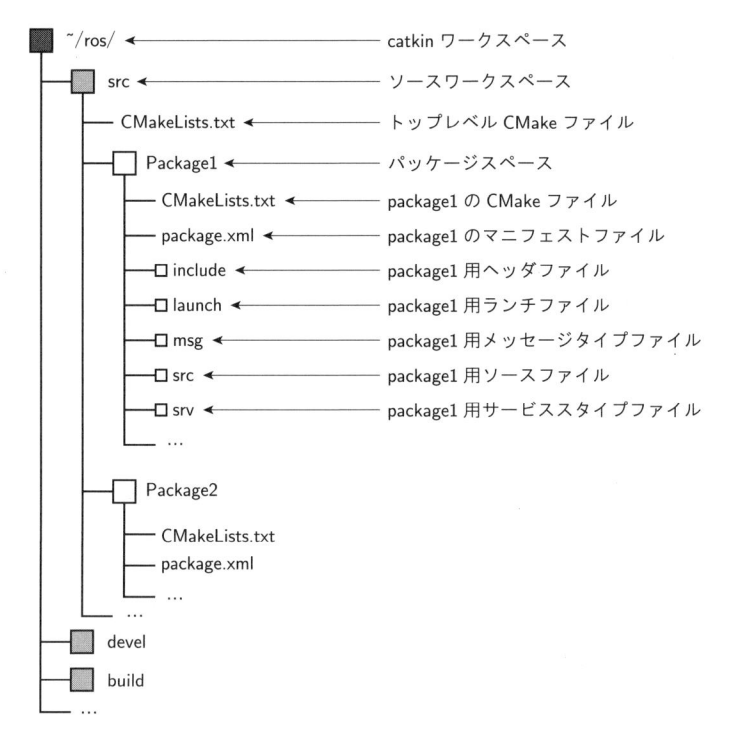

図 2.1　catkin ワークスペースのディレクトリ構成例

ておいてもかまわない．

```
% cd ~/ros
% catkin_make
```

build は，ソースコードから catkin パッケージを構築するために CMake を呼び出し，さまざまな処理を行う場所で，**ビルドスペース** (build space) とよばれる．devel は，生成される目的コードをインストールする前に作業を行うスペースであり，**開発スペース** (develop space) とよばれる．

デフォルトでは，devel ディレクトリは src と同じ catkin ワークスペースの直下に配置されるが，シェルの環境変数 CATKIN_DEVEL_PREFIX を設定することにより，任意の場所に配置することができる．

なお，以上で生成したワークスペースを利用するために，一連の環境変数の設定を行う必要がある．ROS ではデフォルトとして，devel の下，または ROS コアパッケージがインストールされたディレクトリ (/opt/ros/indigo) の中に sh, bash, tcsh, zsh 用のセットアップスクリプトが用意されている．たとえば，bash を利用している場

合，.bashrc の最後に次の一行を追加すればよい[†]．

```
source ~/ros/devel/setup.bash
```

## 2.2 ROS パッケージの作成

catkin ビルドシステムを採用してから，ROS パッケージをビルドするには，CMake ファイル CMakeLists.txt とマニフェストファイル package.xml を用意する必要がある．

### 2.2.1 新しいパッケージの作成

新しいパッケージを作成するには，ROS ツール catkin_create_pkg を利用する．

catkin_create_pkg の書式

```
catkin_create_pkg <パッケージ名> [依存パッケージ 1] ...
```

たとえば，ここで C++ と Python を利用する新しいパッケージ my_tutorials を作成するには，以下の命令を実行する．本章以降とくに明記しない限り，すべてのプログラムはこのパッケージ内で作成していくものとする．

```
実行例：
% cd ~/ros/src
% catkin_create_pkg my_tutorials roscpp rospy std_msgs
Created file my_tutorials/package.xml
Created file my_tutorials/CMakeLists.txt
Created folder my_tutorials/include/my_tutorials
Created folder my_tutorials/src
Successfully created files in /home/fei/ros/src/my_tutorials.
             Please adjust the values in package.xml
```

ROS コアパッケージである roscpp, rospy, ros_msgs は，新しいパッケージを作成する際に，ほとんどの場合には必須なものであるため，指定しておいたほうがよい．roscpp は ROS 用 C++ の実装で，C++ プログラムから ROS サービスや，メッセージ，トピックなどをアクセスするインターフェイスが提供されている．rospy は，ROS 用 Python の実装である．ros_msgs は，ROS の標準メッセージタイプを定義するパッケージである．新しいパッケージ my_tutorials のこれらのコアパッケージへの依存関係は，マニフェストファイル package.xml に自動的に記述される．

---

[†] /opt/ros/indigo/setup.bash を利用してもかまわないが，コアパッケージへのパスしか反映されないので，ユーザのワークスペースにインストールされたパッケージを反映させるためには，上記のように.bashrc に追加設定を行う必要がある．

## 2.2 ROS パッケージの作成

上記命令を実行すると，~/ros/src の下に新しいパッケージを開発するためのひな形が生成される．

```
my_tutorials/
   |-- CMakeLists.txt
   +-- include
   |    +-- my_tutorials
   |-- package.xml
   +-- src
```

パッケージが生成されると，ROS ファイルシステムに反映され，以下の命令が実行可能になり，カレントディレクトリをパッケージディレクトリへチェンジできるようになる．

```
% roscd my_tutorials
```

作成されたパッケージ，または既存のパッケージの依存関係を調べるには，rospack ツールを利用することができる．

```
% rospack -h
USAGE: rospack <command> [options] [package]
  Allowed commands:
    help
    cflags-only-I      [--deps-only] [package]
    cflags-only-other  [--deps-only] [package]
    depends            [package] (alias: deps)
    depends-indent     [package] (alias: deps-indent)
    ...
```

rospack を実行時に<パッケージ名>の指定を省略した場合，現在のワークスペース内にあるマニフェストファイル[†]が利用される．

なお，共通オプション-q (エラーメッセージの表示を抑える) は，各命令の後ろに付けることができる．

上記出力でわかるように，rospack ツールはたくさんの命令をもっている．ここでは，よく利用される一部の命令を説明するが，ほかの命令については，以下を参照してほしい．

```
http://docs.ros.org/independent/api/rospkg/html/rospack.html
```

### ■ すべてのパッケージを表示する

ROS 内で利用可能なすべてのパッケージを表示するには，rospack list, rospack list-names 命令を利用する．

---

[†] このヘルプ出力では，マニフェストファイル名は manifest.xml と記しているが，実際の Indigo のマニフェストファイルは package.xml であることに注意してほしい．

## rospack list 命令の書式

```
rospack list       : パッケージ名とその所在を表示する
rospack list-names : パッケージ名だけを表示する
```

実行例:
```
% rospack list
actionlib /opt/ros/indigo/share/actionlib
actionlib_msgs /opt/ros/indigo/share/actionlib_msgs
...

% rospack list-names
actionlib
actionlib_msgs
...
```

ここで表示される内容は，システムのインストール状況により異なることに注意してほしい．

なお，現在の ROS 内で重複しているパッケージ名があるかどうかをチェックするには，rospack list-duplicates 命令を利用することができる．ただし，ROS 内ではパッケージ名が重複してもエラーにはならず，環境変数 ROS_PACKAGE_PATH に設定されたパスに従い，検索する際に最初にヒットしたパッケージが利用される．

### ■ パッケージを検索する

特定のパッケージの居場所を特定するには，rospack find 命令を利用する．

## rospack find 命令の書式

```
rospack find <package>
```
　　package : 検索したいパッケージ名 (必須)

実行例:
```
% rospack find turtlesim
/opt/ros/indigo/share/turtlesim
```

### ■ 依存するパッケージを表示する

指定したパッケージが依存するほかのパッケージを表示するには，rospack depends 命令群を利用する．

## rospack depends 命令群

| | |
|---|---|
| rospack depends-on1 [<package>] | ：直接依存するほかのパッケージを表示する |
| rospack depends [<package>] | ：依存するすべてのパッケージを表示する |
| rospack depends-indent [<package>] | ：依存するパッケージを階層構造で表示する |
| rospack depends-manifests [<package>] | ：依存するすべてのマニフェストを表示する |

先ほど新しく作成したばかりのパッケージ my_tutorials を用いて，これらの命令を確認してみよう．

まず，my_tutorials が直接依存するほかのパッケージを表示してみる．

実行例：
```
% rospack depends1 my_tutorials
roscpp
rospy
std_msgs
```

これは，先ほどパッケージを生成した際に，以下の命令を実行した結果に対応していることがわかる．

```
% catkin_create_pkg my_tutorials roscpp rospy std_msgs
```

一般に，依存されているパッケージにも自身への依存関係がある．たとえば，my_tutorials が依存している ROS コアパッケージ roscpp の依存関係を以下のように調べみる．

実行例：
```
% rospack depends1 roscpp
cpp_common
message_runtime
rosconsole
roscpp_serialization
...
```

このような依存関係は，my_tutorials の間接的な依存関係といえる．このような間接的な依存関係を含むパッケージのすべての依存関係を表示するには，rospack ツールの depends 命令を利用すればよい．以下はその実行例である．

実行例：
```
% rospack depends turtlesim
cpp_common
rostime
```

```
roscpp_traits
roscpp_serialization
genmsg
genpy
message_runtime
std_msgs
geometry_msgs
...
```

なお，あるパッケージに新しいソースコードを追加したり，依存関係を修正したりして再構築する場合，まず，CMakeLists.txt と package.xml を修正する必要がある．

## 2.2.2 マニフェストファイルの準備

各 ROS パッケージには，パッケージの依存関係を記述するマニフェストファイルである package.xml を必ず用意する必要がある．

一般に，ROS ファイルシステムの中でマニフェストファイルが存在するディレクトリは，パッケージディレクトリとなる．package.xml の中に，現在のパッケージの名前や，ほかのパッケージとの依存関係，およびコンパイル時のフラグなどの基本情報が定義されている．

マニフェストファイルは XML 形式のファイルで，その中にパッケージ情報をタグ <package> と </package> 間に記述する．よく利用されるタグは，以下のとおりである．

### マニフェストファイルでよく利用されるタグ

- <name>
  パッケージの名前を指定する．
- <version>
  パッケージのバージョンを指定する．バージョンはドット (.) で区切られる三つの整数で表される．
- <description>
  パッケージに関する説明文を記述する．
- <maintainer>
  パッケージの管理者の情報を記述する．
- <license>
  パッケージのソフトウェアライセンス (BSD,GPL,ASL など) を記述する．
- <build_depend>
  現在のパッケージをインストールする前に，先にインストールしておく必要のあるパッケージの名前を指定する．
- <run_depend>
  現在のパッケージを実行する際に必要とするほかのパッケージの名前や，現在のパッケージが依存するランタイムライブラリ名などを指定する．

## 2.2 ROS パッケージの作成　43

- \<test_depend\>
  現在のパッケージの機能テストを行う際に依存するパッケージ名を指定する．ここに指定する名前は，\<build_depend\>と\<run_depend\>で指定した名前を上書きしない．
- \<buildtool_depend\>
  現在のパッケージを構築する際に使用されるシステムツールを指定する．一般の場合，catkin を利用する．クロスコンパイラを使用する必要がある場合，ここに実行環境のアーキテクチャに対応する命令などを指定する．
- \<export\>
  現在のパッケージをコンパイルする際に必要とするフラグやヘッダファイル，ライブラリなどのパス情報を指定する．

なお，ROS Groovy 以前のバージョンでは，\<*_depend\>ではなく，\<depend\>を利用していた．

package.xml の例を以下に示す．

▼リスト 2.1　package.xml の例

```
 1  <?xml version="1.0"?>
 2  <package>
 3    <name>beginner_tutorials</name>
 4    <version>0.0.0</version>
 5    <description>The beginner_tutorials HogeHoge's package
 6      </description>
 7    <maintainer email=hoge@samples.ac.jp">HogeHoge</maintainer>
 8    <license>BSD</license>
 9    <author email="hoge@samples.ac.jp">HogeHoge</author>
10
11    <buildtool_depend>catkin</buildtool_depend>
12
13    <build_depend>roscpp</build_depend>
14    <build_depend>rospy</build_depend>
15    <build_depend>std_msgs</build_depend>
16    <build_depend>message_generation</build_depend>
17
18    <run_depend>roscpp</run_depend>
19    <run_depend>rospy</run_depend>
20    <run_depend>std_msgs</run_depend>
21    <run_depend>message_runtime</run_depend>
22
23    <export>
24      <cpp cflags="-I${prefix}/include"
25        lflags="-L${prefix}/lib -lros" />
26    </export>
27  </package>
```

第 3 行：パッケージ名を指定している．

第 4 行：パッケージのバージョンを定義している．
第 5 行：パッケージの説明を記述している．
第 7 行：パッケージの管理者とその連絡先を指定している．
第 8 行：パッケージのライセンス条件を定義している．ここに指定した BSD ライセンス以外でも，GPLv2, GPLv3, LGPLv2.1, LGPLv3 が指定できる．
第 9 行：パッケージの作成者情報を指定している．
第 13 行～第 16 行：このパッケージを構築する際に依存するパッケージ，または構築ツールを指定している．
第 18 行～第 21 行：このパッケージを実行する際に依存するパッケージ，またはランタイムライブラリを指定している．
第 23 行～第 26 行：このパッケージをコンパイルする際に必要とするフラグとライブラリを指定している．

従来のパッケージの集合を表すスタックが，メタパッケージとして論理的に一つのパッケージとして扱われ，マニフェストファイル中に<metapackage/>を以下のようにエクスポートすることにより定義できる．

```
<export>
  <metapackage/>
</export>
```

## 2.2.3 CMake ファイルの準備

CMakeLists.txt は，CMake ビルドシステムに使われる設定ファイルである．このファイルの中には，ターゲットを生成する際に必要なツールや関連するライブラリ，および生成方法などを記述する．CMake でビルドするときに，このファイルを参照してターゲットを生成する．CMake では大文字と小文字が区別されるので，記述する際には注意してほしい．

ROS パッケージをビルドする場合，CMakeLists.txt には，以下の項目を記述する必要がある．

### (1) パッケージのバージョン (必須)

すべての catkin パッケージの CMakeLists.txt は，必ずパッケージのバージョン記述行から始まる．パッケージのバージョンは cmake_minimum_required() で記述する．catkin パッケージの場合，バージョンは 2.8.3 以上の数値で記述する．

```
記述例：
  cmake_minimum_required(VERSION 2.8.3)
```

## (2) パッケージ名 (必須)

パッケージ名は project() で記述される．通常の場合，ここに catkin_create_pkg 命令で指定したパッケージ名，またはマニフェストファイル中に定義したパッケージ名を設定する．

記述例：
```
project(my_tutorials)
```

なお，ここで指定した名前は，同じ CMakeLists.txt ファイル内で変数$PROJECT_NAME で参照することが可能である．

## (3) 関連するほかの catkin パッケージ名 (必須)

現在のパッケージをビルドするには，依存するほかの Wet パッケージを find_package() で記述する．通常の場合，ここに catkin_create_pkg 命令で指定した依存するパッケージリストが設定されるので，後は必要に応じて追記すればよい．ここに指定されたパッケージは，CMake のコンポーネントに変換され，コンパイル要素としてターゲットをビルドする際に利用される．ただし，ここに記述する依存関係は，あくまでもパッケージを構築する際の依存関係であり，ノードを実行時の依存関係 (ダイナミックリンクライブラリなど) ではないことに注意してほしい．

記述例：
```
find_package(catkin REQUIRED COMPONENTS roscpp rospy std_msgs)
```

CMake は，find_package() より指定した Wet パッケージを見つけた場合，該当する環境変数を生成し，見つけたパッケージのビルド情報 (ヘッダファイル，ソースファイルの所在，必要とするライブラリとそのパス情報など) を記述する．このように生成された環境変数は，ターゲットをビルドする際に利用される．

## (4) メッセージ/サービス/アクションジェネレータ

メッセージデータタイプファイル (.msg)，サービスデータタイプファイル (.srv) とアクションデータタイプファイル (.action) の中では，パッケージの中で利用されるデータ構造が決められているので，パッケージを構築する前の段階で，これらのファイルを処理し，プリプロセッサーによりデータの型表現を各種の処理言語応じてマクロ化しておく．

メッセージ，サービス，アクションのデータタイプを定義したい場合，以下のマクロにそれぞれのファイルを指定する必要がある．

| マクロ | 機能 |
| --- | --- |
| add_message_files() | メッセージデータタイプファイル (.msg) を指定する |
| add_service_files() | サービスデータタイプファイル (.srv) を指定する |
| add_action_files()) | アクションデータタイプファイル (.action) を指定する |

記述例：
```
add_message_files(   # メッセージデータタイプファイル
  FILE Message1.msg Message2.msg)
add_service_files(   # サービスデータタイプファイル
  FILE Service1.srv Service2.srv)
add_action_files(    # アクションデータタイプファイル
  FILE Action1.action Action2.action)
```

なお，上記設定は後述するマクロ catkin_package() の前に行う必要がある．

### (5) メッセージ/サービス/アクションのデータタイプの生成

メッセージ，サービス，アクションのデータタイプを生成するために，generate_messages() マクロに依存するパッケージを指定して生成してもらう．

記述例：
```
# std_msg はほとんどの場合に必要
generate_messages(DEPENDENCIES std_msg)
```

なお，上記設定は後述するマクロ catkin_package() の前に行う必要がある．

### (6) パッケージの構築情報

ターゲットをビルドするための CMake ファイルを生成するために，必要な構築情報をマクロ catkin_package() で指定する．主に以下の CMake 環境変数を必要に応じて指定する．

| 変数 | 説明 |
| --- | --- |
| INCLUDE_DIRS | このパッケージのヘッダファイルのパス情報 |
| LIBRARIES | このパッケージのライブラリのパス情報 |
| CATKIN_DEPENDS | このパッケージが依存するほかの Wet パッケージ名 |
| DEPENDS | このパッケージが依存するほかの Dry パッケージ名 |
| CFG_EXTRAS | このパッケージを構築する際に利用される追加フラグ |

記述例：
```
catkin_package(
  INCLUDE_DIRS include
  LIBRARIES my_tutorials
  CATKIN_DEPENDS roscpp rospy std_msgs
  DEPENDS system_lib
)
```

### (7) 構築するターゲットの指定

現在のパッケージから構築するターゲットを指定するには，以下のマクロを利用する．

| マクロ | 機能 |
| --- | --- |
| add_library() | ライブラリを構築する |

| | |
|---|---|
| add_executable() | 実行可能なファイルを構築する |
| target_link_libraries() | ターゲットがリンクする必要のあるライブラリを指定する |

```
記述例：
  add_executable(
    my_tutorials                    # 実行可能なファイル名
    src/${PROJECT_NAME}/main.cpp    # 必要なソースファイル
    src/${PROJECT_NAME}/file1.cpp   # 必要なソースファイル
    ...
  )
```

```
記述例：
  add_library(
    my_tutorials                    # ライブラリ名
    src/${PROJECT_NAME}/main.cpp    # 必要なソースファイル
    src/${PROJECT_NAME}/file1.cpp   # 必要なソースファイル
    ...
  )
```

```
記述例：
  target_link_libraries(
    my_tutorials              # 実行可能なターゲット名
    ${catkin_LIBRARIES}       # リンクする必要のあるライブラリ
  )
```

### (8) インストール方法

ターゲットを構築した後，生成された目的物はデフォルトで開発スペース (devel) の下に格納される．ほかの場所に格納したい場合は，CMake のマクロ install() を利用する．CMake のマクロ install() は，以下の環境変数を利用する．

| 変数 | 説明 |
|---|---|
| TARGETS | インストールするターゲット |
| ARCHIVE DESTINATION | スタティックライブラリと DLL(Windows) ライブラリ |
| LIBRARY DESTINATION | 非 DLL 共用ライブラリとモジュール |
| RUNTIME DESTINATION | 実行可能なターゲットと DLL(Windows) 型共用ライブラリ |

```
記述例：
  install(PROGRAMS            # インストールするファイルの指定
    scripts/file1.py
    scripts/file2.py
    DESTINATION ${CATKIN_PACKAGE_BIN_DESTINATION}  # インストール先の指定
  )
```

なお，ここでの設定は make install 時に反映される．

## (9) テスト項目

catkin ビルドシステムでは開発したパッケージをテストするために，Google test(gtest) に対応するマクロ catkin_add_gtest() が用意されている．

```
記述例：
  catkin_add_gtest(
    test-my_tutorials
    test/test-my_tutorials.cpp
  )
```

## (10) メタパッケージの記述

メタパッケージを記述する場合，メタパッケージと同名のディレクトリにある CMake-Lists.txt に，以下のマクロ命令を指定する必要がある．

```
cmake_minimum_required(VERSION 2.8.3)
project(<PACKAGE_NAME>)
find_package(catkin REQUIRED)
catkin_metapackage()
```

本書で利用されている my_tutorials を例にして，メタパッケージのディレクトリの構成を以下に示す (詳細の内容については，添付パッケージを参照してほしい).

```
my_tutorials                       ← メタパッケージディレクトリ
    +-- my_tutorials               ← メタパッケージと同名のディレクトリ
    |     |-- CMakeLists.txt       ← メタパッケージを記述する
    |     |-- package.xml          ← メタパッケージを記述する
    +-- chapter02                  ← 第 2 章に関連するパッケージ
    |     +-- launch               ← 第 2 章に関連するランチファイル
    |     |-- CMakeLists.txt       ← chapter02 の CMake ファイル
    |     |-- package.xml          ← chapter02 のマニフェストファイル
    +-- chaper03                   ← 第 3 章に関連するパッケージ
    |     +-- comm_with_param_get
    |     +-- comm_with_param_set
    ...
```

ここで重要なのは，メタパッケージと同名のディレクトリを作成しておくことである．メタパッケージに関する記述は，このディレクトリ内の CMakelists.txt と package.xml 内で行われる．メタパッケージに含まれる各パッケージ (chapter02,chapter03 など) は，各パッケージのディレクトリ中で作成されていく．

## 2.2.4 パッケージの構築

CMake ファイル CMakeLists.txt とマニフェストファイル package.xml を用意し，各依存パッケージのインストールができれば，いよいよ catkin_make で新しいパッケージの構築が可能になる．

新しいパッケージを構築するには，ワークスペースの中で以下の命令を実行する．

```
catkin_make [ターゲット] [-DCMAKE_VARIABLES=...]
catkin_make install   ← オプション（普通は要らない）
```

コマンドラインオプションが指定されていない場合，src の下のすべて Wet パッケージが全部ビルドされる．なお，初めて catkin_make を使用した場合，ワークスペース内にビルドスペース (build) と開発スペース (devel) が生成される．

catkin_make のコマンドラインオプションはたくさんあるが，最もよく利用されるのは CATKIN_WHITELIST_PACKAGES である．個別パッケージだけをビルドしたい場合，以下のように指定すればよい

```
catkin_make -DCATKIN_WHITELIST_PACKAGES="package1;package2"
```

なお，-D オプションは CMake のオプションであり，ここに指定されたマクロ変数はそのまま CMake に渡される．

一方，複数のパッケージではなく，単一のパッケージだけをビルドしたい場合，catkin_make の --pkg オプションを利用したほうが便利である．

```
実行例：
 % catkin_make  --pkg  <パッケージ名>
```

## 2.3 turtlesim で ROS ノードを理解する

前章ではノードの基本操作を紹介したが，ここでは，turtlesim を使って ROS ノードの操作方法の理解を深めよう．

まず，ROS マスターを立ち上げておこう．

```
% roscore &
```

roscore は ROS が提供しているコアツールで，ROS ノード間で通信を行う前に実行しておく必要がある．roscore は，ROS マスター，ROS パラメータサーバ，rosout とよばれるコンソール表示用ノードをまとめて立ち上げてくれる．

ここでまず，rosout ノードを理解しておこう．rosout は，いくつかの機能要素で構成されている．

・トピックメッセージの購読，記録，再配布する機能をもつ．
・/rosout という名前のトピックをもつ．これは，ROS ノードの標準出力であると考えてよい．
・コンソール出力を集約するトピック /rosout_agg をもつ．
・/rosout と /rosout_agg はメッセージタイプ rosgraph_msgs/Log を利用して，出

力を表現している．

ROS マスターのデフォルトのピアアドレスは localhost:11311 で，シェルの環境変数である ROS_MASTER_URI で指定することができる．ポート番号を実行時に変えたい場合，以下のように，-p オプションでポート番号を直接に指定することができる．

```
% export ROS_MASTER_URI=http://hostname:12345/
% roscore -p 12345 &
```

そして，現在アクティブになっているノードを表示してみる．

```
% rosnode list -a
http://localhost:58704/          /rosout
```

この結果により，ノード rosout のピアアドレスは localhost:58704 になっていることがわかる．

次に，ROS ノードを起動していろいろな機能を確かめてみよう．

## 2.3.1 ノードの起動と終了

ROS ではノードを立ち上げる方法として，以下の二つがある．

### ■ rosrun を利用する方法

単一ノードを実行する際には rosrun 命令を利用する．rosrun 命令の書式は以下のとおりである．

rosrun 命令の書式

```
rosrun <package> <executable> [_parameter:=value ...]
```

 package  ：パッケージ名
 executable ：実行可能なファイル名
 _parameter ：パラメータ変数 (parameter) に値 (value) を指定する

ここで，第 2 パラメータの<executable>は，第 1 パラメータで指定したパッケージのものである[†]．第 3 パラメータ以降は省略可能なオプションで，ROS パラメータをコマンドラインより指定したい場合に利用される．ただし，パラメータを指定する際に，パラメータ名の先頭に "_" を付けることに注意してほしい．たとえば，ROS パラメータである parameter に value を指定したい場合，_parameter:=value のように記述する必要がある．

rosrun は，ROS より提供されたシェルスクリプトで (/opt/ros/indigo/bin/rosrun)，

---

[†] つまり該当パッケージを構築する際に，CMakeLists.txt の add_excutable() で指定した名前である．

該当するパッケージの実行可能なファイルを自動的に探して実行するものである．各ノードの ROS マスターへの登録作業は rosrun ではなく，各ノードの内部で行われているので，実行可能なファイルの所在がはっきりわかる場合，rosrun を使用せずにそのファイルを直接実行してもよい．

■ roslaunch を利用する方法

複数のノードをまとめて立ち上げる際には，roslaunch 命令を利用する．立ち上げたい各ノードの記述はランチファイルとよばれるファイル内にまとめられ，roslaunch 命令によりバッチ処理される．roslaunch とランチファイルについては，後の章で説明する．

ここでは rosrun を利用して，turtlesim パッケージが提供するノードを実行してみる．

まず，一つのターミナル画面で，turtlesim パッケージのシミュレータノード turtlesim_node を立ち上げてみる．

```
% rosrun turtlesim turtlesim_node
```

次に，別の画面で小亀をキーボードで操作するためのノード，turtle_teleop_key を立ち上げてみる．

```
% rosrun turtlesim turtle_teleop_key
```

これで方向キーで小亀を移動できるようになる (図 2.2 参照)．

さて，もう一度ノードリストを表示してみよう．rosout ノード以外，ほかのノードは実行するたびにピアアドレスが変わるが，rosout ノードは roscore より実行されるので，roscore を再実行しない限り，そのピアアドレスは変わらない．

```
% rosnode list -a
http://localhost:58704/      /rosout
http://ubuntu:47817/         /teleop_turtle
```

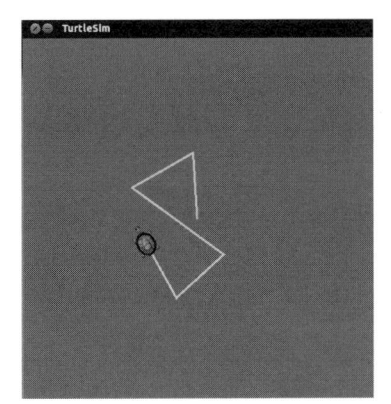

方向キーでの制御方法
↑：前進
↓：後退
→：右回転
←：左回転

図 2.2　turtle_teleop_key で小亀を操作する

```
  http://ubuntu:34735/              /turtlesim
```

一方，ノードを止めるときには，rosnode kill 命令で削除するか，Ctrl+C でプロセスを強制終了させる必要がある．ただし，Ctrl+C でプロセスを強制終了させても，ROS マスターから登録情報がすぐに削除されるわけではないので，該当ノードはしばらく再実行ができなくなる場合があることに注意してほしい．すでに強制終了させられたノードの登録情報を ROS マスターから完全に削除するためには，以下の命令を実行すればよい．

```
% rosnode cleanup
```

> ・各ノードに ping しなさい (rosnode ping)．
> ・各ノードのトピック情報を調べなさい (rosnode info)．

## 2.3.2 ノードのリネーム

ROS ファイルシステムの中では (厳密にいうと，ROS コンピューティンググラフ上では)，ROS マスターより管理される各ノードはただ一つの名前をもつ必要がある．

名前の表記は "/" で始まり，複数のネームスペースを "/" で区切って表現される．この形式で表記された名前を**グローバルネーム** (global name) とよぶ．

rosrun で同じパッケージのノードを複数立ち上げたい場合，デフォルトまで実行すると，最後に実行したプロセスだけが有効になり，前に実行したものは自動的に削除される．これは，ノード名の唯一性を保証するためのものである．

たとえば，turtlesim_node を別々の画面で実行して，turtlesim ノードを二つ立ち上げたいときに，以下のように実行してみる．

```
画面 1:
  % rosrun turtlesim turtlesim_node
  Starting turtlesim with node name /turtlesim
  Spawning turtle [turtle1] at
                  x=[5.544445], y=[5.544445], theta=[0.000000]
```

```
画面 2:
  % rosrun turtlesim turtlesim_node
  Starting turtlesim with node name /turtlesim
  Spawning turtle [turtle1] at
                  x=[5.544445], y=[5.544445], theta=[0.000000]
```

この場合，画面 2 の命令が実行されると，画面 1 に以下のワーニングメッセージが表示され，画面 1 で先に立ち上げたノードが削除されたことが知らされる．

```
Shutdown request received.
Reason given for shutdown: [new node registered with same name]
```

この問題を解消するために，rosrun では以下のようなランタイムリネーム機能を提供している．つまり，実行時にノード名を付け直すことができる．

```
rosrun <パッケージ名> <実行可能ファイル名> __name:=<ノード名>
```

たとえば，turtlesim ノードを二つ立ち上げて，それぞれ node_A, node_B という名前にするには，以下のように実行すればよい．

```
画面 1：
  % rosrun turtlesim turtlesim_node __name:=node_A
    Starting turtlesim with node name /node_A
  Spawning turtle [turtle1] at
          x=[5.544445], y=[5.544445], theta=[0.000000]
画面 2：
  % rosrun turtlesim turtlesim_node __name:=node_B
    Starting turtlesim with node name /node_B
  Spawning turtle [turtle1] at
          x=[5.544445], y=[5.544445], theta=[0.000000]
```

これで，二つの turtlesim 画面が現れる．

- 上記の実行例について，turtle_teleop_key を実行し，方向キーで操作して，二つの画面上の小亀を同時に制御できることを確認しなさい．
- ノードリストを表示して，それぞれのピアアドレスを調べなさい (rosnode list, rosnode info)．
- node_A のプロセス ID は，ps -ax 命令で表示される以下のプロセス ID と一致していることを確認しなさい (node_B についても同様のことを確認しなさい)．
  ```
  /opt/ros/indigo/lib/turtlesim/turtlesim_node __name:=node_A
  ```

## 2.4 turtlesim で ROS トピックとメッセージを理解する

まず，turtlesim_node と turtle_teleop_key を立ち上げて，各ノードの情報を確認してみよう．

```
実行例：
  % rosnode list
  /rosout
  /teleop_turtle
  /turtlesim
```

これでわかるように，turtlesim_node と turtle_teleop_key が ROS マスターに登録したノードの名前は，それぞれ turtlesim と teleop_turtle となっている．

実行例：
```
% rosnode info /turtlesim
-----------------------------------------------------------
Node [/turtlesim]
Publications:    ← (1) ノード turtlesim より配布しているトピック情報
 * /turtle1/color_sensor [turtlesim/Color]
 * /rosout [rosgraph_msgs/Log]
 * /turtle1/pose [turtlesim/Pose]

Subscriptions:   ← (2) ノード turtlesim が購読しているトピック情報
 * /turtle1/cmd_vel [geometry_msgs/Twist]

Services:        ← (3) ノード turtlesim が提供しているサービス
 * /turtle1/teleport_absolute
 * /turtlesim/get_loggers
 * /turtlesim/set_logger_level
 * /reset
 * /spawn
 * /clear
 * /turtle1/set_pen
 * /turtle1/teleport_relative
 * /kill

↓ (4) ノード turtlesime のプロセス情報
contacting node http://ubuntu:45032/ ...
Pid: 28866
Connections:
 * topic: /rosout
    * to: /rosout
    * direction: outbound
    * transport: TCPROS
```

これにより，ノード turtlesim は現在提供しているトピック，購読しているトピック，提供しているサービスとプロセス情報がわかる．なお，配布しているトピック名の後ろの [ ] の中に表示しているのは，トピックのメッセージタイプである．

> ・teleop_turtle のトピックの詳細情報を確認しなさい．

## 2.4.1 ROS トピック間の依存関係

ノード teleop_turtle の情報を調べれば，そのプロセス情報は以下のようになっていることがわかる．

実行例：
```
% rosnode info teleop_turtle
...
contacting node http://ubuntu:47687/ ...
```

```
    Pid: 29105
    Connections:
     * topic: /rosout
       * to: /rosout
       * direction: outbound
       * transport: TCPROS
     * topic: /turtle1/cmd_vel
       * to: /turtlesim
       * direction: outbound
       * transport: TCPROS
```

turtlesim と teleop_turtle プロセス情報により，それぞれが配布しているトピックの依存関係 (購読先) を明らかにすることができる．

ノード/turtlesim が配布しているトピックは/rosout 以外に二つあり，/turtle1/color_sensor と/turtle1/pose である．この二つのトピックには現在購読者がいない．一方，ノード/turtlesim は一つのトピック (/turtle1/cmd_vel) を購読している．

ノード/teleop_turtle では，/turtle1/cmd_vel と/rosout を配布している．/turtle1/cmd_vel は/turtlesim により購読されている．

両ノードのトピックの配送は，いずれも TCP（TCPROS）で行われている．

このようなトピックの発行・購読の依存関係を視覚的に示すために，ROS では rqt_graph というツールを提供している．rqt_graph の実行例を以下に示す (図 2.3 参照)．

```
% rqt_graph
```

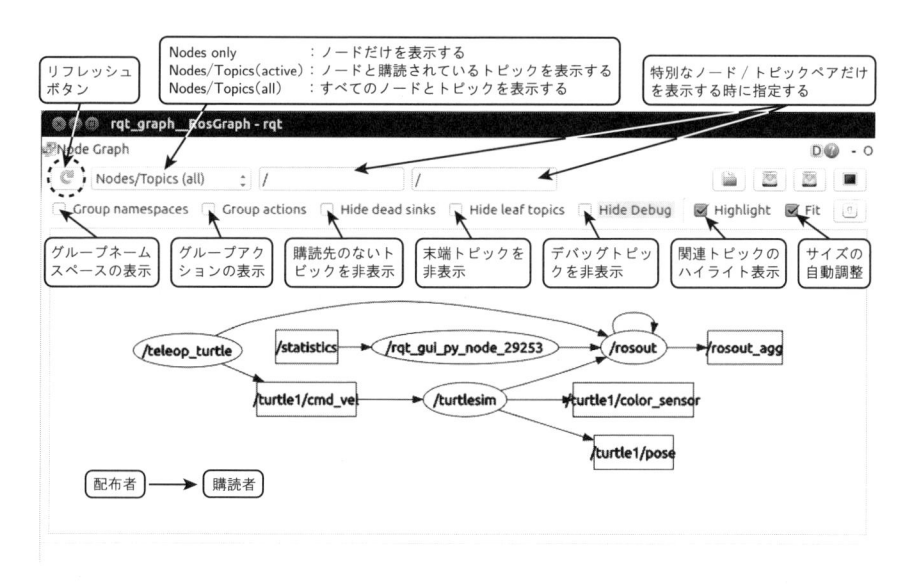

図 2.3　rqt_graph ツールでトピックの依存関係を確認する

rqt_graph を立ち上げた後で新しいノードを立ち上げた場合，rqt_graph GUI のリフレッシュボタンを押せばグラフに反映することができる．

ただし，rqt_graph が実行されると，そのノードである/rqt_gui_py_node_29943 も ROS マスターに登録されることに注意してほしい．

```
実行例：
  % rosnode list
  /rosout
  /rqt_gui_py_node_29943       ← これが rqt_graph のノード
  /teleop_turtle
  /turtlesim
```

この四つのノードのトピックの依存関係を，図 2.4 に書き直す．各リンク上に書かれた内容は，配布・購読されているトピック名を表す．矢印の始点は配布者，終点は購読者を表す．たとえば，ノード/teleop_turtle がトピック/turtle1/cmd_vel を配布し，/turtlesim がそれを購読している．この例で見られるように，/rosout はノード名でもあるし，トピック名でもある．

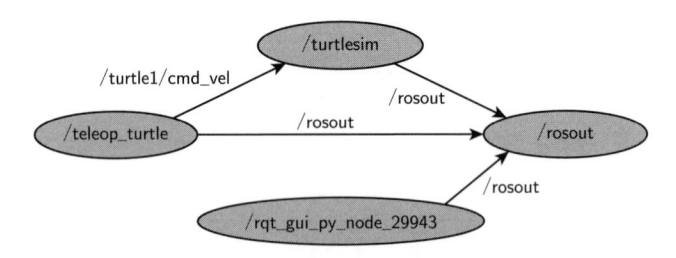

図 2.4　トピックの依存関係を書き直す

rqt_graph ツールを利用すれば，turtlesim のリモート操作の仕組みを理解することができる．

turtle_teleop_key を立ち上げた画面で何らかの方向キーを押した場合，/teleop_turtle ノードが，該当する移動情報を表すメッセージをトピック/turtle1/cmd_vel として配布する．turtlesim がこのトピックを購読しているので，自分で決めたタイミングで受信することができる．そして，受信した移動情報を利用して，小亀の移動をシミュレーションする．

ここで，重要なことが二つある．一つは，シミュレータである turtlesim は誰が cmd_vel メッセージを配布したかを意識する必要がなく，任意のプログラムが cmd_vel メッセージを配布して，小亀を制御できるということである．もう一つは，メッセージの配布者である/teleop_turtle ノードは誰が cmd_vel トピックを購読しているかを知っておく必要がなく，処理するか否かは別として，どの購読者もこのトピック情報を入手することもできるということである．このように，ノード間の非同期通信を行う際に，送受信する相手を

とくに意識しない通信方式を，ROS では**疎結合通信** (loose coupling communication) とよぶ．

rqt_graph の "Nodes/Topics(all)" を選択してみればわかるが，この場合，/teleop_turtle ノードは購読するトピックがなく，また，/turtle1/color_sensor と /turtle1/pose を購読している購読者がいない．購読されていないトピックを，rqt_graph で**リーフトピック** (leaf topics) とよぶ．

## 2.4.2 ROS メッセージとメッセージデータタイプ

ROS では，疎結合通信でやりとりされるメッセージは，メッセージデータタイプにより厳密に定義されている．

まず，現在 ROS マスターに登録済みのトピックを確認してみる．

```
実行例：
  % rostopic list
  /rosout
  /rosout_agg
  /statistics
  /turtle1/cmd_vel
  /turtle1/color_sensor
  /turtle1/pose
```

では，トピックにより配布されているメッセージを見てみよう．まず，/turtle1/cmd_vel を見てみる．一つの画面で rostopic echo /turtle1/cmd_vel を実行してから，turtle_teleop_key を実行した画面で，方向キーを 1 回押してみる．すると，以下のようなメッセージが表示される．

```
実行例：
  % rostopic echo /turtle1/cmd_vel
  linear:
    x: 2.0
    y: 0.0
    z: 0.0
  angular:
    x: 0.0
    y: 0.0
    z: 0.0
  ---
```

配布した各メッセージは "---" で区切られて表示される．

・/turtle1/color_sensor と /turtle1/pose のメッセージを確認しなさい．

次に，トピックの関連情報を確認してみる．

```
実行例：
% rostopic info /turtle1/cmd_vel
Type: geometry_msgs/Twist

Publishers:
 * /teleop_turtle (http://ubuntu:47687/)

Subscribers:
 * /turtlesim (http://ubuntu:45032/)
```

これで，トピック/turtle1/cmd_vel のメッセージタイプ (geometry_msgs/Twist)，配布者 (/teleop_turtle) のピアアドレス (ubuntu:47687)，購読者 (/turtlesim) のピアアドレス (ubuntu:45032) 情報を取得できる．

メッセージタイプの内容を確認するには，rosmesg show 命令を利用する．

```
実行例：
% rosmsg show geometry_msgs/Twist
geometry_msgs/Vector3 linear
  float64 x
  float64 y
  float64 z
geometry_msgs/Vector3 angular
  float64 x
  float64 y
  float64 z
```

これによるとメッセージタイプ geometry_msgs/Twist は，二つの複合フィールド linear と angular を定義している．両方とも，geometry_msgs/Vector3 で定義される3次元ベクトルで表現されている．つまり，geometry_msgs/Twist は二つの3次元ベクトルで定義され，各ベクトルの要素は float64 で定義されている．linear は通常，x,y,z 軸での移動速度，angular は x,y,z 軸を中心に回転する場合の角度 (ピッチ角，ロール角，ヨー角) を表す．

上記例でわかるように，ROS メッセージデータタイプを定義する複合フィールドは，定義済みのデータ型や別の複合フィールドの組み合わせで表現することができる．このように，あるオブジェクトの中にほかのオブジェクトを含む考え方は，オブジェクト指向プログラミング言語によく見られる．ただし，複合フィールドのデータタイプ自身もまたメッセージデータタイプであることに注意してほしい．たとえば，ほかのトピックは geometry_msgs/Twist などを利用して自分のメッセージデータタイプを定義することができる．さらに，メッセージデータタイプに固定長，または可変長配列，定数で定義することもできる．

### ■ コマンドラインからメッセージを配布する

メッセージをコマンドラインから配布するには，rostopic pub 命令を利用する．

たとえば，以下の命令は 1 Hz の配布レートで，一定の時間間隔で，トピック /turtle1/cmd_vel に対して，メッセージタイプが geometry_msgs/Twist であるメッセージ，[4, 0, 0](linear) と [0, 0, 2](angular) を配布する．

```
実行例：
% rostopic pub -r 1 /turtle1/cmd_vel geometry_msgs/Twist \
    -- '[4.0, 0.0, 0.0]' '[0.0, 0.0, 2]'
```

あるいは，以下のようにメッセージを明示的に配布することもできる．

```
実行例：
% rostopic pub -r 1 /turtle1/cmd_vel geometry_msgs/Twist \
    '{linear: {x: 4, y: 0, z: 0}, angular: {x: 0,y: 0,z: 2}}'
```

すると，シミュレーション画面上では，小亀が円周を周回している様子が確認できる．
メッセージを 1 回だけ配布したい場合は，−1 オプションを利用すればよい

```
実行例：
% rostopic pub -1 /turtle1/cmd_vel geometry_msgs/Twist
    -- '[4.0, 0.0, 0.0]' '[0.0, 0.0, 2]'
```

turtlesim は 2D シミュレータであるので，二つの 3 次元ベクトルは，linear は x 要素 (前進/後退)，angular は z 要素 (回転角) だけ意味がある．

この例の場合，コマンドラインから入力されたメッセージはトピック /turtle1/cmd_vel を通じて，/turtlesim ノードに渡されている．

一方，周回し続ける小亀を止めるには，以下の命令を実行すればよい．

```
実行例：
% rostopic pub -1 /turtle1/cmd_vel geometry_msgs/Twist '{}'
```

■ メッセージデータタイプ名

ROS メッセージデータタイプは，具体的な ROS パッケージにより定義されている．あるパッケージが提供しているメッセージデータタイプを調べるには，rosmsg package 命令を利用する．

たとえば，パッケージ turtlesim のメッセージデータタイプ名を調べるには，以下の命令を実行すればよい．

```
実行例：
% rosmsg package turtlesim
turtlesim/Color
turtlesim/Pose
```

この結果により，パッケージ turtlesim は二つのメッセージデータタイプ，turtlesim/Color と turtlesim/Pose を定義していることがわかる．

ROS では，メッセージデータタイプ名をパッケージ名とデータ型名を用いて以下のように表現する．

<パッケージ名>/<データ型名>

たとえば，メッセージデータタイプ名 turtlesim/Color は，以下のように定義されている．

$$\underbrace{\text{turtlesim}}_{\text{パッケージ名}} + \underbrace{\text{Color}}_{\text{データ型名}} \Rightarrow \underbrace{\text{turtlesim/Color}}_{\text{メッセージタイプ名}}$$

メッセージタイプ名にこのような分割表現を採用した目的は，以下のとおりである．

- メッセージデータタイプ名にパッケージ名を直接含ませることにより，名前の衝突を防ぐことができる．つまり，たとえ異なるパッケージ内で同じデータタイプ名を利用しても，パッケージ名の唯一性により，メッセージデータタイプ名の唯一性が保証される．たとえば，geometry_msgs/Pose と turtlesim/Pose は独立したメッセージデータタイプになる．
- パッケージの依存関係を矛盾なく記述することができる．新しいパッケージを構築する際に，ほかのパッケージを利用することがよくある．その場合，このようなメッセージデータタイプ名の表現を利用すれば，名前の唯一性を確保しやすい．
- パッケージ名が含まれるメッセージデータタイプ名から，メッセージデータタイプの意味を推測しやすい．

## ■ トピック通信

トピックを利用したノード間の通信を理解してもらうために，ここで以下の例について考える．

まず，turtlesim ノードを二つ立ち上げ，名前をそれぞれ A と B にする．さらに，turtle_tleop_key のノード/teleop_turtle を二つ立ち上げて，名前をそれぞれ C と D にする．さらに，コマンドラインからメッセージを配布して，円周上に小亀を周回させる．

```
画面1:
  % rosrun turtlesim turtlesim_node __name:=A
画面2:
  % rosrun turtlesim turtlesim_node __name:=B
画面3:
  % rosrun turtlesim turtle_teleop_key __name:=C
画面4:
  % rosrun turtlesim turtle_teleop_key __name:=D
画面5:
  % rostopic pub -r 1 /turtle1/cmd_vel geometry_msgs/Twist \
      -- '[4.0, 0.0, 0.0]' '[0.0, 0.0, 2]'
```

## 2.4 turtlesim で ROS トピックとメッセージを理解する

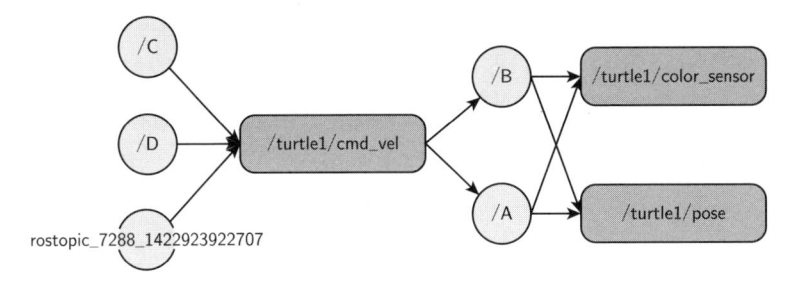

図 2.5 四つのノードのトピック依存関係

すると，turtlesim のインスタンスが二つ生成され，二つのシミュレーション画面が現れる．さらに rqt_graph で確認すれば，四つのノード間の依存関係は図 2.5 のようになることがわかる．

図 2.5 でわかるように，ノード A とノード B はいずれもトピック /turtle/cmd_vel を購読しているので，/turtle/cmd_vel を通じて転送されるメッセージは，ノード A とノード B により受信することができる．一方，メッセージの配布者の立場から見ると，ノード C, D とコマンドラインの配布者のノードである rostopic_7288_1422923922707 (このノード名は実行するたびに変わる) の 3 者とも，トピック /turtle/cmd_vel の配布者であるので，いずれもメッセージを非同期的に配布することができる．

実際に操作してみよう．画面 5 での命令が実行されると，2 枚の turtlesim シミュレータ画面で 2 匹の小亀が周回し続けているはずである．このとき，画面 3 または画面 4 で方向キーを押すと，小亀の移動を変えることができる (図 2.6 参照)．

ここで，方向キーでの操作がいつ行われるのかについては turtlesim シミュレータは知る必要がないことに注意してほしい．つまり，ノード C またはノード D と，ノード A またはノード B は，常に接続しているような「密」的な関係で結ばれているのではなく，

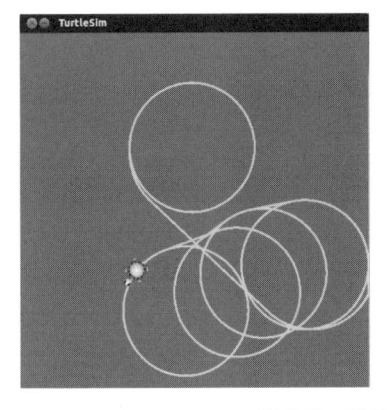

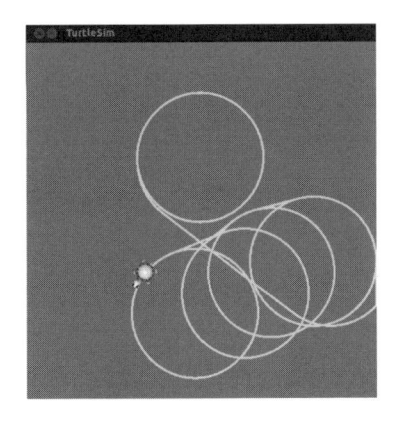

図 2.6 ROS のトピック通信例

必要な時だけメッセージを送受信するという「疎」的な関係で結ばれているのである．この疎結合の概念は，ROS プログラミングを行ううえで重要な設計方針を与えている．

- 情報を配布する側のプログラム (情報の生産者) は，自分が配布した情報が誰 (情報の消費者) によって購読され，どのように処理されるかについては意識する必要がない．
- 情報を購読する側は，自分の興味のあるデータが入っているトピックさえ購読できればよい．そのトピックは，誰によって配布されたかについては意識する必要がない．

つまり，ROS プログラミングを行う際には，このような情報の生産者と消費者間のシームレス性を維持することが重要である．

またこの例でわかるように，ROS において，トピックを利用したメッセージ通信は多対多型非同期通信である．ROS のこのトピック通信方式の利点は，この例で示されているように，複数の異なるノードから制御命令を受け入れるために turtlesim シミュレータのプログラムを書き直す必要がない点と，複数の turtlesim のインスタンスへ制御命令を同期的に発行するために，turtle_teleop_key を修正する必要もない点である．このような通信形態は，ロボットの分散的制御を実現するうえで最も重要とされている．

## 2.5 turtlesim で ROS サービスを理解する

ROS サービスは，ROS トピックを利用したメッセージ通信に比べると，以下の点で異なる．

- サービスの情報フローは双方向的である．あるノードは別のノードに情報を送り，その応答を受け取る (メッセージ通信ではレスポンスという概念がなく，配布された情報が購読されているかどうか，また，誰によって購読されているかも知らない)．
- サービスは 1 対 1 型通信である．あるノードからサービス要求は，別のノードのサービス応答により返答される (メッセージ通信は多対多型である)．

これらの点以外は，ROS サービスは ROS メッセージに非常に似ている．

ROS サービスでは，通常のクライアントサーバモデルと同じく，サービスを要求する側はクライアント，サービス提供する側はサーバとよぶ．サービス通信プロセスは，クライアントからサービス要求を送り出した時点から始まり，サーバからサービス応答を受け取った時点で終了する．

### 2.5.1 ROS サービスの検索

ROS サービスは通常，ノードを実装するプログラムの中から呼び出されるが，ここで

## 2.5 turtlesim で ROS サービスを理解する

は，ROS サービスの概念と基本原理を理解するために，コマンドライン上での扱い方を見てみよう．

まず，turtlesim シミュレータを立ち上げて，利用可能なすべてのサービスを調べてみよう．

実行例：
```
% rosrun turtlesim turtlesim_node &
% rosservice list
/clear
/kill
/reset
/rosout/get_loggers
/rosout/set_logger_level
/spawn
/turtle1/set_pen
/turtle1/teleport_absolute
/turtle1/teleport_relative
/turtlesim/get_loggers
/turtlesim/set_logger_level
```

上記の表示結果の中には，get_loggers と set_logger_level のような，特別のノードから情報を受け取る，または特別なノードへ情報を送信するサービスが含まれている．

ノード turtlesim より提供しているサービスだけを調べるときは，rosnode info 命令を利用すればよい．

実行例：
```
% rosnode info turtlesim
...
Services:
 * /clear
 * /turtle1/teleport_relative
 * /turtlesim/set_logger_level
 * /turtle1/teleport_absolute
 * /reset
 * /kill
 * /turtlesim/get_loggers
 * /spawn
 * /turtle1/set_pen
 ...
```

一方，rosservice list 命令により表示された結果の中から該当するサービスを提供するノードを調べるには，rosservice node 命令を利用する．

実行例：
```
% rosservice node /spawn
/turtlesim
% rosservice node /rosout/get_loggers
/rosout
```

ROS サービスより提供されるすべてのサービスは，それぞれのサービスデータタイプをもつ．サービスデータタイプを含むサービス情報は，rosservice info 命令で調べることができる．

```
実行例：
% rosservice info /spawn
Node: /turtlesim            ← サービスを提供するノード名
URI: rosrpc://ubuntu:51430  ← サービスを提供するノードのピアアドレス
Type: turtlesim/Spawn       ← サービスのデータタイプ
Args: x y theta name        ← サービス内容
```

サービスデータタイプは，メッセージデータタイプと同じパッケージ名とデータ型名で構成される．

$$\underbrace{\text{turtlesim}}_{\text{パッケージ名}} + \underbrace{\text{Spawn}}_{\text{データ型名}} \Rightarrow \underbrace{\text{turtlesim/Spawn}}_{\text{サービスデータタイプ名}}$$

サービスデータタイプの各メンバーの詳細定義を調べるには，rossrv ツールを利用する．

ここで，rosservice と rossrv とは異なる命令であることに注意してほしい．rosservice は現在アクティブになっているノードが提供しているサービスなどの動的なインスタンス情報を扱うもので，rossrv はサービスデータタイプの定義ファイル（*.srv ファイル）の中身などの静的な定義情報を扱うものである．

では，サービスデータタイプ turtlesim/Spawn の詳細定義を調べてみよう．

```
% rossrv show turtlesim/Spawn
float32 x         ← サービス要求のデータタイプ
float32 y         ← サービス要求のデータタイプ
float32 theta     ← サービス要求のデータタイプ
string name       ← サービス要求のデータタイプ
---
string name       ← サービス応答のデータタイプ
```

/Spawn サービスは，turtlesim のシミュレータ画面にもう 1 匹の小亀を配置するサービスである．x,y は 2 次元座標，theta は向き，name は小亀の名前である．

ここで，"---" までの内容はサービス要求のデータタイプであり，"---" 後の内容はサービス応答のデータタイプである．サービス要求はクライアントから送られるものであるので，この例の場合，クライアントノードからサービスを要求する際に，x, y, theta, name を送り，サーバからは name が応答される．

## 2.5.2 ROS サービスの利用

コマンドライン上から ROS サービスを利用するには，rosservice call 命令を利用する．

たとえば，方向キーで小亀をしばらく移動してから以下の命令を実行すると，turtlesim シミュレータ画面上の移動軌跡はクリアされる．

実行例：
```
% rosservice call /clear
```

では，もう一つの例を見てみよう．ここで，turtlesim ノードにより提供されている /Spawn サービスを利用して，(x,y)=(2.0,2.0)，theta=0.0，name="Indigo" で指定される小亀を配置してみる．

実行例：
```
% rosservice call /spawn 2.0 2.0 0.0 Indigo
```

すると，turtlesim シミュレータ画面に新しい小亀が現れるはずである．

この場合，新しく生成された小亀 Indigo はノードではなく，あくまでも turtlesim ノードのリソースであることに注意してほしい．つまり，rosnode list で見ようとしても表示されない．ただし，この Indigo には新しいトピックとサービスが付いている．

```
% rostopic list
/Indigo/cmd_vel
/Indigo/color_sensor
/Indigo/pose
...
% rosservice list
/Indigo/set_pen
/Indigo/teleport_absolute
/Indigo/teleport_relative
```

- turtlesim シミュレータ画面上に Indigo, Hydro, Groovy という 3 匹の小亀を配置しなさい．
- それぞれの小亀のトピックとサービスを確認しなさい．
- rqt_graph でトピックの依存関係を確認しなさい．
- 3 匹の小亀を各自の円周上で周回させなさい．
  (ヒント：Indigo を回す場合，rostopic pub -r 1 命令でトピック/Indigo/cmd_vel にメッセージを送る)

## 2.6 turtlesim で ROS パラメータを理解する

ROS パラメータサーバを利用する通信は，ROS システム内でパラメータ (グローバル変数) を共有する仕組みを提供するためのものである．通常，パラメータとよばれる変数はパラメータサーバ上に保持され，ほかのノードがそのパラメータを変更した場合，関連するすべてのノードに反映する機能をもつ．パラメータサーバは，roscore または roslaunch によりマスタサーバと一緒に起動される．

ここでまず注意してもらいたいのは，パラメータサーバ上に保持されているパラメー

タはあくまでサーバが所有するグローバル的なもので，ある特別なノードが専用するローカル的なものではないということである．たとえば，ある特別なノードにより生成されたパラメータであっても，いったんパラメータサーバ上に保持されると，たとえそのノードが終了されても，引き続きほかのノードにより利用することが可能である．

## 2.6.1 利用可能なパラメータの表示

ROS パラメータを操作するには，rosparam ツールを利用する．rosparam ツールでは，以下の命令を提供している．

| 命令 | 機能 |
| --- | --- |
| set | パラメータを設定する |
| get | パラメータを取得する |
| load | ファイルからパラメータ取り込む |
| dump | ファイルにパラメータを格納する |
| delete | パラメータを削除する |
| list | 使用可能なパラメータ名を表示する |

各命令の使い方は，-h オプションを付けてコマンドライン上で調べられる．

### ■ パラメータリストを表示する

あるネームスペース内に定義されているパラメータを表示するには，rosparam list 命令を利用する．

rosparam list 命令の書式

```
rosparam list [-h|--help] [namespace]
```
　　-h, --help　：list 命令のヘルプメッセージを表示する
　　namespace　：ネームスペース

ネームスペースが省略された場合，現在アクティブ状態になっているすべてのネームスペース内のパラメータ名を表示する．

たとえば，turtlesim が動いている状況のもとで rosparam list 命令を実行すると，以下の結果が表示される．

実行例：
```
% rosparam list
/background_b
/background_g
/background_r
...
```

## ■ パラメータ値を取得する

パラメータ値を取得するには，rosparam get 命令を利用する．

rosparam get 命令の書式

```
rosparam get [-p][-v][-h|--help] parameter
```

　-p 　　　　：整形表示
　-v 　　　　：詳細表示
　-h, --help ：get 命令のヘルプメッセージを表示する

なお，パラメータ名に"/"と指定した場合，すべてのパラメータ値が表示される．

実行例：
```
% rosparam get /background_b
255

% rosparam get /
background_b: 255
background_g: 86
background_r: 69
rosdistro: 'indigo'
,
roslaunch:
  uris: {host_localhost__35756: 'http://localhost:35756/'}
rosversion: '1.11.10'
,
run_id: 6378b46c-aa6d-11e4-8810-000c29412daa
```

### 2.6.2　パラメータの変更

## ■ パラメータの変更と新規作成

パラメータを変更，または新規作成するには，rosparam set 命令を利用する．

rosparam set 命令の書式

```
rosparam set [-t TEXT_FILE|--textfile=TEXT_FILE]
             [-b BINARY_FILE|--binfile=BINARY_FILE]
             [-v][-h|--help] parameter  value
```

　-t 　　　　：テキストファイル TEXT_FILE でパラメータを設定する
　-b 　　　　：バイナリファイル BINARY_FILE でパラメータを設定する
　-v 　　　　：詳細表示
　-h, --help ：set 命令のヘルプメッセージを表示する

## 第2章 ROS を始めよう

> parameter ：パラメータ名
> value　　 ：パラメータ値

たとえば，新しいパラメータ /afoafo を作成し，100 という初期値を設定するには，以下の命令を実行する．

実行例：
```
% rosparam set /afoafo 100
% rosparam get /
afoafo: 100          ← 新しいパラメータが保持されている
background_b: 255
...
```

turtlesim シミュレータが使う以下の三つのパラメータはシミュレータ画面の背景の色を指定するもので，デフォルトの値は以下のようになっている．

```
background_b: 255
background_g: 86
background_r: 69
```

この背景を黄色に変更するには，以下のようにパラメータを変更すればよい．

実行例：
```
% rosparam set /background_r 255
% rosparam set /background_g 255
% rosparam set /background_b 0
```

しかしながら，このようにパラメータを変更しても，自動的に turtlesim シミュレータ画面に反映されない．これは，turtlesim のノードのプログラム turtlesim_node は初期化する段階，または自分の /clear サービスの中でしか，これらのパラメータを利用しないからである．そこで，これらのパラメータの変更をノードに反映するためには，以下のようにサービスコールを利用する必要がある．

```
% rosservice call /clear
```

つまり，ROS パラメータを扱うプログラムの中では，場合によってパラメータのリロードを動的に行うサービスを実装する必要がある．

### ■ パラメータの削除

パラメータサーバからパラメータを削除するには，rosparam delete 命令を利用する．

rosparam delete 命令の書式
```
rosparam delete [-v][-h|--help] parameter
```

```
    -v          : 詳細表示
    -h, --help  : delete 命令のヘルプメッセージを表示する
```

```
実行例：
  % rosparam list
  /background_b
  /background_g
  /background_r
  ...
  % rosparam delete /background_b
  % rosparam list
  /background_g
  /background_r
  ...
```

## 2.7 turtlesim で roslaunch の基本を理解する

ROS プログラムを実行するもう一つの方法として，roslaunch ツールを利用する方法がある．roslaunch は，複数のノードをまとめて実行するときや，ノードトピック間のピアツーピアの接続関係を確立する際に大変役に立つ便利なツールである．

roslaunch は，XML 形式で記述されたバッチファイル.launch を利用する．つまり，ROS ではジョブ制御言語 (job control language, JCL) として，XML を利用しているのである．ROS では，JCL で記述されたファイルを**ランチファイル** (lanch file) とよぶ．roslaunch を理解するためには，まずこの JCL を理解しなければならない．

### 2.7.1 ROS ランチファイル

ROS ランチファイルは XML タグを利用して記述される．ここで，ROS ジョブを記述する最も基本的なタグを以下に示す．

#### ROS ランチファイルによく利用されるタグ

■ \<launch\>

ROS ジョブ記述の始まりと終了を示す．このタグはランチファイルのトップレベルのタグであり，ランチファイルの記述は\<launch\>で始まり，\</launch\>で終了する．

```
<launch>
...
ROS ジョブを記述する
...
</launch>
```

## ■ <node>

```
<node arg1="value1" arg2="value2" ...>
```

　立ち上げたい ROS ノードを記述する．複数のノードを立ち上げる場合，roslaunch はノードを起動する順番を保証しない．つまり，記述した順に立ち上げるとは限らない．これは，あるノードの初期化が終了したかどうかの判断は外部からは行えないからである．よって，ノードを実装する際には，この点をしっかり意識する必要がある．つまり，どのような順番で実行されてもいいようにプログラムを作成しなければならない．

　<node>タグは以下の引数をもつ．

- pkg= "package-name"
  このノードをもつパッケージ名を記述する．
- type= "node-type"
  このノードの実行形式ファイル名を指定する．
- name= "node-name"
  このノードに付ける名前を記述する．
- args= "arg1 arg2 arg3"
  このノードに渡す引数を記述する．
- machine= "machine-name"
  このノードを実行するコンピュータのホスト名を記述する．
- respawn= "true|false"
  このノードが (エラー終了を含む) 終了された場合，自動的に再起動するか否かを指定する．true:再起動，false:再起動しない．
- respawn_delay= "30"
  respawn="true" の場合，再起動するまでの待機時間を秒単位で記述する．デフォルトは 0 である．
- required= "true|false"
  ノードが終了した際，roslaunch が起動したすべてのプロセスを終了させるか否かを指定する．true:終了，false:終了しない．
- ns= "foo"
  このノードを foo のネームスペースで起動する．
- clear_params= "true|false"
  このノードを立ち上げる前に，プライベートネームスペース上のすべてのパラメータを削除するか否かを指定する．true:削除，false:削除しない．
- output= "log|screen"
  このノードの標準出力 (stdout) と標準エラー出力 (stderr) の出力先を指定する．screen を指定した場合，stdout/stderr の出力をすべての画面に表示する．log と指定した場合，標準出力を$ROS_HOME/log の下のファイルへ格納，標準エラー出力を画面に表示する．
- cwd= "ROS_HOME|node"
  ノードの作業ディレクトリを指定する．node と指定した場合，ノードの作業ディ

## 2.7 turtlesim で roslaunch の基本を理解する

レクトリはノードの実行ファイルと同じディレクトリに設定される．
- launch-prefix＝"prefix arguments"
  ノードを引数として実行する命令などを指定する．これを利用すれば，gdb, valgrind, xterm, nice などと併用することができる．

記述例：
```
<node pkg="turtlesim" name="sim" type="turtlesim_node"
    output="screen" required="true"/>
```

■ ＜machine＞

```
<machine arg1="value1" arg2="value2" ...>
```

ROS ノードを実行するコンピュータのホスト名を記述する．すべてのノードをローカルホストで実行する場合，このタグを記述する必要はない．この機能を利用する場合，指定したホストに SSH でアクセスできることが必要である．

＜machine＞タグは以下の引数をもつ．

- name＝"machine-name"
  ホスト名を指定する．ここに指定したホスト名は，＜node＞タグの machine 引数で指定したホスト名と一致する必要がある．
- address＝"afo.afoafo.com"
  ホストの IP アドレスまたは FQDN を記述する．
- env-loader＝"/opt/ros/indigo/env.sh"
  リモートホストのシェル環境ファイル名を指定する．リモートホストにおいて ROS の実行環境がこのファイルの中に記述されていることが必要である．
- default＝"true|false|never"
  ノードを立ち上げるデフォルトホストを指定する．指定されていない場合，デフォルトホストはローカルホストになる．never が指定された場合，該当ホストはデフォルトホストとして選出されない．
- user＝"username"
  リモートホストにログインする際の SSH ユーザ名を指定する．SSH の設定次第ではあるが，自動ログインと設定された場合，この指定は不要である．
- password＝"secret-password"
  リモートホストにログインする際のパスワードを指定する．
- timeout＝"10.0"
  roslaunch がリモートホスト上でノードを立ち上げる前に，リモートホストがアクティブであるかどうかを判断する時間を秒単位で指定する．この時間が切れてもリモートホストからの応答がない場合，該当ホストが故障していると判断される．デフォルトは 10 秒である．

記述例：
```
<machine name="host001" address="192.168.1.1" user="someone"
```

```
password="afoafo" env-loaderh="/opt/ros/indigo/setup.bash"/>
```

■ &lt;include&gt;

```
<include arg1="value1" arg2="value2" ...>
```

ほかのランチファイルを現在のランチファイルに取り込むときに使用されるタグである．

&lt;include&gt;タグは以下の引数をもつ．

- file="$(find pkg-name)/path/filename.xml"
  取り込むランチファイルの名前 (filename.xml) を指定する．
- ns="foo"
  取り込むランチファイルのネームスペース (foo) を記述する．
- clear_params="true|false"
  ノードを立ち上げる前に，取り込むネームスペースのパラメータを削除するか否かを指定する．true:削除，false:削除しない．

■ &lt;remap&gt;

```
<remap from="original-name" to="new-name">
```

original-name で指定された名前を new-name で指定された名前にリネームする．

記述例：
```
<remap from="A" to="B"/>
```

これは，名前 A を B に読み替えることになる．ここでの名前は，ネームスペース内の名前，またはその一部である．たとえば，もともとの名前が/node/A/xxx である場合，上記リマップの結果は/node/B/xxx になる．

&lt;remap&gt;は，普通トピック名をアクセスする際によく利用されるので，&lt;node&gt;，&lt;group&gt;タグ内で記述されることが多い．

■ &lt;param&gt;

```
<param arg1="value1" arg2="value2" ...>
```

パラメータサーバに保持するパラメータを定義する．&lt;param&gt;タグは，&lt;node&gt;タグ内で利用された場合，定義したパラメータはそのノードのプライベートパラメータになる．

&lt;param&gt;タグは以下の引数をもつ．

- name="namespace/name"
  パラメータ名を指定する．ネームスペースを名前の一部として指定することができる．ただし，名前の衝突が起こらないよう注意してほしい．
- value="value"
  パラメータの値を定義する．値以外，textfile, binfile, command を指定する

## 2.7 turtlesim で roslaunch の基本を理解する

ことができる.

- type= "str|int|double|bool"
  パラメータの型を指定する. 省略した場合, roslaunch がパラメータ値を利用して自動的にタイプの決定を試みる (小数点が入っているならば float, 入っていなかったら int, ture/false が入っているなら bool, そのほかは全部 strings にする).
- textfile= "$(find pkg-name)/path/file.txt"
  value= "textfile" と指定した場合, パラメータ値が入っているテキストファイルの所在を指定する. 指定したファイルは, 必ずアクセス権限をもっているものでなければならない.
- binfile= "$(find pkg-name)/path/file"
  value= "bintfile" と指定した場合, パラメータ値が入っているバイナリファイルの所在を指定する. このバイナリファイルは, Base64 で符号化された XML-RPC が扱えるものである. 指定したファイルは, 必ずアクセス権限をもっているものでなければならない.
- command= "$(find pkg-name)/exe '$(find pkg-name)/arg.txt'"
  value= "command" と指定した場合, ここに, 対応する命令 (exe) とその入出力先ファイル (arg.txt) を指定する.

記述例:
```
<param name="/background_r" type="int" value="255" />
<param name="/background_g" type="int" value="255" />
<param name="/background_b" type="int" value="0"   />
```

■ <rosparam>

```
<rosparam arg1="value1" arg2="value2" ...>
```

rosparam ツールの YAML ファイルを利用して, ROS パラメータサーバへパラメータをまとめて設定, 取得, 削除する.

<rosparam>タグは以下の引数をもつ.

- command= "load|dump|delete"
  rosparam ツールの命令を指定する. 指定できるのは load, dump, delete の三つのいずれかである.
- file= "$(find pkg-name)/path/foo.yaml"
  rosparam の YAML ファイルの所在を指定する.
- param= "param-name"
  パラメータ名を指定する.
- ns= "namespace"
  パラメータのネームスペースを指定する.
- subst_value= "true|false"

YAML テキストの置換引数を有効にするか否かを指定する．true:有効，false:無効．置換引数を有効にした場合，roslaunch の引数で YAML 文字列を置き換えることができる．

記述例：
```
<rosparam command="load" file="$(find rosparam)/example.yaml" />
<rosparam command="delete" param="my/param" />
```

■ <group>

```
<group arg1="value1" arg2="value2" ...>
```

ROS ノードをグループ化して，まとめて設定する際に利用されるタグである．<group>タグはトップレベルタグに似ていて，その中には<launch>,<group>以外のすべてのタグを記述することができる．

<group>タグは以下の引数をもつ．

- ns= "namespace"
  ノードグループ全体のネームスペースを指定する．
- clear_params= "true|false"
  ノードを立ち上げる前に，グループのネームスペース内にあるすべてのパラメータを削除するか否かを指定する．true:削除，false:削除しない．

■ <arg>

ランチファイル中で使用される変数を定義するためのタグである．このタグを利用すれば，ランチファイルを機能ごとに分割することができる．分割した各ランチファイルをまとめて利用する場合，<arg>タグで定義した別のランチファイルを<include>タグで取り込めばよい．また，C/C++などのグローバル変数のように，共通する変数名などを定義することができる．

```
<arg name="arg_name" value="value" default="default_value"/>
```

- name= "arg_name"
  変数名を指定する．
- value= "value"
  変数値を指定する．省略可能．
- default= "default_value"
  変数値を指定していなかった場合のデフォルト値を指定する．省略可能．

変数値が value で指定できる以外，コマンドラインからも指定することができる．<arg>タグで定義した変数 arg_name を参照する場合，$(arg arg_name) を利用する．

記述例：
```
<arg name="name1" default="robot"/>
```

```
<node name="$(arg name1)" pkg="my_tutorials" type="robot_test"
      args="-ip 192.168.10.100" clear_params="true">
...
```

この例では，変数 name1 のデフォルト値が robot と定義されているが，ランチファイルを実行する際には，以下のように変数 name1 の値を指定することができる．

コマンドラインでの指定例：
```
% roslaunch  <ranch-file-name>  name1:=robot1
```

なお，コマンドラインの引数，環境変数など，ROS ランチファイルに関連する属性変数を以下に示しておく．

### ROS ランチファイルに関連する属性変数

■ 環境変数類

- $(env "ENVIRONMENT_VARIABLE")
  環境変数 ENVIRONMENT_VARIABLE の内容を参照する．該当する環境変数が設定されていない場合，エラーとなる．
- $(optenv "ENVIRONMENT_VARIABLE")
  環境変数 ENVIRONMENT_VARIABLE の内容を参照する．該当する環境変数が設定されていない場合，""を返す．
- $(optenv "ENVIRONMENT_VARIABLE" "default_value")
  環境変数 ENVIRONMENT_VARIABLE の内容を参照する．該当する環境変数が設定されていない場合，default_value の値を返す．default_value にスペースで区切った複数の変数値を指定することができる．

環境変数類属性変数の使用例：
```
<param name="base" value="$(optenv TURTLEBOT_BASE)"
<param name="base" value="$(optenv TURTLEBOT_BASE kobuki)"
<param name="value" value="$(optenv MY_VALUE roscpp rospy)"
```

■ コマンドライン引数の参照

- $(arg "argument")
  <arg>タグの機能を利用してコマンドライン引数 argument を参照する．argument は<param>タグで指定した名前と同じ場合，コマンドライン引数のほうは優先される．つまり，<param>タグでコマンドライン引数のデフォルト値を指定する．

コマンドライン引数の参照例：
(a) ランチファイル (afo.launch) 内で以下の内容を記述する
```
<param name="a" default="100" />
```

```
        <param name="b" default="100" />
        <node name="afo_node" pkg="my_tutorials" type="afo_node"
              args="$(arg a) $(arg b)" />
(b) コマンドライン上で以下の命令を実行する
    % roslaunch my_tutorials afo.launch a:=10 b:=20
```

■ パッケージの位置を特定する変数

・$(find "package_name")
　　ROS ファイルシステム内でのパッケージ package_name のパス名を参照する．

パッケージの位置を特定する変数の使用例：
```
<param name="robot_description"
    command="$(find xacro)/xacro.py '$(arg model)'" />
```

■ ROS ノード名を匿名化する変数

・$(anon "name")
　　ROS ノードの名前を匿名化する．name は匿名文字列の接頭語である．

匿名化する変数の使用例：
```
<node name="$(anon afo)" pkg="turtlesim" type="turtlesim_node" />
以下の命令で確認する：
% rosnode list
/afo_VMwarePC_27253_43800024
```

■ 条件判断用変数
条件判断用変数はランチファイルのほかのタグ内で利用される．

・$(if="value")
　　value の値が真 (true) である場合，該当タグの指定が有効となる．
・$(unless="value")
　　value の値が偽 (false) である場合，該当タグの指定が有効となる．

条件判断用変数の使用例：
```
<arg name="use_pose_estimation"
    if="$(arg use_ground_truth_for_control)"
    default="false"/>
<arg name="use_pose_estimation"
    unless="$(arg use_ground_truth_for_control)"
    default="true"/>
```

## 2.7.2 ROSランチファイルの使用例

ここでは，ワークスペースの中で，2.2 節で説明した方法で，テスト用メタパッケージ my_tutorials が作成済みであることとする．

まず，ランチファイルを保存するためのディレクトリ (launch) を作成する[†1]．

```
% mkdir -p ~/ros/src/my_tutorials/chapter02/launch
```

以降，この章に関連するすべてのランチファイル例をこのディレクトリの下で作成していく．

### ■ 例 1：1 匹の小亀を操作するランチファイルの例

いままで，turtlesim シミュレータと小亀を操作するためのノードを別々の命令で実行してきた．ここで，ランチファイルでこの実行プロセスを記述して，roslaunch でまとめて実行してみよう．

まず，以下のランチファイルを作成する．

▼リスト 2.2　ランチファイルの例 1：turtlesim_basic.launch

```
1  <launch>
2    <group ns="sim">
3      <node name="turtlesim" type="turtlesim_node" pkg="turtlesim" />
4      <node
5        name="teleop_key" type="turtle_teleop_key"
6        pkg="turtlesim" required="true"
7        launch-prefix="xterm -font r16 -bg darkblue -e"
8      />
9    </group>
10 </launch>
```

第 2 行：これから記述する二つのノード，turtlesim と teleop_key を同じネームスペース (sim) を使用するグループにする．

第 3 行：1 番目のノードの記述である．turtlesim パッケージの turtlesim_node を実行して，生成されるノード名を turtlesim にする．

第 4 行～第 8 行：2 番目のノードの記述である．turtlesim パッケージの turtle_teleop_key を xterm の中で実行して，生成されるノード名を teleop_key にする．さらに，このノードが終了した場合，roslaunch で立ち上げたこのランチファイルに関連するすべてのプロセスを終了させる[†2]．

---

[†1] 添付パッケージを使用する場合，この作業は不要となる．
[†2] roslaunch が roscore を起動するので，roscore を事前に立ち上げておく必要がない．

78　第2章　ROSを始めよう

実行例：
```
% roslaunch my_tutorials turtlesim_basic.launch
```

これでシミュレータ画面とxterm画面が現れ，xterm画面上で方向キーを利用して，シミュレータ画面の小亀を操作できるようになる．xterm画面を終了させると，roslaunchで立ち上げたすべてのプロセスも終了する．

- roslaunch命令を実行した後，ps命令で生成されたプロセス，rosnode命令で生成されたノードを確認しなさい．
- xterm画面を終了させた後，プロセスの変化を確認しなさい．
- rqt_graphを実行して，ネームスペース，ノード名，およびトピック間の依存関係を確認しなさい．

■ 例2：複数の小亀を操作するランチファイルの例

次に，一つの命令で複数の小亀を操作する例を示す．ここで，3匹の小亀を逐次的に制御するランチファイルの例を見てみよう．

▼リスト2.3　ランチファイルの例2：serial-run.launch

```
 1  <launch>
 2    <group ns="sim1">
 3      <node pkg="turtlesim" name="node" type="turtlesim_node" />
 4      <node
 5        name="teleop" respawn="false" type="turtle_teleop_key"
 6        pkg="turtlesim" required="true"
 7        launch-prefix="xterm -font r16 -bg darkblue -e"
 8      />
 9    </group>
10    <group ns="sim2">
11      <node pkg="turtlesim" name="node" type="turtlesim_node" />
12    </group>
13    <group ns="sim3">
14      <node pkg="turtlesim" name="node" type="turtlesim_node" />
15    </group>
16    <node pkg="turtlesim" name="R1" type="mimic">
17      <remap from="input" to="/sim1/turtle1"/>
18      <remap from="output" to="/sim2/turtle1"/>
19    </node>
20    <node pkg="turtlesim" name="R2" type="mimic">
21      <remap from="input" to="/sim2/turtle1"/>
22      <remap from="output" to="/sim3/turtle1"/>
23    </node>
24  </launch>
```

このランチファイルにより記述されたトピックの依存関係を図2.7に示す．ここで，三つのシミュレータsim1,sim2,sim3を立ち上げ，sim1とsim2，sim2とsim3の間にト

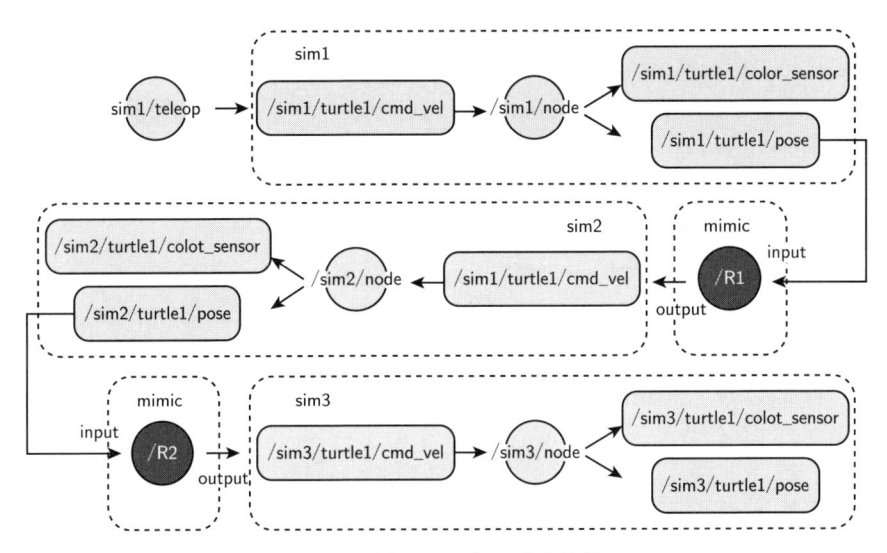

2.7 turtlesim で roslaunch の基本を理解する　79

図 2.7 例 2 のトピック依存関係

ピックを「中継」する mimic ノード R1,R2 を挿入している．mimic ノードは turtlesim より提供されているもので，トピックの中継する機能をもち，購読しているトピックのデータタイプを変換して再配布する．

この例の場合，/sim2/node が購読しているのは/sim2/turtle1/cmd_vel だけであるので，/sim1/node が発行しているトピック/sim1/turtle1/pose をそのまま受け取れない．そこで，mimic ノードで「中継」してもらっている．

mimic ノードは，二つのネームスペースを引数としてもっている．一つは input で，もう一つは output である．mimic ノードの内部では，/input/pose を購読して，メッセージ更新があった場合，コールバック関数を呼び出して，/output/cmd_vel へ配布している．そこで，ランチファイルの中で<remap>タグを利用して，mimic ノードにおいて，input をトピックの配布元，output を購読先のネームスペースに変換すれば，トピックの中継が可能となる．

たとえば，

```
<node pkg="turtlesim" name="R1" type="mimic">
  <remap from="input"  to="sim1/turtle1"/>
  <remap from="output" to="sim2/turtle1"/>
</node>
```

では，mimic ノード R1 を定義し，input を sim1/turtle1 へ，output を sim2/turtle1 へ変換しているので，ネームスペースの変換を行った後，R1 が購読している/sim1/turtle1/pose からのメッセージを/sim2/turtle1/cmd_vel へ配布することになる．

では，どうして mimic ノードを介せずに，<remap>で/sim1/turtle1/pose を

/sim2/turtle1/cmd_vel へ直接変換してはいけないのだろうか．理由は単純で，turtlesim_node が配布しているトピック turtle1/pose のメッセージデータタイプは，購読しているトピック turtle1/cmd_vel のデータタイプと違うからである．前者は turtlesim::Pose 型で，後者は geometry_msgs::Twist 型である．それらの中身を以下のように確認してみよう．

```
% rosmsg show geometry_msgs/Twist
  geometry_msgs/Vector3 linear
    float64 x
    float64 y
    float64 z
  geometry_msgs/Vector3 angular
    float64 x
    float64 y
    float64 z

% rosmsg show turtlesim/Pose
  float32 x
  float32 y
  float32 theta
  float32 linear_velocity
  float32 angular_velocity
```

mimic ノードでは，input から購読した turtlesim::Pose 型メッセージを geometry_msgs::Twist 型のメッセージに変換して，output に再配布しただけである．このようなトピック中継ノードのプログラミングについては，次章で紹介する．

> 図 2.8 を参考に，以下の課題にチャレンジしなさい．
> ・一つの入力ノードで複数の turtlesim ノードを並列的に制御するランチファイルを作成しなさい．
>   (参考：~/ros/src/my_tutorials/chapter02/launch/paralell-run.launch)
> ・turtlesim パッケージの mimic ノードを利用して，以下の 7 ノードの木構造トピックトポロジーのランチファイルを作成して操作しなさい．
>
>   − turtle_teleop_key ノード一つ (teleop)，turtlesim ノード六つ (sim1～sim6) を使用する
>   − teleop ノードから sim1 へ接続する
>   − sim1 から sim2, sim3 へ接続する
>   − sim2 から sim4, sim5 へ接続する
>   − sim3 から sim6 へ接続する
>
> turtle_teleop_key から 6 匹の小亀を操作できることを確認しなさい．
> (参考：~/ros/src/my_tutorials/chapter02/launch/6nodes-tree.launch)

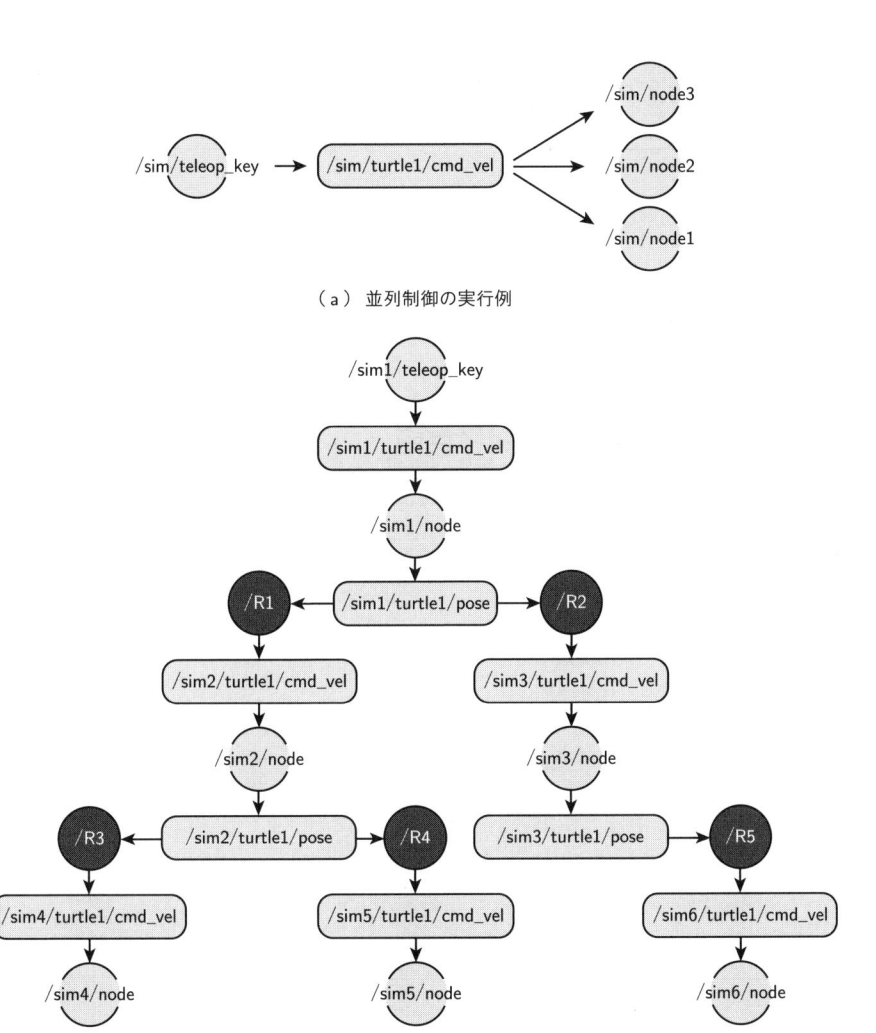

2.7 turtlesim で roslaunch の基本を理解する　　81

（a）並列制御の実行例

（b）木構造制御の実行例

図 2.8

# chapter 3 ROS の基礎プログラミング

この章では，ROS プログラミングの最も基本的かつ重要な内容である，ノードプログラミング，トピックプログラミング，サービスプログラミングとパラメータプログラミングを解説する．

## 3.1 ROS のプログラミング言語

現在，ROS のプログラミング言語として，以下のものがサポートされている．

| ROS 言語モジュール | プログラミング言語 |
| --- | --- |
| roscpp | C++ |
| rospy | Python |
| roslisp | Lisp |
| rosjava | Java |
| roslua | Lua |
| rosoct | Octave |

本書では，C++を利用した ROS プログラミングの解説を目的にしているので，ここでは言語モジュール roscpp について考える．

roscpp は，主に以下のクライアントライブラリで構成される．これらのライブラリは roscpp のトップ API として利用される．

| ライブラリ | 機能 |
| --- | --- |
| ros::init() | ROS システムの機能を利用するために，最初に呼び出されなければならないメソッド |
| ros::NodeHandle | トピックやサービス，パラメータといった ROS ノードの基本機能管理する |
| ros::master | ROS マスターを利用するための基本機能を提供する |
| ros::this_node | 現在のノードの基本情報にアクセスするための基本機能を提供する |
| ros::service | サービス情報にアクセスするための基本機能を提供する |

| ros::param | ROS ノードハンドラを利用せず，ROS ノード情報に直接アクセスする基本機能を提供する |
| ros::names | ROS 計算グラフ上のリソース名にアクセスするための基本機能を提供する |

本章以降では，サンプルプログラムに関連する各ライブラリの API を順次解説していく．

## 3.2 ROS ノードのプログラミング

まず，本章で使用するパッケージを以下のように作成しておく[†]．

```
% cd ~/ros/src/my_tutorials
% catkin_create_pkg chapter03 roscpp std_msgs
```

なお，特別に明記しない限り，この章で利用されるすべてのソースコードをディレクトリ ~/ros/src/my_tutorials/chapter03 の下に置く．

### 3.2.1 Hello ROS world!

ここで，ROS プログラミングについて解説する前に，まず，簡単なノードプログラム例 hello_world.cpp を見てみよう．

▼リスト 3.1　hello_world/hello_world.cpp

```
1  #include <ros/ros.h>
2
3  int main(int argc, char **argv)
4  {
5      ros::init(argc, argv, "hello_world");
6      ros::NodeHandle nh;
7
8      ros::Rate rate(1);
9      while(ros::ok()) {
10         ROS_INFO_STREAM("Hello ROS world !!!");
11         rate.sleep();
12     }
13     return 0;
14 }
```

次に，パッケージ chaper03 を作成したときに自動的に生成された CMakeLists.txt に以下の 2 行を追加する．

---

[†] 添付パッケージを利用する場合，この作業は不要である．

```
add_executable(hello_world hello_world/hello_world.cpp)
target_link_libraries(hello_world ${catkin_LIBRARIES})
```

そして，以下のようにパッケージを構築する．

```
% cd ~/ros
% catkin_make
```

構築時に画面に表示したメッセージの最後のところに，以下のメッセージが表示されたら構築に成功していることになる．

```
[100%] Built target hello_world
```

これは，新しいノード hello_world が ROS ファイルシステム組み込まれたことを示している．なお，chapter03 だけを構築したい場合，以下の命令を実行する．

```
% catkin_make --pkg chapter03
```

さて，新しいノードを以下のように実行してみよう．

```
実行例：
% rosrun chapter03 hello_world
[ INFO] [1445328418.161078648]: Hello ROS world !!!
[ INFO] [1445328419.162149714]: Hello ROS world !!!
...
```

これで，"Hello ROS world" が繰り返し表示されることが確認できる．

> ・上記の新しいノードの基本情報を rosnode ツールで調べなさい．

ここで，このプログラムの基本構造を見てみよう．

```
#include <ros/ros.h>
```

これは ROS プログラムの必須要件であり，このヘッダファイルは ROS 関連のライブラリを利用する際に必ず必要である．

```
ros::init(argc, argv, "hello_world");
```

これはノード名を定義し，ノードの初期化を行う部分で，第 3 引数は新しく定義するノード名を表す文字列を指定する．このノード名は，同じパッケージ内で重複してはいけない．

```
ros::NodeHandle nh;
```

これはノードハンドラのインスタンスを生成する命令で，ROS ノードを作成する際には，使うか否かにかかわらず必ず必要になる．たとえば，このプログラムの場合，ノード

3.2 ROS ノードのプログラミング　85

ハンドラのインスタンス nh は，このプログラムでは直接使われていないが，ros::Rate などに使われているので，ノードハンドラのインスタンスを生成しておかないとコンパイルする際にエラーになる．

```
ros::Rate rate(1);
while(ros::ok()) {
  ...
  rate.sleep();
}
```

これは，ROS プログラム中でよく利用される繰り返し制御である．ros::Rate rate(1) は，1 Hz のレートで駆動するタイマー (rate) を定義しており，while ループを 1 秒に 1 回チェックする．rate.sleep() は，処理時間を除いた残りの時間をスリープする．ros::ok() は SIGINT シグナルハンドラで，デフォルトは true(1) で，Ctrl+C が押された場合は false(0) になる．

ROS では，C++の繰り返し制御文以外にも，このような時間遅延付き繰り返し制御が可能である．

```
ROS_INFO_STREAM("Hello ROS world !!!");
```

これは出力部である．ROS_INFO_STREAM は，rosconsole パッケージより提供されているマクロで，ストリーム型出力を行うものである．ROS では，printf や std::cout などを使わないで，rosconsole パッケージを利用することをすすめている[†]．

## 3.2.2　rosconsole での出力処理

rosconsole は，roscpp の中でコンソール出力とロギング出力処理を行う C++パッケージで，ストリーム型出力処理を提供する．この出力処理は，Apache Logging Service プロジェクトで開発が進められているログ出力フレームワーク log4cxx に準拠している．これにより，同期型または非同期型の出力処理をサポートしている．

ここで，rosconsole パッケージより提供される基本 API を説明する．rosconsole パッケージでは，以下の 5 種類の出力レベルをサポートしている．

- DEBUG

　　パッケージ開発時に使用するデバッグ情報．
- INFO

　　ROS ユーザが示す情報．ノードの実行状態を把握するのに役に立つ．

---

[†] プログラムのデバッグ段階では，むしろ使ったほうが便利な点が多いが，トピック通信と整合性をとるためにこのような措置がとられている．

・WARN
　開発段階で予測可能な一部の警告情報．ユーザに注意を喚起するために使われる．
・ERROR
　リカバリー可能なエラー，または危険が発生したことを示す情報．
・FATAL
　リカバリー不能なエラーが発生したことを示す情報．

DEBUG, INFO 情報は標準出力，ほかは標準エラー出力に出力される．

それぞれの情報レベルに合わせて，printf と cout に対応するストリーム型出力に対応して，それぞれ以下の 7 種類の出力マクロが提供されている．

■ 基本出力
引数で指定されたメッセージを単にプリントアウトする．

rosconsole (基本出力)

```
ROS_[log-level](...)
ROS_[log-level]_STREAM(args)
log-level = DEBUG | INFO | WARN | ERROR | FATAL
```

```
実行例：
  #include <ros/console.h>
  ROS_INFO("Hello %s", "World");            ← printf に対応
  ROS_INFO_STREAM("Hello " << "World");     ← iostream に対応
```

■ 名前付き出力
それぞれのメッセージを指定された名前に対応させて出力する．

rosconsole (名前付き出力)

```
ROS_[log-level]_NAMED(...)
ROS_[log-level]_STREAM_NAMED(args)
```

```
実行例：
  #include <ros/console.h>
  ROS_INFO_NAMED("log_name", "Hello %s", "World");
  ROS_INFO_STREAM_NAMED("log_name", "Hello " << "World");
```

各メッセージは，"ros.<パッケージ名>.log_name" という名前のロガー (logger) に出力される．

## 3.2 ROS ノードのプログラミング

### ■ 条件付き出力
指定した条件が成立したときに出力する．

> rosconsole (条件付き出力)
>
>     ROS_[log-level]_COND(...)
>     ROS_[log-level]_STREAM_COND(args)

> 実行例：
>     #include <ros/console.h>
>     ROS_INFO_COND(x < 0, "Hello %s", "World");
>     ROS_INFO_STREAM_COND(x < 0, "Hello " << "World");

### ■ 名前もち条件付き出力
指定した条件が成立したときに，それぞれのメッセージを指定された名前に対応させて出力する．

> rosconsole (名前もち条件付き出力)
>
>     ROS_[log-level]_COND_NAMED(...)
>     ROS_[log-level]_STREAM_COND_NAMED(args)

> 実行例：
>     #include <ros/console.h>
>     ROS_INFO_COND_NAMED(x < 0, "log_name", "Hello %s", "World");
>     ROS_INFO_STREAM_COND_NAMED(x < 0, "log_name", "Hello " << "World");

### ■ 1 回限定出力
該当するメッセージを最初の 1 回だけ出力する．

> rosconsole (1 回限定出力)
>
>     ROS_[log-level]_ONCE[_NAMED](...)
>     ROS_[log-level]_STREAM_ONCE[_NAMED](args)

> 実行例：
>     #include <ros/console.h>
>     while(ros::ok()) {
>         ROS_INFO_ONCE("Hello %s", "World");
>     }

## ■ スロットル出力

出力期間中に，1回以上周期的に出力を行う．

**rosconsole (スロットル出力)**

```
ROS_[log-level]_THROTTLE[_NAMED](...)
ROS_[log-level]_STREAM_THROTTLE[_NAMED](args)
```

実行例：
```
#include <ros/console.h>
while(ros::ok()) {
    ROS_INFO_THROTTLE(10, "Hello %s", "World");
}
```

これで10秒ごとに，"Hello World" が出力される．

## ■ フィルタ付き出力

指定されたフィルタで出力情報を処理した後出力する．

**rosconsole (フィルタ付き出力)**

```
ROS_[log-level]_FILTER[_NAMED](...)
ROS_[log-level]_STREAM_TFILTER[_NAMED](args)
```

これらのマクロはパッケージを開発する際に利用されるが，基本的にDEBUGとINFO関連のマクロさえ理解しておけば，ROSプログラミングをするには十分である．

なお，これらのログメッセージの出力フォーマットは，シェルの環境変数 ROSCONSOLE_FORMAT で指定できる．デフォルトでは，以下のような値が設定されている．

```
[${severity}] [${time}]: ${message}
 severity : メッセージレベル (DEBUG,INFO,WARN,ERROR,FATAL)
     time : 出力時刻 (1970年1月1日 00:00:00 からの経過時間，sec.nsec で
            表す)
  message : メッセージ
```

たとえば，hello_world プログラムの出力は以下のようになっている．

```
[ INFO] [1445328418.161078648]: Hello ROS world !!!
```

ROS_INFO などの出力表示の中からメッセージレベルや出力時刻を消したい場合，以下のようにすればよい．

```
export ROSCONSOLE_FORMAT=${message}
```

この設定した後で hello_world を実行すると，ROS_INFO などの出力表示は以下のようになる．

```
Hello ROS world !!!
```

本書では，とくに強調しない限りこの表示形式を利用する．そのために，上記設定を ~/.bashrc に入れておく．

### 3.2.3 ROS ノードハンドラ

ROS ノードを操作するには，ROS ノードハンドラが利用される．ノードハンドラはたくさんのメソッドを提供している．各メソッドの詳細仕様については以下の情報を参照してほしいが，ここではその基本メソッドを示しておく．

http://docs.ros.org/indigo/api/roscpp/html/classros_1_1NodeHandle.html

**ros::NodeHandle API**

◇ `ros::NodeHandle(const NodeHandle &rhs)`

機能： ノードハンドラを生成する (名前なし)
引数： rhs ：ノードハンドラ
返り値： なし
一つのノードに対して，一つのノードハンドラで操作する際に利用される．

◇ `ros::NodeHandle(const std::string& ns, const M_string& remappings)`

機能： ノードハンドラを生成する (名前付き)
引数： ns ：ネームスペース名 (デフォルトは "")
　　　 remappings ：ネームスペースの別名のマップ (デフォルトは <"","">)
返り値： なし
一つのノードに対して，複数のノードハンドラで操作する際に利用される．

◇ `Publisher ros::NodeHandle::advertise(const std::string &topic, uint32_t queue_size, bool latch=false)`

機能： 配布するトピックを定義する (簡易版)
引数： topic ：定義するトピック名
　　　 queue_size ：メッセージキューの最大サイズ
　　　 latch ：true の場合，送出した最後のメッセージを保存する
返り値： トピック配布者ハンドラ
latch フラグはオプションであり，それを true にした場合，送出した最後のメッ

セージを保存して，新しい購読者の接続が確立されるとすぐに送出する．デフォルトは false である．

このメソッドは，トピックを定義する際に最もよく利用される．

◇ ```
Publisher ros::NodeHandle::advertise(const std::string &topic,
    uint32_t queue_size, const SubscriberStatusCallback& connect_cb,
    const SubscriberStatusCallback&
        disconnect_cb=SubscriberStatusCallback(),
    const VoidConstPtr &tracked_object=VoidConstPtr(),
    bool latch=false)
```

機能： 配布するトピックを定義する (詳細版)
引数： topic ：定義するトピック名
　　　 queue_size ：メッセージキューの最大サイズ
　　　 connect_cb ：トピック接続時のコールバック関数へのポインタ
　　　 disconnect_cb ：トピック接続切断時のコールバック関数へのポインタ
　　　 tracked_object ：コールバック関数への共有ポインタ
　　　 latch ：true の場合，送出した最後のメッセージを保存する
返り値： トピック配布者ハンドラ

connect_cb は，指定したトピックに購読者が接続した際に呼び出されるコールバック関数へのポインタ，disconnect_cb は，その購読者が離脱した際に呼び出されるコールバック関数へのポインタである．disconnect_cb, tracked_object と latch フラグはオプションである．

このメソッドは，購読者情報を管理したい場合に利用される．

◇ ```
Subscriber ros::NodeHandle::subscribe(const std::string &topic,
    uint32_t queue_size, void(T::*fp)(M), T *obj,
    const TransportHints &transport_hints=TransportHints())
```

機能： トピックの購読者を定義する
引数： topic ：購読するトピック名
　　　 queue_size ：メッセージキューの最大サイズ
　　　 fp ：メッセージが到着した際に呼び出されるコールバック関数
　　　 obj ：fp を呼び出すオブジェクト
　　　 transport_hints ：転送制御に関連する各種定義
返り値： トピック購読者ハンドラ

transport_hints は，TCP/UDP 転送制御などに関連する各種定義を行うクラスである．詳細については，ROS ドキュメントの ros::TransportHints Class Reference を参照してほしい．

なお，subscribe もコールバック関数付きのものや，購読したメッセージが到着し

た際に呼び出されるメンバー関数 (fp 引数) に対して，さまざまな呼び出し方法を定義するオーバーライド関数が用意されている．詳細は roscpp API を参照してほしい．

◇ ServiceServer ros::NodeHandle::advertiseService(
  const std::string &service,
  bool(T::*srv_func)(MReq&, MRes&), T *obj)

 機能： サービスを提供するサーバの定義を行う
 引数： service ：定義するサービス名
    srv_func ：リクエストが到着した際に呼び出される関数へのポインタ
    obj  ：srv_func を呼び出すオブジェクト
 返り値： トピック購読者ハンドラ

 このメソッドは ROS マスターサーバに対して，指定した名前のサービスを登録してもらい，RPC サービスを提供する．srv_func は，サーバに対して，サービス要求メッセージが到着した際に呼び出される関数へのポインタである．
 このメソッドは，リクエストが到着した際に呼び出される関数へのポインタ (srv_func 引数) の扱い方に応じて，さまざまな呼び出し方法を定義するオーバーライド関数が用意されている．詳細は roscpp API を参照してほしい．

◇ ServiceClient ros::NodeHandle::serviceClient(
  const std::string &service_name,
  bool persistent=false, const M_string &header_values=M_string())

 機能： サービスを利用するクライアントの定義を行う
 引数： service_name ：接続するサービス名
    persistent ：接続を維持するか否かを指定するフラグ
    header_values ：接続交渉する際に使われるキーとその値
 返り値： トピック購読者ハンドラ

 persistent 引数は接続形態を指定するもので，true にするとサーバとの接続が常時接続となるが，ノード障害への対応がしにくいため，疎結合通信である ROS ではおすすめできない．

◇ const std::string& ros::NodeHandle::getNamespace() const

 機能： 現在ノードのネームスペースを取得する
 引数： なし
 返り値： ネームスペース

◇ const std::string& ros::NodeHandle::getUnresolvedNamespace() const

 機能： 現在ノードに指定した (解決前の) ネームスペースを取得する
 引数： なし

返り値： ネームスペース

このメソッドでは，現在のノードハンドラが呼び出された時点で渡され，解決される前のネームスペースを返す．

◇ `std::string ros::NodeHandle::resolveName(const std::string &name, bool remap=true) const`

機能： 指定したノード名の完全修飾名 (full-qualified name, FQDN) を取得する
引数： name ：ノード名
　　　 remap ：ネームのリマッピングフラグ
返り値： ノードの完全修飾名

remap を true に指定した場合 (デフォルト)，ノード名の再定義 (リマッピング) が許可される．

◇ `void ros::NodeHandle::setParam(`
　　`const std::string &key, <type> &v) const`

機能： パラメータサーバに保持されるパラメータの値をセットする
引数： key ：パラメータ名
　　　 v   ：パラメータの値
返り値： なし

`<type>` のところに，具体的なパラメータ変数の型を指定する．以下の型が指定できる．

```
std::string, int, double, bool, XmlRpc::XmlRpcValue,
std::vector<std::string>, std::vector<bool>, std::vector<int>,
std::vector<double>, std::vector<float>,std::map<std::string, bool>,
std::map<std::string, std::string>, std::map<std::string, double>
std::map<std::string, int>, std::map<std::string, float>
```

◇ `bool ros::NodeHandle::getParam(`
　　`const std::string &key, <type> &v) const`

機能： パラメータサーバに保持されるパラメータの値を取得する
引数： key ：パラメータ名
　　　 v   ：パラメータ値の保存先
返り値： true:取得成功，false:取得失敗

`<type>` のところに，具体的なパラメータ変数の型を指定する．指定できる型は setParam と同じである．

◇ `bool ros::NodeHandle::deleteParam(const std::string &key) const`

機能： 指定したパラメータをパラメータサーバから削除する
引数： key ：パラメータ名
返り値： true:削除成功，false:削除失敗

◇ `bool ros::NodeHandle::hasParam(const std::string &key) const`

機能： パラメータサーバ上に指定したパラメータが存在しているかを問い合わせる
引数： key ：パラメータ名
返り値： true:存在する，false:存在しない

◇ `bool ros::NodeHandle::searchParam(const std::string &key, std::string &result) const`

機能： ネーム木上で指定したパラメータを探索する
引数： key ：パラメータ名
result ：探索の結果
返り値： true:探索成功，false:探索失敗

このメソッドでは，指定したパラメータに対して，パラメータサーバ上でネーム木探索を行い，探索した結果としてネームスペースが result に設定される．たとえば，パラメータサーバにパラメータ /a/b があり，現在のノードのネームスペースが /a/c/d であるとする．パラメータ b を探索すると，/a/b が返される．もし，/a/c/d/b が存在するなら，/a/c/d/b が返される．

◇ `void ros::NodeHandle::param(const std::string &param_name, T &param_val, const T &default_val) const`

機能： パラメータサーバ上の任意のパラメータの値を設定する
引数： param_name ：パラメータ名
param_val ：パラメータ値
default_val ：デフォルト値
返り値： なし

このメソッドでは，指定したパラメータ param_name の値をパラメータサーバから取得して，param_val に格納する．取得できなかった場合，デフォルト値として，default_val を使用する．

◇ `void ros::NodeHandle::shutdown()`

機能： 現在のノードハンドラで扱っているすべてのインスタンスを終了させる
引数： なし
返り値： なし

### 3.2.4 ROS ノード情報の取得

ROS では，ノードハンドラとは別に，現在のノードの基本情報を取得するためのメソッドを用意している．これらのメソッドは ros::this_node より参照できる．

#### ros::this_node API

◇ void ros::this_node::getAdvertisedTopics(V_string& topics)

機能： 現在のノードが配布しているトピック名を取得する
引数： topic ：トピック名
返り値： なし

取得した各トピック名は string 型の要素をもつ vector に保存される．データ型 V_string は，datatypes.h の中で以下のように定義されている．

typedef std::vector<std::string> ros::V_string

◇ const std::string& ros::this_node::getName()

機能： 現在のノード名を取得する
引数： なし
返り値： ノード名

◇ const std::string& ros::this_node::getNamespace()

機能： 現在のノードのネームスペースを取得する
引数： なし
返り値： ネームスペース

◇ void ros::this_node::getSubscribedTopics(V_string& topics)

機能： 現在のノードが購読しているトピックを取得する
引数： topics ：トピック名の保存先
返り値： なし

トピック名の保存先は V_string 型変数で，各トピック名は string 型の要素をもつ vector に保存される．

ここでは，ノードの情報を取得するプログラムの例を見てみよう．プログラムのファイル名を my_first_node.cpp，ノード名を my_first_node とする．

▼リスト 3.2　my_first_node/my_first_node.cpp

```
1  #include <ros/ros.h>
2  #include <vector>
3
4  int main(int argc, char **argv)
```

```cpp
 5  {
 6      ros::init(argc, argv, "my_first_node"); //ノードの初期化
 7      ros::NodeHandle nh; //ノードハンドラを取得する
 8      //ノード名を取得する
 9      std::string name = ros::this_node::getName();
10  
11      //ノードのネームスペースを取得する
12      std::string nameSpace = ros::this_node::getNamespace();
13  
14      //このノードが配布しているトピック名を取得する
15      ros::V_string pub, sub;
16      ros::this_node::getAdvertisedTopics(pub);
17  
18      //このノードが配布しているトピックを購読者リストを取得する
19      ros::this_node::getSubscribedTopics(sub);
20      ROS_INFO_STREAM("namespace: " << nameSpace);
21      ROS_INFO_STREAM("Node [" << name << "]");
22  
23      //配布しているトピック名を表示する
24      if(pub.size() == 0)
25          ROS_INFO_STREAM("Publications: None:");
26      else {
27          ROS_INFO_STREAM("Publications:");
28          for(int i=0;i<pub.size();i++)
29              ROS_INFO_STREAM(" * " << pub[i]);
30      }
31      ROS_INFO("\n");
32  
33      //購読者リストを出力する
34      if(sub.size() == 0)
35          ROS_INFO_STREAM("Subscriptions: None");
36      else {
37          ROS_INFO_STREAM("Subscriptions:");
38          for(int i=0;i<sub.size();i++)
39              ROS_INFO_STREAM(" * " << sub[i]);
40      }
41      ROS_INFO("\n---\n");
42      return 0;
43  }
```

このプログラムをビルドするために，chapter03/CMakeLists.txt に以下の内容を追加する．

```
add_executable(my_first_node my_first_node/my_first_node.cpp)
target_link_libraries(my_first_node ${catkin_LIBRARIES})
```

そして，以下のようにビルドする．

```
% cd ~/ros
% catkin_make
```

ビルドした後は，以下のように実行すればよい．

```
% rosrun chapter03 my_first_node
namespace: /
Node [/my_first_node]

Publications:
 * /rosout

Subscriptions: None
```

## 3.2.5 ROSタイマーの利用

ここでは，ROSタイマーの基本的な使い方を見てみよう．

ROSでは，2種類のタイマーを提供している．一つはros::Timerで，もう一つはros::WallTimerである．前者はROS時間，後者は実時間を表す．ROS時間は，UNIXで利用されているPOSIX時間標準に準拠するもので，1970年1月1日00:00:00からの経過時間で表示される．実時間は，ROSタイマーが始動してからの経過時間で表示される．

これらのタイマーのインスタンスは，ノードハンドラcreateTimerとcreateWallTimerよりそれぞれ生成される．ROSタイマー関連のAPIの詳細については以下の情報を参照してほしいが，ここではその最も基本的なAPIを示しておく．

```
http://wiki.ros.org/roscpp/Overview/Timers
```

### ROSタイマー関連の基本API

```
◇ Timer ros::NodeHandle::createTimer (
    Rate rate, Handler callback, Obj obj,
    bool oneshot=false, bool autostart=true)
```

機能： ROSタイマーを生成する
引数： rate      ：タイマーの動作レート
       callback  ：タイマー切れのときに呼び出されるコールバック関数
       obj       ：コールバック関数を呼び出すオブジェクト
       oneshot   ：trueと設定された場合，1回だけコールバックを行う
       autostart ：trueと設定された場合，タイマーを自動起動する
返り値：タイマーハンドラ

このメソッドはタイマーを定義し，指定されたレートで動作させたい場合に使用される．つまり，一定レートでコールバックを行うものである．レートはHz単位で指定する．

◇ Timer ros::NodeHandle::createTimer(
    Duration period, const TimerCallback& callback,
    bool oneshot=false, bool autostart=true)

機能： ROS タイマーを生成する
引数： period　　：タイマーの動作周期 (秒単位)
　　　 callback　：タイマー切れのときに呼び出されるコールバック関数
　　　 oneshot　 ：true と設定された場合，1 回だけコールバックを行う
　　　 autostart ：true と設定された場合，タイマーを自動起動する
返り値：タイマーハンドラ

このメソッドは，タイマーを定義し，指定された周期で動作させたい場合に使用される．つまり，一定周期でコールバックを行うものである．周期を秒単位で指定する．

◇ WallTimer ros::NodeHandle::createWallTimer(
    WallDuration period, const WallTimerCallback& callback,
    bool oneshot = false, bool autostart=true)

機能： ROS 実時間タイマーを生成する
引数： period　　：タイマーの動作周期 (秒単位)
　　　 callback　：タイマー切れのときに呼び出されるコールバック関数
　　　 oneshot　 ：true と設定された場合，1 回だけコールバックを行う
　　　 autostart ：true と設定された場合，タイマーを自動起動する
返り値：実時間タイマーハンドラ

ROS 実時間タイマーの定義は ROS タイマーの定義に似ているが，周期変数の型とコールバック関数の型が異なることに注意してほしい．

ここで，ROS タイマーの基本的な使い方を確認するために，以下のプログラムを作成してみよう．

▼リスト 3.3　my_timers/my_timers.cpp

```cpp
#include <ros/ros.h>

void timer_callback(const ros::TimerEvent&)
{
    ROS_INFO("Timer Callback triggered");
}

void wall_timer_callback(const ros::TimerEvent&)
{
    ROS_INFO("Wall-Timer Callback triggered");
}

int main(int argc, char **argv)
{
    ros::init(argc, argv, "Timers");
```

```
16      ros::NodeHandle nh;
17
18      ros::Timer timer;
19      timer = nh.createTimer(ros::Duration(0.1), timer_callback);
20      ros::WallTimer wall_timer;
21      wall_timer = nh.createWallTimer(ros::WallDuration(1.0),
22          wall_timer_callback);
23      ros::spin();
24      return 0;
25  }
```

このプログラムでは，0.1 秒の周期で "Timer Callback triggered" を画面に表示する．さらに，1 秒の時間を経過するたびに，"Wall-Timer Callback triggered" を画面に表示する．

このプログラムをビルドするために，chapter03/CMakeLists.txt に以下の内容を追加する．

```
add_executable(my_timers my_timers/my_timers.cpp)
target_link_libraries(my_timers ${catkin_LIBRARIES})
```

実行した結果を以下に示す．

```
実行例：
% rosrun chapter03 my_timers
...
 [ INFO] [1442203690.543525361]: Timer Callback triggered
 [ INFO] [1442203690.643544111]: Timer Callback triggered
 [ INFO] [1442203690.643722533]: Wall-Timer Callback triggered
 [ INFO] [1442203690.743629445]: Timer Callback triggered
...
```

## 3.3 ROS トピックのプログラミング

ROS のトピック通信は，メッセージの配布者と購読者間の多対多型非同期通信である．トピック通信プログラムは，配布者プログラムと購読者プログラムで構成される．いずれも，ROS ノードより提供される機能の一部としてノードに実装される．

### 3.3.1 配布者プログラムの基本

新しいトピックのインスタンスはノードハンドラの advertise メソッドより生成され，トピックメッセージはそのオブジェクトの publish メソッドより配布されていく．
ros::NodeHandle::advertise() の基本書式を以下に示す．

```
advertise <メッセージタイプ>（トピック名，キューサイズ）
```

ここで，キューサイズはバッファサイズで，購読者へ届くまでキューに待機される最大メッセージ数を表す．キューに入りきれない新着メッセージは廃棄される．advertise は Publisher 型トピックハンドラを返す．

ros::Publisher の API を以下に示す．

### ros::Publisher API

◇ `uint32_t ros::Publisher::getNumSubscribers() const`

- 機能： 現在のトピックを購読している購読者数を取得する
- 引数： なし
- 返り値： 購読者数

◇ `std::string ros::Publisher::getTopic() const`

- 機能： 配布するトピック名を取得する
- 引数： なし
- 返り値： トピック名

◇ `bool ros::Publisher::isLatched() const`

- 機能： 現在のトピックがラッチされているかどうかをチェックする
- 引数： なし
- 返り値： true:ラッチされている，false:ラッチされていない

◇ `void ros::Publisher::publish(`
 `const boost::shared_ptr<M>& message) const`

- 機能： ROS メッセージを配布する
- 引数： message ： ROS メッセージ
- 返り値： なし
 このメソッドは，ROS メッセージ (message) を定義済みのトピックに配布する．

◇ `void ros::Publisher::shutdown()`

- 機能： この配布者に関連するトピックの配布を終了させる
- 引数： なし
- 返り値： なし

ここでは，最も簡単な配布者プログラム my_first_publisher.cpp を以下に示す．

▼リスト 3.4　my_first_publisher/my_first_publisher.cpp

```
1  #include "ros/ros.h"
2  #include "std_msgs/String.h"
3  #include <sstream>
```

```
 4
 5  int main(int argc, char **argv)
 6  {
 7      ros::init(argc, argv, "publisher_node");
 8      ros::NodeHandle nh;
 9      ros::Publisher pub = nh.advertise <std_msgs::String> (
10          "my_topic", 1000);
11
12      ros::Rate loop_rate(10);
13      while (ros::ok()) {
14          std_msgs::String msg;
15          msg.data = "hello! thank you to subscribed this topic!";
16          ROS_DEBUG("%s", msg.data.c_str());
17          pub.publish(msg);
18
19          ros::spinOnce();
20          loop_rate.sleep();
21      }
22
23      return 0;
24  }
```

第9行～第10行：ノードハンドラよりメソッドadvertiseを呼び出し，メッセージデータタイプstd_msgs::Stringをもつトピックmy_topicを定義して，最大キューサイズを1000メッセージにした，配布者のインスタンスであるpubを生成している．

ここに指定したトピック名はrostopic list命令で表示することができる．トピック名は，ネームスペース中での間接参照名(つまり，先頭に"/"を付けない)で指定している．

第12行：トピックの配布レートを10 Hzに指定している．次に，whileループの中で，配布レートに従いメッセージを配布する．

第19行：ros::spinOnce()は，コールバックを受ける必要があるノードの場合に呼び出されるものである．この例の場合はコールバックを利用していないのでとくに必要ではないが，よく使われるので入れておく．詳細についてはリスト3.5で説明する．

では，早速CMakeLists.txtファイルに以下2行を追加して，パッケージをビルドしてみよう．

```
add_executable(my_first_publisher
    my_first_publisher/my_first_publisher.cpp)
target_link_libraries(my_first_publisher  ${catkin_LIBRARIES})
```

そして，この例を二つの画面で実行してみると，以下のようになる．

```
画面 1:
 % rosrun chapter03 my_first_publisher
画面 2:
 % rostopic list
 /my_topic              ← 新しいトピック
```

```
/rosout
/rosout_agg
% rostopc echo my_topic
data: hello! thank you to subscribed this topic!
---
data: hello! thank you to subscribed this topic!
...
```

## 3.3.2 購読者プログラムの基本

既存トピックへの購読は，ノードハンドラの subscribe メソッドで指定する．ros::NodeHandle::subscribe() の基本書式を以下に示す．

> subscribe（トピック名，キューサイズ，CB 関数名）

ここで，CB 関数名はトピックメッセージを受信した場合に呼び出され，該当する処理を行うコールバック関数の名前である．subscribe は，Subscriber 型のインスタンスを返す．

### ros::Subscriber API

◇ `uint32_t ros::Subscriber::getNumPublishers()`

機能： 現在接続している配布者数を取得する
引数： なし
返り値： 配布者数

◇ `std::string ros::Subscriber::getTopic() const`

機能： 購読しているトピック名を取得する
引数： なし
返り値： トピック名

◇ `void ros::Subscrier::shutdown()`

機能： この購読者に関連するコールバックを終了させる
引数： なし
返り値： なし

最も簡単な購読者プログラム my_first_subscriber.cpp を以下に示す．

▼リスト 3.5　my_first_subscriber/my_first_subscriber.cpp

```
1  #include <ros/ros.h>
2  #include <std_msgs/String.h>
3
```

```
 4  void messageCallback(const std_msgs::String::ConstPtr& msg)
 5  {
 6      ROS_INFO("I heard: [%s]", msg->data.c_str());
 7  }
 8
 9  int main(int argc, char **argv)
10  {
11      ros::init(argc, argv, "subscriber_node");
12      ros::NodeHandle nh;
13      ros::Subscriber sub = nh.subscribe("my_topic", 1000,
14          messageCallback);
15      ros::spin();
16      return 0;
17  }
```

第 13 行〜第 14 行：購読者を定義している．ここで，トピック名を my_topic，キューサイズを 1000，コールバック関数名を messageCallback と指定している．

第 4 行〜第 7 行：messageCallback を定義し，受信したメッセージを画面表示している．ただし，コールバック関数の引数を，配布者側の定義に合わせトピックメッセージタイプで定義することに注意してほしい．

ROS でのコールバック関数の扱い方は少し変わったもので，通常のイベント駆動型処理方式と違い，プログラムの中で明示的に呼び出し許可を与える必要がある．たとえば，トピック通信においては，購読者側では，購読済みのトピックからの新しいメッセージを受信したい場所で，はっきり指示を与えなければならない．ROS ではこれを実現するために，少し異なる二つの方法を用意している．

一つは ros::spinOnce() を利用する方法で，もう一つは ros::spin() を利用する方法である．ROS の内部では，新しいメッセージが到着すると，まず購読側で用意したコールバック関数へのポインタをイベントキューに登録するが，すぐには処理しない．spinOnce または spin で知らされた時点で初めて処理する．

spinOnce は 1 回だけコールバック関数を呼び出すもので，spin はノードがアクティブしている間中繰り返し呼び出すものである．つまり，spin は以下のコードを利用した spinOnce に等価である．

```
while(ros::ok()) {
  ros::spinOnce();
}
```

基本的には，コールバック関数により処理される部分以外で繰り返し的に処理されるものがない場合，spin を利用し，繰り返し的に処理されるものがある場合，spinOnce を繰り返し文の中で利用すればよい．

では，CMakeLists.txt ファイルに以下 2 行を追加して，パッケージをビルドしてみよう．

```
add_executable(my_first_subscriber
        my_first_subscriber/my_first_subscriber.cpp)
target_link_libraries(my_first_subscriber  ${catkin_LIBRARIES})
```

そして，この例を二つの画面で実行してみると，以下のようになる．

```
画面 1:
 % rosrun chapter03 my_first_publisher
画面 2:
 % rosrun chapter03 my_first_subscriber
 [ INFO] I heard: [hello! thank you to subscribed this topic!]
 [ INFO] I heard: [hello! thank you to subscribed this topic!]
 ...
```

### 3.3.3 ROSメッセージデータタイプファイルの利用

上記の例では，トピックの発行者と購読者の間のメッセージデータタイプについて，直接プログラムの中に記述していた．しかし，より複雑なメッセージの送受信を行うためには，ROSではメッセージデータタイプファイルを利用する．

仮に，配布されるメッセージが以下のようなデータ構造をもつとする．

期日 (`local_date`)，時刻 (`local_time`)，メッセージ (`topic_msgs`)

ここで，このメッセージタイプを利用する配布者と購読者のプログラムを，それぞれ以下のファイルで作成する．

| ファイル | 説明 |
| --- | --- |
| my_second_publisher.cpp | 配布者プログラム |
| my_second_subscriber.cpp | 購読者プログラム |
| my_msgType.msg | メッセージタイプファイル |

ROSノードプログラムの中でメッセージタイプファイルを利用するためには，まず以下の準備をしておく必要がある．

#### ■ ディレクトリとファイルを準備する

メッセージタイプファイルの保存先を用意する．

```
% mkdir ~/ros/src/my_tutorials/chapter03/msg
```

次に，上記ディレクトリの下に保存されるメッセージタイプファイルを my_msgType.msg とし，以下の内容で作成しておく．

```
string local_date
string local_time
string topic_msgs
```

### ■ マニフェストファイルを準備する

~/ros/src/my_tutorials/chapter03/package.xml に以下の部分を追加する.

```
<build_depend>message_generation</build_depend>
<run_depend>message_runtime</run_depend>
```

### ■ CMake ファイルを準備する

~/ros/src/my_tutorials/chapter03/CMakeLists.txt の以下の部分を修正する.

```
...
find_package(catkin REQUIRED COMPONENTS
  roscpp rospy std_msgs message_generation)
...
add_message_files(FILES my_msgType.msg)
...
generate_messages(DEPENDENCIES std_msgs)
...
catkin_package(CATKIN_DEPENDS message_runtime)
...
```

以上の準備が終わったら,まず,この新しいメッセージタイプを ROS に組み込むために,パッケージをビルドし直す.

```
% cd ~/ros
% catkin_make
```

これにより,以下のヘッダファイルが作成され,新しいメッセージタイプが利用できるようになる.

```
devel/include/chapter03/my_msgType.h
```

この新しいメッセージタイプを利用するために,プログラムの先頭に以下のように,この新しいヘッダファイルをインクルードしておく.

```
#include <chapter03/my_msgType.h>
```

メッセージタイプは静的なものであるので,新しいメッセージタイプファイルを作成すれば,以下のように rosmsg 命令で確認することができる.

```
実行例:
  % rosmsg show chapter03/my_msgType
  string local_date
  string local_time
```

```
string topic_msgs
```

これよりこの出力は，メッセージタイプファイル my_msgType.msg の内容と同じであることがわかる．

この新しいメッセージタイプを利用したトピック配布者プログラム my_second_publisher.cpp を以下に示す．

▼リスト 3.6　my_second_publisher/my_second_publisher.cpp

```
1  #include <ros/ros.h>
2  #include <std_msgs/String.h>
3  #include <chapter03/my_msgType.h>
4
5  #include <sys/time.h>
6  #include <time.h>
7
8  int main(int argc, char **argv)
9  {
10     ros::init(argc, argv, "my_pub2");
11     ros::NodeHandle nh;
12     ros::Publisher pub = nh.advertise <chapter03::my_msgType> (
13         "my_topic2", 1000);
14
15     char date_[20], time_[20];
16     struct tm *date;
17     time_t now;
18     int year, month, day, hour, minute, second;
19
20     ros::Rate loop_rate(10);
21     while (ros::ok()) {
22        time(&now);
23        date = localtime(&now);
24
25        year = date->tm_year + 1900;
26        month = date->tm_mon + 1;
27        day = date->tm_mday;
28        hour = date->tm_hour;
29        minute = date->tm_min;
30        second = date->tm_sec;
31        sprintf(date_, "%04d/%02d/%02d", year, month, day);
32        sprintf(time_, "%02d:%02d:%02d", hour, minute, second);
33
34        chapter03::my_msgType msg;
35        msg.local_date = std::string(date_);
36        msg.local_time = std::string(time_);
37        msg.topic_msgs =
38            "hello! thank you to subscribed this topic!";
39        pub.publish(msg);
40
41        ros::spinOnce();
42        loop_rate.sleep();
```

```
43      }
44      return 0;
45 }
```

第12行～第13行：この例の場合，ノードハンドラでトピックを生成する際に，新しいメッセージタイプ chapter03::my_msgType を適用している．メッセージタイプは"パッケージ名::メッセージタイプ名"で指定する．

第34行～第37行：ノードプログラムの中では，メッセージタイプで定義されるデータ構造は構造体の形で参照される．ここで，msg.local_date には年月日，msg.local_time には時刻，msg.topic_msgs にはメッセージがセットされる．

以上の準備が終わったら，CMakeLists.txt に以下の内容を追加して，パッケージをビルドしておこう．

```
add_executable(my_second_publisher my_second_publisher.cpp)
target_link_libraries(my_second_publisher ${catkin_LIBRARIES})
```

購読者プログラムを作成する前に，まず，配布者プログラムを実行して，配布しているメッセージを確認してみよう．

```
実行例：
% rosrun chapter03 my_second_publisher &
% rostopic echo my_topic2
local_date: 2015/09/14
local_time: 15:15:14
topic_msgs: hello! thank you to subscribed this topic!
---
...
```

さて次に，この新しいデータタイプを利用した購読者プログラム my_second_subscriber.cpp のコールバック関数部を以下に示す．プログラムの詳細については，添付パッケージを参照してほしい．

▼リスト 3.7　my_second_subscriber/my_second_subscriber.cpp

```
 1 #include <ros/ros.h>
 2 #include <std_msgs/String.h>
 3 #include <chapter03/my_msgType.h>
 4
 5 void messageCallback(const chapter03::my_msgType::ConstPtr& msg)
 6 {
 7         ROS_INFO_STREAM("I heard: "
 8                 << msg->local_date << " "
 9                 << msg->local_time << " "
10                 << msg->topic_msgs);
11 }
```

ここで，コールバック関数の中で，新しいメッセージタイプに対応して，各データフィー

ルドの出力処理を行っている．

このプログラムをビルドして実行すると，前述した配布者プログラムの実行例と同じ出力が表示されることが確認できる．

> ・コマンドラインでノード my_pub2 が配布しているトピック情報を調べなさい．
> ・コマンドラインでノード my_pub2 が配布しているトピックのメッセージタイプを調べなさい．
> ・購読者ノード my_sub2 を立ち上げて，コマンドラインから 1 Hz の頻度で以下のメッセージを繰り返し送りなさい．
> 
>     2015/09/14 16:02:00 hello from command line!
> 
> (ヒント：rostopic pub を利用する)

## 3.3.4 購読者の管理

トピックを配布する側で，どのノードが購読しているか，どのノードが購読中止したかを管理するためには，配布するメソッド ros::Publisher::advrtise() にコールバック関数を付けておけばよい．以下はその一例である．

```
ros::init(argc, argv, "my_pub2");
ros::NodeHandle nh;
ros::Publisher pub = nh.advertise <chapter03::my_msgType> (
    "my_topic2", 1000, conCallback, disconCallback);
```

ここで，conCallback は購読者の接続が初めて確立されたときに呼び出されるコールバック関数で，disconCallback は購読者により接続が切断されたときに呼び出されるコールバック関数であり，それぞれの例を以下に示す．

```
void conCallback(const ros::SingleSubscriberPublisher& pub)
{
    ROS_INFO_STREAM("topic has subscribed by node "
                    << pub.getSubscriberName ());
}

void disconCallback(const ros::SingleSubscriberPublisher& pub)
{
    ROS_INFO_STREAM("subscriber ["
            << pub.getSubscriberName () << "] disconnect");
}
```

この例で示されように，コールバック情報は ros::SingleSubscriberPublisher クラスより定義される．ros::SingleSubscriberPublisher クラスでは，購読者のノード名，現在配布しているトピック名の取得や，単一の購読者へ 1 対 1 でメッセージを配布する以下のメソッドを提供している．

| 関数 | 機能 |
|---|---|
| getSubscriberName() | 現在配布しているトピックを購読しているノード名を取得する |
| getTopic() | 現在配布しているトピック名を取得する |
| publish() | メッセージを配布する |

my_second_publisher.cpp をもとに，上記内容を反映した新しいプログラムを以下に示す．

▼リスト 3.8　my_third_publisher/my_third_publisher.cpp

```
1  ...
2  void conCallback(const ros::SingleSubscriberPublisher& pub)
3  {
4      ROS_INFO_STREAM("topic has subscribed by node"
5          <<pub.getSubscriberName ());
6  }
7
8  void disconCallback(const ros::SingleSubscriberPublisher& pub)
9  {
10     ROS_INFO_STREAM("subscriber [
11         "<<pub.getSubscriberName()<<"] disconnect");
12 }
13
14 int main(int argc, char **argv)
15 {
16     ros::init(argc, argv, "my_pub2");
17     ros::NodeHandle nh;
18     ros::Publisher pub =
19         nh.advertise <chapter03/my_tutorials::my_msgType> (
20             "my_topic2", 1000, conCallback, disconCallback);
21 ... 以下同じ
```

```
画面 1(購読者 1):
  % rosrun chapter03 my_second_subscriber
画面 2(購読者 2):
  % rosrun chapter03 my_second_subscriber __name:=temp_node
画面 3:
  % rosnode list
  /my_sub2      ← 購読者 1 のノード
  /rosout
  /temp_node    ← 購読者 2 のノード
```

この時点ではトピックがまだ配布されていないので，画面には何も表示されない．次に，配布者ノードを立ち上げる．

```
画面 3:
  % rosrun chapter03 my_third_publisher
  topic has subscribed by node /temp_node
  topic has subscribed by node /my_sub2
```

これで，現在のトピック (my_topic2) は，ノード/temp_node と/my_sub2 により購読されていることがわかる．
一方，しばらくしてから/my_sub2 を止めると，以下のメッセージが表示される．

```
subscriber [/my_sub2] disconnect
```

これで，配布者側でのコールバック関数が正しく機能していることがわかる．これらの機能を実際に利用する際には，各コールバック関数に具体的に処理機能を実装すればよい．

## 3.3.5 トピックを中継する mimic ノード

第2章では，トピックを中継する mimic ノードを利用して，turtlesim の制御方法を解説した．ここでは，その mimic ノードの中身を見てみよう．このプログラムは ros_tutorials の turtlesim パッケージに含まれるものである．

▼リスト 3.9　mimic.cpp

```cpp
 1  #include <ros/ros.h>
 2  #include <turtlesim/Pose.h>
 3  #include <geometry_msgs/Twist.h>
 4
 5  class Mimic
 6  {
 7  public:
 8      Mimic();
 9  private:
10      void poseCallback(const turtlesim::PoseConstPtr& pose);
11      ros::Publisher twist_pub_;
12      ros::Subscriber pose_sub_;
13  };
14  Mimic::Mimic()
15  {
16      ros::NodeHandle input_nh("input");
17      ros::NodeHandle output_nh("output");
18      twist_pub_ = output_nh.advertise<geometry_msgs::Twist>(
19          "cmd_vel", 1);
20      pose_sub_ = input_nh.subscribe<turtlesim::Pose>(
21          "pose", 1, &Mimic::poseCallback, this);
22  }
23  void Mimic::poseCallback(const turtlesim::PoseConstPtr& pose)
24  {
25      geometry_msgs::Twist twist;
26      twist.angular.z = pose->angular_velocity;
27      twist.linear.x = pose->linear_velocity;
28      twist_pub_.publish(twist);
29  }
30  int main(int argc, char** argv)
31  {
```

```
32      ros::init(argc, argv, "turtle_mimic");
33      Mimic mimic;
34
35      ros::spin();
36  }
```

第14行～第22行：コンストラクタ内で，購読するトピック pose と配布するトピック cmd_vel のハンドラを取得し，購読メッセージが到着した場合呼び出されるコールバック関数 poseCallback を指定している．ここで，ノードハンドラの使い方に注意してほしい．同じノード/turtle_mimic に対して，以下の二つのノードハンドラ，input_nh と output_nh を定義し，購読用と配布用のハンドラを区別するために，別々のネームスペースを定義している．この二つのネームスペースは，外部からリネームすることが可能である．

第18行～第21行：上記のネームスペースの下で，配布するトピックと購読するトピックのハンドラを生成している．この例の場合，トピック名を cmd_vel と pose で指定しているので，これは現在のネームスペースの下での間接指定となり，各トピック名の全称はそれぞれ/output/cmd_vel と/input/pose となる．

第23行～第29行：コールバック関数の定義部である．ここで，受信した turtlesim::Pose 型メッセージから必要な情報だけを抽出して，geometry_msgs::Twist 型メッセージに変換して配布している．

第32行：mimic ノードの初期化を行い，ノード名を turtle_mimic にしている．

第33行：turtle_mimic のインスタンス化をしている．この際，コンストラクタを呼び出し，初期化処理を行う．

## 3.4 ROS サービスのプログラミング

ROS サービスは，クライアントサーバ型同期式の通信機能を提供され，ROS サービスのプログラムは，クライアントプログラムとサーバプログラムで構成される．

### 3.4.1 ROS サービスサーバプログラムの基本

ROS サービスサーバでは，クライアントからのサービス要求受けた場合に応答して，サービス応答であるメッセージの通信が終了された場合，ノード間の接続を切断する．

ここで例として，10進整数を2進数に変換するサービスを提供するサーバノードの作成方法を見てみよう．

サービスクライアントが送られてきた10進整数を，サーバにおいて2進数の文字列に変換し，結果をサービス応答としてクライアント側に返送する．この際，両サイドにとっ

## 3.4 ROS サービスのプログラミング

て，やりとりするデータのタイプはサービスデータタイプとして定義されるので，まず，サービスデータタイプファイルを用意しておき，そのファイル名を ItoB.srv とする．

```
% mkdir -p ~/ros/my_tutorials/chapter03/srv    ← なければ作成しておく
```

そして，ファイル ItoB.srv に以下の内容を入力する．

```
int64 decimal              ← 10 進整数保存用（サービス要求用）
---
string binary              ← 2 進数文字列保存用（サービス応答用）
```

ここで，"---" の上はサービス要求時に使われるデータのタイプで，下はサービス応答する際に使われるデータのタイプである．

この新しいサービスデータタイプを ROS に組み込むために，CMakeLists.txt を以下のように修正する．

```
...
add_service_files(FILES ItoB.srv)
...
```

次に，catkin_make を実行して，パッケージを再構築する．

再構築が成功すると，~/ros/devel/include/chapter03 の下に，以下の三つのヘッダファイルが生成される．

```
ItoB.h
ItoBRequest.h
ItoBResponse.h
```

ItoB.h だけが，サーバプログラムとクライアントプログラムの中でヘッダファイルとして利用される．ItoBRequest.h と ItoBResponse.h は，サービス要求メッセージとサービス応答メッセージの定義に使われるもので，ItoB.h の中で利用されている．

サービスタイプが正しく組み込まれていることを確認するために，以下の命令を実行してみる．

```
% rossrv show chapter03/ItoB
int64 decimal
---
string binary
```

これで，サービスデータタイプファイルの中身が正しく反映されていることがわかる．

ここではとくに使用していないが，ROS サービスサーバで利用される API を以下に示しておく．

### ros::ServiceServer API

◇ std::string ros::ServiceServer::getService() const

機能： サービス名を取得する
引数： なし
返り値： サービス

◇ void ros::ServiceServer::shutdown()

機能： 現在のサービスを終了する
引数： なし
返り値： なし

サーバプログラム itob_server.cpp を以下に示す．

▼リスト 3.10 itob_server/itob_server.cpp

```
1  #include "ros/ros.h"
2  #include "chapter03/ItoB.h"
3
4  std::string itob(long int val)
5  {
6      if(!val)
7          return std::string("0");
8      std::string str;
9      while( val != 0 ) {
10         if((val & 1) == 0)
11             str.insert(str.begin(), '0');
12         else
13             str.insert(str.begin(), '1');
14         val >>= 1;
15     }
16     return str;
17 }
18 bool convert(chapter03::ItoB::Request &req,
19     chapter03::ItoB::Response &res )
20 {
21     res.binary = itob((long int)req.decimal);
22     ROS_INFO_STREAM("request from client: (a decimal number) "
23         << (long int)req.decimal);
24     ROS_INFO_STREAM(" sending back response: (binay number) "
25         << res.binary);
26
27     return true;
28 }
29 int main(int argc, char **argv)
30 {
31     ros::init(argc, argv, "itob_server");
32     ros::NodeHandle n;
33
34     ros::ServiceServer service = n.advertiseService("itob_service",
35         convert);
36     ros::spin();
37     return 0;
```

```
38  }
```

第 34 行〜第 35 行：ノードハンドラの advertiseService メソッドでサーバを定義している．advertiseService の第 1 引数はサービス名で，第 2 引数はサービスリクエストを処理するコールバック関数である．コールバック関数は，サービス要求引数とサービス応答引数で呼び出される．

第 18 行〜第 28 行：コールバック関数の定義を与えている．ここで，コールバック関数の引数を以下の書式で記述する．

```
パッケージ名::サービスタイプ::Request & リクエスト変数名
パッケージ名::サービスタイプ::Response & レスポンス変数名
```

たとえば，この例では以下のようになる．

```
bool convert(chapter03::ItoB::Request& req,
             chapter03::ItoB::Response& res );
```

それぞれの変数は，コールバック関数の中で構造体として以下のように参照される．

```
res.binary = itob((long int)req.decimal);
```

この例の場合，req.decimal はサービス要求側から送られてくるデータ (10 進整数) で，res.binary はサービス応答のデータ (2 進数文字列) である．itob は 10 進整数を 2 進数文字列に変換する関数である．

上記の準備が終わった後，プログラムをビルドしてから，以下のようにサービスノードの情報を確認してみる．

```
実行例：
 % rosrun chapter03 itob_server &
 % rosservice list
 /itob_server/get_loggers
 /itob_server/set_logger_level
 /itob_service          ← 作成したサービス
 ...
 % rosnode info itob_server
 rosnode info itob_server
 --------------------------------------------------------------
 Node [/itob_server]
 Publications:
  * /rosout [rosgraph_msgs/Log]

 Subscriptions: None

 Services:
  * /itob_service       ← 作成したサービス
  * /itob_server/get_loggers
  * /itob_server/set_logger_level
```

そして，最後にコマンドラインからサービスにアクセスして動作確認を行う．

実行例：
```
% rosservice call itob_service 1023
binary: 1111111111
```

### 3.4.2 ROS サービスクライアントプログラムの基本

クライアントサーバ型通信である ROS サービスは，クライアントのサービス要求の送信から始まる．

ここでまず，ROS サービスクライアントハンドラで利用される API を以下に示しておく．

#### ros::ServiceClient API

◇ bool ros::ServiceClient::call(Service& service)

機能： サービス要求を送り，サービス応答を受け取る
引数： service ：サービスデータタイプのインスタンス
返り値： true:受け取り成功，false:受け取り失敗

◇ std::string ros::ServiceClient::getService()

機能： 現在受けているサービス名を取得する
引数： なし
返り値： サービス名

◇ bool ros::ServiceClient::exists()

機能： 現在のサービスが受けられるかどうかをチェックする
引数： なし
返り値： true:受けられる，false:受けられない

◇ bool ros::ServiceClient::waitForExistence(ros::Duration timeout)

機能： 登録しているサービスが利用可能になるまで待機する
引数： timeout ：タイムアウト値（デフォルト：$-1$）
返り値： true:アクティブ，false:タイムアウト

タイムアウト値は秒単位で指定する．デフォルトは $-1$ で，これはサービスが受けられるまでタイムアウトせずに実行プロセスをブロックすることを意味する．

◇ void ros::ServiceClient::shutdown()

機能： 現在のサービスを終了する

## 3.4 ROS サービスのプログラミング

| 引数： | なし |
| --- | --- |
| 返り値： | なし |

この例の場合，クライアントはサービスデータタイプ (ItoB) で定義されたデータ構造を利用して，サービス要求データ (10 進整数) を送り，サーバからの応答 (2 進数文字列) を受信する．

クライアントプログラム itob_client.cpp を以下に示す．

▼リスト 3.11　itob_client/itob_client.cpp

```
 1  #include "ros/ros.h"
 2  #include "chapter03/ItoB.h"
 3  #include <cstdlib>
 4
 5  int main(int argc, char **argv)
 6  {
 7      ros::init(argc, argv, "itob_client");
 8      if (argc != 2) {
 9          ROS_INFO("usage: itob_client <number>");
10          return 1;
11      }
12      ros::NodeHandle n;
13      ros::ServiceClient client = n.serviceClient<chapter03::ItoB>(
14          "itob_service");
15      chapter03::ItoB srv;
16      srv.request.decimal = atoi(argv[1]);
17      if (client.call(srv)) {
18          ROS_INFO_STREAM("A decimal number " << argv[1]
19              << " was converted to a binary number : "
20              << srv.response.binary);
21      } else {
22          ROS_ERROR("Failed to call service itob");
23          return 1;
24      }
25      return 0;
26  }
```

第 13 行～第 14 行：ノードハンドラのメソッド serviceClient でサービスクライアントを定義している．この場合，サービスのデータタイプに合わせ，クライアント側で利用するサービスの定義を行っている．

第 15 行～第 16 行：サービスを要求するリクエストデータの準備を行っている．この例の場合，コマンドラインより指定した 10 進整数がサービス要求としてセットされている．

前述したとおり，ユーザが定義したサービスデータタイプを ROS に組み込んでいると，サービスデータタイプ名で定義される新しいヘッダファイル ItoB.h が生成され，その中にサービスデータタイプ名に対応する構造体が定義される．ここで，ItoB.h の内容

を抜粋して以下に示す．

▼リスト 3.12　devel/include/chapter03/ItoB.h より抜粋

```
1   ...
2   #include <chapter03/ItoBRequest.h>
3   #include <chapter03/ItoBResponse.h>
4
5   namespace chapter03
6   {
7   struct ItoB
8   {
9       typedef ItoBRequest Request;
10      typedef ItoBResponse Response;
11      Request request;
12      Response response;
13
14      typedef Request RequestType;
15      typedef Response ResponseType;
16  }; // struct ItoB
17  } // namespace chapter03
18  ...
```

サービス要求メッセージとサービス応答メッセージは，ネームスペース chapter03 の中で，構造体 ItoB のメンバーとして request と response で参照される．さらに，request と response はそれぞれクラス Request と Response のインスタンスであり，サービスデータタイプファイルの中に定義した各データフィールド名はそれらのメンバーとして，ItoBRequest.h と ItoBResponse.h に定義されている．この例の場合，decimal は Request のメンバー，binary は Response のメンバーになる．

以上のサービス要求の準備が終わると，第 17 行でサービスを呼び出して，第 19 行でサービス応答を受け取る．

サービスは，ServiceClient の call メソッドで呼び出される．call は bool 型の返り値をもち，true の場合はサービス応答があり，false の場合は該当するサービスが利用できないことを表す．この例では，応答ありの場合，変換した結果である 2 進数文字列を受信して，画面に表示している．

・itob_server.cpp と itob_client.cpp をビルドして，動作を確認しなさい．
・プログラムを修正して，サービス要求してきたクライアントのノード名を出力できるようにしなさい．

## 3.5 ROS パラメータのプログラミング

### 3.5.1 パラメータの取得

ROS パラメータを取得するには，ノードハンドラのメソッドを利用する．ROS ノードハンドラは 2 種類のメソッドを用意している．一つは getParam() で，もう一つは param() である (3.2.3 項参照)．

param() は，指定したパラメータの値が取得できなかった場合に，デフォルト値を設定したいときに使われる．

画面背景色を取得するプログラムを以下に示す．

▼リスト 3.13　get_turtlesim_param/get_turtlesim_param.cpp

```
1  #include <ros/ros.h>
2  #include <cstdlib>
3
4  int main(int argc, char **argv)
5  {
6      ros::init(argc, argv, "get_background_color");
7      ros::NodeHandle nh;
8      int red_val, green_val, blue_val;
9
10     if(nh.hasParam("/background_r")) nh.getParam("/background_r",
11         red_val);
12     if(nh.hasParam("/background_g")) nh.getParam("/background_g",
13         green_val);
14     if(nh.hasParam("/background_b")) nh.getParam("/background_b",
15         blue_val);
16     ROS_INFO_STREAM("background color: (
17         " << red_val << "," << green_val << "," << blue_val << ")");
18     return 0;
19 }
```

ここで，指定したパラメータが存在しているかどうか調べるために hasParam メソッドを利用している．

上記プログラムをビルドした後，roscore を再起動して試してみよう．

実行例：
```
% rosrun chapter03 get_turtlesim_param
[ INFO] [1423653058.178719651]: background color: (31,-1,129100401)
```

これは，背景色の 3 原色 (red,green,blue) のデフォルトの値である．

次に，turtlesim を立ち上げてから上記プログラムを実行すると，以下のような結果が得られる．

```
実行例：
  % rosrun turtlesim turtlesim_node &
  % rosrun chapter03 get_turtlesim_param
  background color: (69,86,255)
```

これで，背景色は turtlesim により (69,86,255) に設定されていることがわかる．

さらに turtlesim を止めて，もう一度 get_turtlesim_param を実行してみればわかるが，背景色はこの値のままで変わらない．これは，パラメータサーバに保持されているパラメータは，登録したノードが停止されても登録済みのパラメータは削除されず，ほかの ROS ノードにより更新されない限り，直前に修正された値が維持されることを意味している．

なお，パラメータサーバは roscore により立ち上げているので，roscore を再起動すれば各パラメータは初期化される．

## 3.5.2 パラメータの設定

パラメータサーバに保持されているパラメータの値を C++ プログラムで設定するには，二つの方法がある．一つはノードハンドラの setParam や param メソッドを利用する方法で，もう一つは ros::param のメソッド set() を直接利用する方法である．

ros::param の主な API を以下に示す．

**ros::param API**

◇ `void ros::param::set(const std::string& param_name, <type> val)`

機能： パラメータサーバ上のパラメータを設定する
引数： param_name ：パラメータ名
      val        ：パラメータ値
返り値： なし

<type> のところに具体的なデータ型を指定する．指定できる型は，ノードハンドラ setParam メソッド (3.2.3 項参照) と同じである．

◇ `bool ros::param::get(const std::string& param_name, <type>& val)`

機能： パラメータサーバ上のパラメータを取得する
引数： param_name ：パラメータ名
      val        ：パラメータ値を格納する変数
返り値： true:取得成功，false:取得失敗

<type> のところに具体的なデータ型を指定する．指定できる型は，ノードハンドラ setParam メソッド (3.2.3 項参照) と同じである．

turtlesim の背景色パラメータを設定するプログラム set_turtlesim_param.cpp を以下に示す．

▼リスト 3.14　set_turtlesim_param/set_turtlesim_param.cpp

```
1  #include <ros/ros.h>
2  #include <std_srvs/Empty.h>
3  #include <cstdlib>
4
5  int
6  main(int argc, char **argv)
7  {
8      ros::init(argc, argv, "set_turtlesim");
9      ros::NodeHandle nh;
10     ros::service::waitForService("clear");
11
12     ros::Rate rate(10);
13     while(ros::ok()) {
14         ros::param::set("background_r", (int)rand()%255);
15         ros::param::set("background_g", (int)rand()%255);
16         ros::param::set("background_b", (int)rand()%255);
17
18         ros::ServiceClient client =
19             nh.serviceClient<std_srvs::Empty>("/clear");
20         std_srvs::Empty srv;
21         client.call(srv);
22         rate.sleep();
23     }
24 }
```

このプログラムは，背景色を 10 Hz の繰り返しでランダムに指定している．

turtlesim は，clear というノードを初期化するサービスを提供している．turtlesim の背景色は初期化する段階でしか設定されないので，色パラメータを更新した後，clear サービスを呼び出す必要がある．

　　　`ros::service::waitForService("clear");`

waitForService は，指定したサービスがアクティブになるか，タイムアウトになるまで待機する機能をもつ．その書式を以下に示す．

### ros::service::waitForService API

◇ bool ros::service::waitForService(srv_name, timeout)

機能：　指定したサービスが成功するまで待機する
引数：　srv_name　：サービス名
　　　　timeout　　：タイムアウト値 (デフォルト：−1)
返り値：true:アクティブ，false:タイムアウト

タイムアウト値は秒単位で指定する．デフォルトは −1 で，サービスが受けられるまでタイムアウトしないで実行プロセスをブロックすることを意味する．

次に，turtlesim の clear サービスを呼び出すときに利用する引数を調べてみる．

実行例：
```
% rosservice info /clear
Node: /turtlesim
URI: rosrpc://localhost:44121
Type: std_srvs/Empty
Args:                              ← ここは引数リスト
```

ここでは引数リストがないので，"何も入っていない" サービスデータタイプを定義して呼び出せばよい．ROS では，このような呼び出すシグナルを送るだけで，サービス要求と応答をもたないアプリケーションに対応するための標準データタイプ std_srvs::Empty を提供している．その中身を以下のように調べてみる[†]．

実行例：
```
% rossrv show std_srvs/Empty
---
```

これにより，サービス要求とサービス応答両方とも使わないことがわかる．

以上により，clear サービスを呼び出す場合，以下のように，サービスデータタイプを std_srvs::Empty にし，ServiceClient のインスタンスを生成して，call メソッドを呼び出せばよいことがわかった．

```
ros::ServiceClient client=nh.serviceClient<std_srvs::Empty>("/clear");
std_srvs::Empty srv;
client.call(srv);
```

このプログラムをビルドしてから実行してみると以下のようになり，turtlesim 画面の背景色が連続に変わることを確認することができる．

```
画面 1:
% rosrun turtlesim turtlesim_node
Starting turtlesim with node name /turtlesim
Spawning turtle [turtle1] at
         x=[5.544445], y=[5.544445], theta=[0.000000]
画面 2:
% rosrun chapter03 set_turtlesim_param
```

### 3.5.3 パラメータサーバを利用したノード間の通信

パラメータサーバに保持しているパラメータは，ノード間で共有メモリ，またはグロー

---

[†] コマンドライン上でデータタイプを調べるには，"::" を "/" に置き換えることに注意してほしい．

バル変数の役割を果たせるので，パラメータサーバを介した ROS ノード間の通信が考えられる．

ここでは，図 3.1 に示す例を考えてみる．この図において，ノード R,G,B では赤，緑，青の色をそれぞれランダムに生成し，パラメータサーバに red_color,green_color,blue_color のパラメータ名で書き込んでいる．一方，ノード C はパラメータサーバにアクセスし，この三つの変数を読み取って，background_r,background_g,background_b (turtlesim の背景色を変更するパラメータ) に書き換えている．

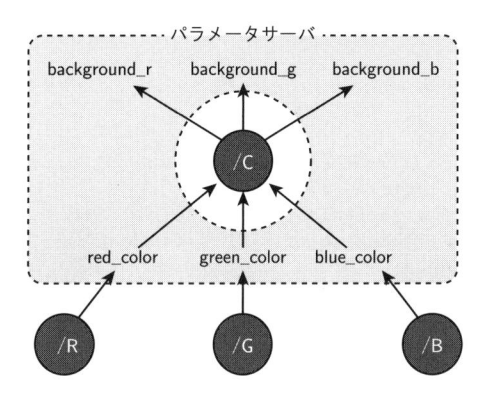

図 3.1 パラメータサーバを利用したノード間の通信例

まず，色を生成する側のプログラムを comm_with_param_set.cpp 以下に示す．

▼リスト 3.15　comm_with_param_set/comm_with_param_set.cpp

```
1  #include <ros/ros.h>
2  #include <std_srvs/Empty.h>
3  #include <cstdlib>
4  #include <sys/types.h>
5  #include <unistd.h>
6
7  int main(int argc, char **argv)
8  {
9      //ノードを生成する (ノード名をcomm_node+乱数にする)
10     ros::init(argc, argv, "comm_node",
11         ros::init_options::AnonymousName);
12     ros::NodeHandle nh;
13
14     //コマンドラインオプションをチェックする
15     if(argc < 2) {
16         ROS_INFO("Usage: %s -r -g -b", argv[0]);
17         return 1;
18     }
19     //コマンドラインオプションを処理する
20     std::string color;
21     if(std::string(argv[1]) == "-r")
```

```
22          color = "red_color";
23      else if(std::string(argv[1]) == "-g")
24          color = "green_color";
25      else if(std::string(argv[1]) == "-b")
26          color = "blue_color";
27      else {
28          ROS_INFO("Usage: %s -r -g -b", argv[0]);
29          return 1;
30      }
31
32      //擬似乱数の初期化
33      srand(getpid());
34
35      ros::Rate rate(1);
36      int random;
37      while(ros::ok()) {
38          //色をランダム的に生成する
39          random = int(rand()%256);
40          ros::param::set(color, random);
41          ROS_DEBUG_STREAM(color << " " << random);
42          rate.sleep();
43      }
44      return 0;
45  }
```

ROSファイルシステムの中では，ノード名は一意的なものでなければならないので，この例では，R,G,Bの3色を生成するノードを実行する際に，rosrun命令のオプション__name:=でノード名を指定しなければならない．しかしROSでは，ノード名についてとくに意識する必要のない場合，ノードを初期化する際に初期化オプションを付けることにより，ノード名をランダムに生成する方法が用意されている．

```
ros::init(argc, argv, node_name, ros::init_options::options);
node_name  : ノード名
options    : 初期化オプション
```

初期化オプションとして，以下の三つが指定できる．

```
NoSigintHandler  : SIGINT シグナルハンドラをインストールしない
AnonymousName    : ノード名の後に乱数を付ける
NoRosout         : rosconsole の出力を/rosou へブロードキャストしない
```

init に ros::init_options::AnonymousName を付けると，ノードプログラムを実行し，ノードを生成する際に，毎回指定したノード名の文字列の後に乱数を付けるので，たとえ同じプログラムを同時に実行しても，ノード名の重複が発生しない．

たとえば，comm_with_param_set.cpp では以下のように指定している．

```
ros::init(argc, argv, "comm_node", ros::init_options::AnonymousName);
```

すると，同じプログラムを3回実行した場合，以下のようなノードが生成され，互いに重複していないことがrosnode listで確認できる．

```
/comm_node_1423772097078037509
/comm_node_1423772408597477692
/comm_node_1423772412455152463
```

三つのノードR,G,Bがそれぞれの赤緑青の色をランダムに生成するので，同じプログラムを実行するときに，コマンドラインオプション(-r:赤, -g:緑, -b:青)を利用して，それぞれの色担当を指定する．

```
if(argc < 2) {
  ROS_INFO("Usage: %s -r -g -b", argv[0]);
  return 1;
}
```

これで，たとえば赤色の生成を担当するノードのプログラムを実行する場合，以下のようにすればよい．

```
% rosrun chapter03 comm_with_param_set -r
```

このプログラムでは，赤緑青3色のうち1色を，1Hzの頻度でランダムに生成し，パラメータサーバに保持してもらう変数のうち，red_color,green_color,blue_colorの該当する変数に設定する．

一方，次に示すプログラムcomm_with_param_get.cppは，パラメータサーバ上に保持されている変数red_color,green_color,blue_colorを1Hzの頻度で取得し，それらを用いて，turtlesimの背景色を決める以下のRGBパラメータを修正する．

```
background_r, background_g, background_b
```

▼リスト3.16　comm_with_param_get/comm_with_param_get.cpp

```
 1  #include <ros/ros.h>
 2  #include <std_srvs/Empty.h>
 3  #include <cstdlib>
 4
 5  int main(int argc, char **argv)
 6  {
 7      //ノードを生成する
 8      ros::init(argc, argv, "comm_node",
 9          ros::init_options::AnonymousName);
10      ros::NodeHandle nh;
11
12      //サービス/clearがアクティブになるまで待機する
13      ros::service::waitForService("clear");
14
15      int r_color, g_color, b_color;
16
```

```
17      ros::Rate rate(1);
18      while(ros::ok()) {
19          //パラメータを取得する
20          nh.getParam("/red_color", r_color);
21          nh.getParam("/green_color", g_color);
22          nh.getParam("/blue_color", b_color);
23          //パラメータを更新する
24          nh.setParam("/background_r", r_color);
25          nh.setParam("/background_g", g_color);
26          nh.setParam("/background_b", b_color);
27          ROS_INFO_STREAM("rgb:(" << r_color << "," << g_color << ", 
28              " << b_color << ")");
29
30          //色変更を反映する
31          ros::ServiceClient client =
32              nh.serviceClient<std_srvs::Empty>("/clear");
33          std_srvs::Empty srv;
34          client.call(srv);
35          rate.sleep();
36      }
37      return 0;
38  }
```

このプログラムを実行するために，turtlesim ノードを含め，計五つのノードプログラムを実行する必要がある．この作業を簡単にするために，ランチファイルを作成して，以下のように実行すれば，turtlesim 画面の背景は 1 秒ごとに変化している様子が確認できる．

```
% roslaunch chapter03 comm_with_param.launch
```

なお，ランチファイルの例については，添付パッケージ内の chapter03/launch の下にある comm_with_param.launch を参照してほしい．

# chapter 4 ROS の応用プログラミング

現在，ROS では 2000 以上のモジュールが公開されており，さまざまなロボットデバイスに対応している．ROS 上でプログラミングを行う際には，開発効率を向上するために，こうしたモジュールをうまく使いこなせることが重要である．

本章では，最もよく利用されているデバイスの ROS プログラミング方法を紹介する．本章に関連するすべてのソースコードは，~/ros/src/my_tutorials/chapter04 の下のおく．第 3 章と同じく，パッケージを作成するか，添付ソースコードを利用してほしい．

## 4.1 ゲームパッドやジョイスティックの ROS プログラミング

ここでは，ゲームパッドで turtlesim の小亀を制御するプログラムを作成することにより，ROS モジュールの利用方法を解説する．

### 4.1.1 ゲームパッドの準備

まず，デバイスを用意する．ここでは，ホリパッド 3 ターボゲームパッド (図 4.1 参

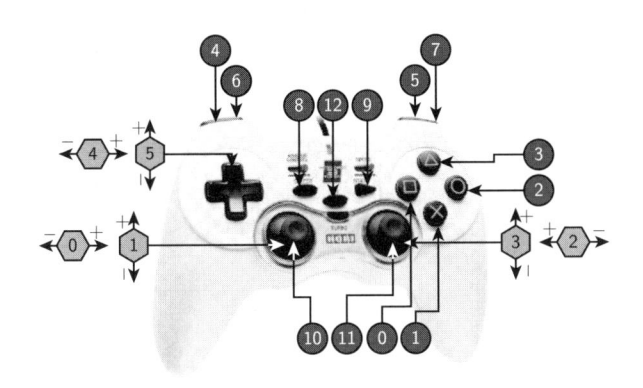

図 4.1 ホリパッド 3 ターボゲームパッドのボタン，スティック配置

照) を利用する．

はじめに，ゲームパッドを PC に接続して，入力デバイスを確認する．

```
% ls /dev/input/js*
js0
```

/dev/input/js* は，ジョイスティックやゲームパッドの入力デバイスである．

次に，このデバイスが利用可能であることを jstest 命令で確認する．

```
% jstest /dev/input/js0
Driver version is 2.1.0.
Joystick (HORO CO.,LTD. HORI PAD 3 TURBO) has 6 axes
(X, Y, Z, Rz, Hat0X, Hat0Y) and 13 buttons (BtnX, BtnY, BtnZ,
BtnTL, BtnTR, BtnTL2, BtnTR2, BtnSelect, BtnStart,
BtnMode, BtnThumbL, BtnThumbR, ?).
Testing ... (interrupt to exit)
Axes:  0:0  1:0  2:0  3:0  4:0  5:0 Buttons: 0:off 1:off 2:off 3:off 4:off
5:off 6:off 7:off 8:off  9:off 10:off 11:off 12:off
```

これで，各スティック，ボタンを押して番号を調べてみると，図 4.1 に示す配置になっていることがわかる．ただし，ゲームパッドが変わると，この配置も変わる可能性がある．

## 4.1.2 joystick_drivers パッケージ

ROS では，ジョイスティックやゲームパッドを制御するために，joystick-drivers というメタパッケージを提供している．ROS Indigo の場合，以下のようにインストールできる．

```
% sudo apt-get install ros-indigo-joystick-drivers
```

joystick-drivers メタパッケージでは，以下の四つのパッケージを提供している．

| パッケージ | 説明 |
| --- | --- |
| joy | 汎用ジョイスティック用パッケージ |
| ps3joy | PS3 ジョイスティック用パッケージ |
| spacenav_node | SpaceNavigator 3D マウス用パッケージ |
| wiimote | Wii リモコン用パッケージ |

ここで，joy パッケージを利用してみる．

## 4.1 ゲームパッドやジョイスティックの ROS プログラミング

■ joy パッケージの ROS インターフェイス

・配布トピック

| トピック名 | データタイプ | 配布する情報 |
|---|---|---|
| joy/Joy | sensor_msgs/joy | スティック (float32[ ]) とボタン情報 (int32[ ]) |

・購読トピック

なし．

・パラメータ

joy には，以下の四つのパラメータがある．

| パラメータ | 変数型 | デフォルト | 機能 |
|---|---|---|---|
| dev | string | /dev/dev/input/js0 | 入力デバイスを指定する |
| deadzone | double | 0.05 | スティック操作の非出力範囲を指定する．[-0.05,0.05] 範囲内であれば，出力が 0 となる．最大値は 0.9 である． |
| autorepeat_rate | double | 0 Hz | イベントなしの場合，ここに指定したレートで最後の状態を繰り返す |
| coalesce_interval | double | 0.001 秒 | イベントを受信した後，処理するまでの待ち時間を指定する．この時間間隔内で複数のイベントを受信した場合，一つのメッセージだけを送信する． |

dev 以外のパラメータは，ジョイスティックやゲームパッドの感度を調整するのに使われる．

joy パッケージでは，デフォルトで/dev/input/js0 をジョイスティックの入力のデバイスとして使うが，ほかのデバイス番号になっているときは，以下のように指定する必要がある．

```
% rosparam set joy_node/dev "/dev/input/jsX"    ← X:デバイス番号
```

joy パッケージを利用するには，まず，以下のように joy_node を立ち上げておく．

実行例：
```
% rosrun joy joy_node
Opened joystick: /dev/input/js0. deadzone_: 0.050000.
```

joy_node が配布するトピック情報を確認するには，以下のようにする．

(1) トピック名を確認する

```
実行例：
  % rostopic list
  /joy
  /rosout
  /rosout_agg
  /turtle1/cmd_vel
  /turtle1/color_sensor
  /turtle1/pose
```

(2) トピック属性とメッセージタイプを確認する

```
実行例：
  % rostopic info /joy
  Type: sensor_msgs/Joy              ← メッセージタイプ名

  Publishers:
   * /joy_node (http://localhost:45574/)    ← トピックを配布するノード名

  Subscribers: None
```

(3) メッセージタイプの詳細を確認する

```
実行例：
  % rosmsg show sensor_msgs/Joy
  std_msgs/Header header    ← メッセージヘッダ
    uint32 seq              ← シーケンス番号
    time stamp              ← タイムスタンプ
    string frame_id         ← フレーム ID
  float32[] axes            ← スティック情報配列
  int32[] buttons           ← ボタン情報配列
```

以上により，ジョイスティックデバイスを利用するには，joy_node が配布するトピック /joy を購読し，メッセージタイプが sensor_msgs/Joy であるメッセージから，スティックの制御量 axes とボタンの制御量 buttons を読み取ればよい．

この例の場合，axes はゲームパッドのスティック (番号 0〜5) の実数値を格納する配列で，buttons はゲームパッドのボタン (番号 0〜12) の整数値を格納する配列である．

joy パッケージでゲームパッドの各スティック，ボタンの配置を確認するには，以下のようにメッセージの中身を確認すればよい．

```
実行例：
  % rostopic echo joy
  header:
    seq: 202
    stamp:
      secs: 1424392253
      nsecs: 384711754
    frame_id: ''
```

```
axes: [-0.0, -0.0, -0.0, -0.0, -0.0, -0.0]
buttons: [1, 0, 0, 0, 0, 0, 0, 0, 0, 0, 0, 0, 0, 0]
---
...
```

これで，スティックまたはボタンを押してみれば，該当する配列の対応する位置に数値の変化が観測できる．なお，ここに表示したデータ構造は，メッセージタイプの定義に対応していることに注意してほしい．

### 4.1.3 ゲームパッドの制御プログラム例

ゲームパッドで turtlesim の小亀を制御するために，まず，turtlesim が購読しているトピックを調べてみる．

図 2.5 でわかるように，turtlesim はトピック /turtle1/cmd_vel を購読して，小亀を制御するメッセージを受け取っている．

turtlesim が購読しているトピックを調べるには，以下の命令を実行する．

実行例：
```
% roscore&
% rosrun turtlesim turtlesim_node &
% rosnode info /turtlesim
...
  Subscriptions:
  * /turtle1/cmd_vel [geometry_msgs/Twist]  ← 購読しているトピック
...
```

メッセージタイプが表示されない場合，第 2 章で紹介した方法で小亀を rostopic pub 命令で動かした後，上記命令を実行すれば表示されるようになる．または，トピック名がわかっている場合，以下の命令で直接に調べることができる．

実行例：
```
% rostopic type /turtle1/cmd_vel
geometry_msgs/Twist   ← メッセージタイプ
```

メッセージタイプの詳細を以下のように確認する．

実行例：
```
% rosmsg show -r geometry_msgs/Twist
# This expresses velocity in free space broken into its linear
      and angular parts.
Vector3  linear
Vector3  angular
% rosmsg show geometry_msgs/Twist
geometry_msgs/Vector3 linear
  float64 x
  float64 y
  float64 z
```

```
geometry_msgs/Vector3 angular
  float64 x
  float64 y
  float64 z
```

これにより，メッセージタイプ geometry_msgs/Twist は，二つの 3 次元ベクトル linear と angular で構成されていることがわかる．前者は小亀の座標空間上での移動速度，後者は回転角を表す．turtlesim は 2D シミュレータであるので，linear は x と y，angular は z パラメータしか使わない．

上記により，「ノード/turtlesim は，トピック/turtle1/cmd_vel を購読して，二つの 3 次元ベクトル linear と angular で定義される，メッセージデータタイプが geometry_msgs/Twist のメッセージを受信して，小亀を移動させている」ことがわかる．

したがって，ゲームパッドで小亀を制御する場合，ゲームパッドから生成されたデータをメッセージタイプ geometry_msgs/Twist に合わせてデータを整えてから，/turtle1/cmd_vel に配布すればよい．

以上をまとめると，ゲームパッドで turtlesim の小亀を制御するプログラムは，以下のように作成すればよいことがわかる．

(1) 新しいノード my_joystick を作成する．
(2) my_joystick において，メッセージタイプ sensor_msgs::Joy でトピック/joy を購読する．
(3) 購読用コールバック関数を用意して，その中でゲームパッドの制御情報を読み取り，メッセージタイプ geometry_msgs::Twist に合わせてデータを整えてから，トピック/turtle1/cmd_vel を配布する．
(4) (3) を繰り返す．

プログラム my_joystick.cpp を以下に示す．

▼リスト 4.1　my_joystick/my_joystick.cpp

```
 1  #include <ros/ros.h>
 2  #include <geometry_msgs/Twist.h>
 3  #include <sensor_msgs/Joy.h>
 4
 5  class TeleopTurtle
 6  {
 7  public:
 8      TeleopTurtle();
 9  private:
10      void joyCallback(const sensor_msgs::Joy::ConstPtr& joy);
11      ros::NodeHandle nh;
12      int vel_linear, vel_angular;
13      double l_scale_, a_scale_;
14      ros::Publisher vel_pub_;
```

```
15      ros::Subscriber joy_sub_;
16  };
17  //コンストラクタ
18  TeleopTurtle::TeleopTurtle(): vel_linear(3), vel_angular(0)
19  {
20      //パラメータの初期化
21      nh.param("axis_linear" , vel_linear , vel_linear);
22      nh.param("axis_angular" , vel_angular, vel_angular);
23      nh.param("scale_angular", a_scale_, a_scale_);
24      nh.param("scale_linear" , l_scale_, l_scale_);
25
26      //購読するトピックの定義
27      joy_sub_ = nh.subscribe<sensor_msgs::Joy>("joy", 10,
28          &TeleopTurtle::joyCallback, this);
29      //配布するトピックの定義
30      vel_pub_ = nh.advertise<geometry_msgs::Twist>(
31          "turtle1/cmd_vel", 1);
32  }
33  //購読用コールバック関数
34  void TeleopTurtle::joyCallback(const sensor_msgs::Joy::ConstPtr& joy)
35  {
36      //配布するメッセージを用意する
37      geometry_msgs::Twist twist;
38      twist.linear.x = l_scale_*joy->axes[vel_linear];
39      twist.angular.z = a_scale_*joy->axes[vel_angular];
40
41      ROS_INFO_STREAM("(" << joy->axes[vel_linear] << " "
42          << joy->axes[vel_angular] << ")");
43      //メッセージを配布する
44      vel_pub_.publish(twist);
45  }
46  int main(int argc, char** argv)
47  {
48      ros::init(argc, argv, "teleop_turtle");
49      TeleopTurtle teleop_turtle;
50      ros::spin();
51  }
```

scale_linear パラメータと scale_angular パラメータは，移動速度と回転速度を制御するためのものである．axis_linear と axis_angular は，スティック番号を指定するパラメータである (図 4.1 参照)．この例の場合，ゲームパッドのボタンを使わず，スティックだけを利用している．コンストラクタ内でこれらのパラメータの初期化を行っている (第 21 行～第 24 行) が，実際のゲームパッドに合わせて修正したい場合，ここの設定を変更するか，下記に示すランチファイルの中で指定することもできる．上記プログラムの中で以下の設定を行っているので，ランチファイルの中で該当するパラメータの指定がない場合，デフォルト設定が有効となる．デフォルトでは，右スティック (番号 3) で前進/後退，左スティック (番号 0) で左右回転を制御する．

## 第4章 ROSの応用プログラミング

```
nh.param("axis_linear"  , vel_linear , vel_linear);
nh.param("axis_angular" , vel_angular, vel_angular);
...
```

このプログラムを構築するためには，joy パッケージ，sensor_msgs パッケージ，turtlesim パッケージが必要なので，マニフェストファイルに以下を追加しておく．

```
<build_depend>turtlesim</build_depend>
<build_depend>sensor_msgs</build_depend>
<build_depend>joy</build_depend>

<run_depend>turtlesim</run_depend>
<run_depend>sensor_msgs</run_depend>
<run_depend>joy</run_depend>
```

次に，CMakefiles.txt に以下のビルド項目を追加して，catkin_make でビルドする．

```
find_package(catkin REQUIRED COMPONENTS roscpp rospy
sensor_msgs
...
)
...
add_executable(my_joystick my_joystick/my_joystick.cpp)
target_link_libraries(my_joystick ${catkin_LIBRARIES})
```

このプログラムを実行するには，turtlesim と my_joystick を両方実行する必要があるので，以下のランチファイルを用意して実行する．

▼リスト 4.2 launch/my_joystic.launch

```
 1  <launch>
 2      <!-- Turtlesim Node -->
 3      <node pkg="turtlesim" type="turtlesim_node" name="sim"/>
 4      <!-- joy node -->
 5      <node pkg="joy" type="joy_node" name="teleopJoy" output="screen">
 6          <param name="dev" type="string" value="/dev/input/js0" />
 7          <param name="deadzone" value="0.12" />
 8          <param name="autorepeat_rate" value="1.0" />
 9          <param name="coalesce_interval" value="0.0" />
10      </node>
11      <!-- Axes -->
12      <param name="axis_linear" value="3" type="int" />
13      <param name="axis_angular" value="0" type="int" />
14      <param name="scale_linear" value="3.0" type="double" />
15      <param name="scale_angular" value="2.0" type="double" />
16      <node pkg="chapter04" type="my_joystick" name="my_joystick"
17          launch-prefix="xterm -font r14 -bg darkblue -e"
18          required="true"/>
19  </launch>
```

ほかのゲームパッドを利用したい場合は，事前にスティック番号を調べ，第12行の前

進後退，第 13 行の左右回転に対応するスティック番号を修正すればよい．

最後に，ランチファイルを実行して，動作確認をしてみよう．

```
% roslaunch chapter04 my_joystic.launch
```

- 上記の例について，rqt_graph で各ノードのトピックの依存関係を確認しなさい．
- ゲームパッドのほかのボタンでも小亀を制御できるようにしなさい．

## 4.2 ビデオカメラの ROS プログラミング

ビデオカメラの処理部は，ロボットを制御するうえで大変重要な役割を果たす．ROS では，ロボットのビデオ入出力を扱いしやすくするために，さまざまなモジュールパッケージが用意されている．その中でよく利用されているのは，IEEE 1394(iLink) FireWire カメラと USB カメラ用のモジュールである．ここでは，USB カメラの ROS プログラミング方法を紹介する．

### 4.2.1 USB カメラ用モジュールの準備

ROS 用 USB カメラモジュールは usb_cam パッケージより提供されている．ここでまず，usb_cam パッケージを以下のようにインストールしておく．

```
sudo apt-get install ros-indigo-usb-cam
sudo apt-get install ros-indigo-image-pipeline
```

■ usb_cam パッケージの ROS インタフェース

usb_cam パッケージは，usb_cam_node で以下の ROS インタフェースを提供する．

・配布するトピック

| トピック名 | データタイプ | 配布する情報 |
| --- | --- | --- |
| [name]/image | sensor_msgs/Image | ビデオストリームイメージ |

・購読するトピック

　なし．

・サービス

　なし．

・パラメータ

usb_cam_node で利用されるパラメータはたくさんあるが，ここではよく利用されてい

るものだけを示しておく．ほかのパラメータについては，以下の情報を参照してほしい．

```
http://wiki.ros.org/usb_cam
```

| パラメータ | 変数型 | デフォルト | 機能 |
|---|---|---|---|
| video_device | string | /dev/video0 | カメラデバイスを指定する |
| image_width | integer | 640 | ビデオイメージの横ピクセル数を指定する |
| image_height | integer | 480 | ビデオイメージの縦ピクセル数を指定する |
| pixel_format | string | mjpeg | 画像形式を指定する．指定できるのは，mjpeg, yuyv, uyvy である． |
| camera_frame_id | string | head_camera | カメラの tf フレームを指定する |
| framerate | integer | 30 | フレームレートを指定する |
| camera_info_url | string | "" | カメラキャリブレーションファイルのダウンロード先の URL を指定する |
| camera_name | string | head_camera | カメラ名を指定する．カメラキャリブレーション時に使用した名前と一致させる必要がある． |

## 4.2.2 USB カメラの利用

ここで，USB カメラの使い方を見てみよう．まず，ビデオフォーマットを指定する．ビデオフォーマットはカメラに合わせて指定する必要がある．たとえば，Logicool HD720p (Webcam c270) の場合 "mjpeg"，ソニー VAIO の内蔵カメラの場合 "yuyv" を指定する．

ビデオフォーマットを指定するには，以下の命令を実行する．

```
% rosparam set /usb_cam/pixel_format mjpeg
```

次に，usb_cam_node を立ち上げて，image_view でビデオストリームを受信する．

```
% rosrun usb_cam usb_cam_node &
% rosrun image_view image_view image:=/usb_cam/image_raw
```

実行例を図 4.2(a) に示す．

また，上記二つの命令はランチファイルにまとめて，一括に実行することができる．ランチファイルの例については，添付パッケージ内の chapter04/launch の下にある usb_camera_demo.launch を参照してほしい．

なお，image_view を使わなくても，ROS rqt ツールでも確認できる．

```
% rosrun usb_cam usb_cam_node &
% rqt
```

rqt 画面立ち上げた後，トップメニューで "plugins"，"visualization"，"image_view" の順にクリックして，トピック選択フィールドから "usb_cam/image_raw" を選択すれ

4.2 ビデオカメラの ROS プログラミング　135

（a）image_view の表示結果　　　　　（b）rqt の表示結果

図 4.2　usb_cam の実行例

ば，ビデオイメージが表示される (図 4.2(b) 参照).

ここで，usb_cam_node を実行する際に，以下のエラーメッセージが表示される．

```
using default calibration URL
camera calibration URL:
  file:///home/user/.ros/camera_info/head_camera.yaml
Unable to open camera calibration file
  [/home/user/.ros/camera_info/head_camera.yaml]
Camera calibration file
  /home/user/.ros/camera_info/head_camera.yaml not found.
Starting 'head_camera' (/dev/video0) at 640x480 via mmap (mjpeg)
        at 30 FPS
```

これは，使用しているカメラのキャリブレーションデータファイル (デフォルトは head_camera.yaml) がないためである．この問題を解決するには，後述するカメラキャリブレーションを行う必要がある．

### 4.2.3　カメラキャリブレーション

画像認識などを行う場合，USB カメラで撮影した映像は，カメラのレンズの歪みや焦点距離などによって歪みが生じることがある．そこで，カメラの特性であるレンズの歪みや焦点距離などを事前に求めておき，マーカーの位置，姿勢を求める計算式を適用することにより，正確な位置に画像が表示されるようになる．このように，カメラ特性を求めることを，**カメラキャリブレーション**という．

ROS では，カメラキャリブレーション用のツール camera_calibration が用意されている．

camera_calibration を利用する場合は，チェックボードが必要であるので，以下のサ

136    第 4 章　ROS の応用プログラミング

イトからダウンロードしておこう．

```
http://wiki.ros.org/camera_calibration/Tutorials/MonocularCalibratio
```

ダウンロードしたチェックパターンは $9 \times 7$ の格子パターンで，そのままで印刷する場合，各格子のサイズは $0.18\,\mathrm{m} \times 0.18\,\mathrm{m}$ となる．ここでは A4 サイズの合わせて印刷して使用するので，格子のサイズは $0.026\,\mathrm{m} \times 0.026\,\mathrm{m}$ となる（図 4.3(a) 参照）．

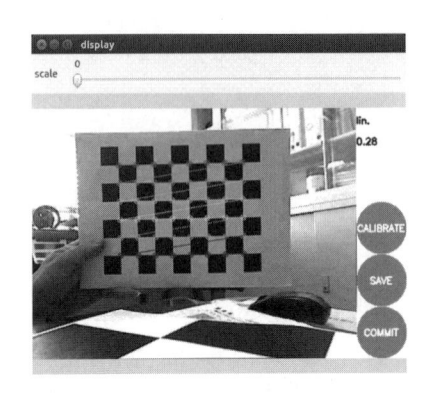

（a）チェックボード　　　　　（b）キャリブレーション操作

図 4.3　カメラキャリブレーション

次に，以下の命令を実行する．なお，--size のところには，$9 \times 7$ の格子パターンに対して，8x6 と指定することに注意してほしい．

```
% rosrun usb_cam usb_cam_node
% rosrun camera_calibration cameracalibrator.py \
        --size 8x6 --square 0.026 image:=/usb_cam/image_raw
```

これで，図 4.3(b) に示す画面が現れるので，チェックボードをカメラの正面に置き，近寄ったり，離したり，角度を変えたりすると，右側の "CALIBRATE" ボタンが有効となる．次に，"CALIBRATE"，"SAVE" の順にクリックすると，キャリブレーションデータが/tmp/calibrationdata.tar.gz に保存される．

/tmp/calibrationdata.tar.gz からキャリブレーションデータを抽出するためには，以下の命令を実行する．

```
% cd /tmp
% tar zxvf calibrationdata.tar.gz
% cp ost.txt ost.ini
% rosrun camera_calibration_parsers convert ost.ini head_camera.yaml
```

これで，キャリブレーションのデータファイルである head_camera.yml が生成される．

最後に，以下のように，head_camera.yml の中の camera_name を narrow_stereo から head_camera に変更して，~/.ros/camera_info の下にコピーする．

```
image_width: 640
image_height: 480
camera_name: head_camera            ← ここを修正
camera_matrix:
...
```

### 4.2.4 ビデオストリームの配布と購読

ROS でビデオストリームの配布と購読を行うには，通常のようにメッセージタイプを定義して，ros::Publisher と ros::Subscriber を利用すればよい．一方，image_transport パッケージを利用すれば，ビデオストリームの転送処理をもっと簡単に行うことができる．またそれと同時に，イメージを圧縮することにより，ビデオストリームを転送する際の帯域への圧迫を緩和することができる．

■ image_transport パッケージの ROS インターフェイス

image_transport は，イメージの配布と購読に専用される ROS パッケージである．通信時にイメージのカプセル化/デカプセル化を行う必要があるので，C++の API だけを提供しており，Python をサポートしていない．Python を利用したい場合，ROS ノードである republish を利用して，言語変換を行う必要がある．

image_transport パッケージを利用するには，そのヘッダファイル image_transport/image_transport.h をインクルードしておく必要がある．

```
#include <image_transport/image_transport.h>
```

(1) image_transport でのトピック配布

image_transport は二つの API，Publisher と CameraPublisher を利用して，配布するトピックを定義する．前者は同じイメージトピックを複数の転送方法 (後述) で個別転送を行う際に使われ，後者は前者に加え，カメラ情報を一緒に配布する際に利用される．この二つのメソッドの使い方は ros::Publisher とほぼ同じである．定義済みのトピックを配布する際に，それぞれ ImageTransport の advertise と advertiseCamera メソッドを利用する．

ros::Publisher の単一トピック配布と異なり，image_transport::Publisher で定義された配布者は，同じイメージに対応した複数の独立したトピックを同時に配布することが可能である．これにより，同じイメージに対して，異なる購読者は異なる転送方式や映像方式などを利用することができる．この場合，各トピックの命名は ROS 標準の命名規則に従う．image_transport は，同じイメージのすべてのトピックインターフェイスでは，ベーストピック名を共用する．たとえば，3D 撮影で 2 台のカメラのう

ち，左眼用カメラからのイメージをベーストピック stereo/left/image で配布する場合，圧縮方式のプラグイン compressed で別のトピックで配布するなら，トピック名は stereo/left/image/compressed にする．つまり，同じイメージソースを配布する際に，プラグイン方式で提供されるベーストピックの補助機能のトピック名は，以下のようにベーストピック名から拡張される．

```
<ベーストピック名>/<補助機能名>
```

プラグイン方式で提供されるベーストピックの補助機能を**サブトピック**とよぶ．

image_transport のベーストピックのメッセージタイプは sensor_msgs/Image で，以下のように定義されている．

```
std_msgs/Header  header       ← イメージヘッダ
uint32           height       ← イメージ縦ピクセル数
uint32           width        ← イメージ横縦ピクセル数
string           encoding     ← イメージの符号化方法
uint8            is_bigendian ← イメージデータはビッグエンディアンであるかどう
                                か
uint32           step         ← イメージ行の長さ (byte)
uint8[ ]         data         ← イメージデータ (step × 行数)
```

イメージヘッダには，タイムスタンプ，カメラフレームの ID が含まれる．カメラの光学的中心点[†]はイメージ座標の原点に対応する．+x はイメージの右側，+y はイメージの下側，+z はイメージ画面に向かう方向を表す．

現在，image_transport では以下のプラグインを提供している．

```
image_transport                ← デフォルトの転送方式
compressed_image_transport     ← JPEG または PNG 圧縮転送方式
theora_image_transport         ← セオラコーデック転送方式
```

よって，image_transport::Publisher で定義したベーストピックが base_topic であれば，購読者は自動的に以下のトピックとサブトピックを利用することができるようになる．

```
base_topic
base_topic/compressed
base_topic/theora
```

一方，image_transport::CameraPublisher で定義した配布者からは，上記トピックに加えて，以下のトピックをも利用することができる．

```
base_topic/camera_info
```

---

[†] すべての光が通過する点，つまりカメラレンズの中心点のことである．

## (2) 配布者側で利用する ROS パラメータ

image_transport の配布者側で使用されるパラメータはとくにないが，プラグインで提供されるサブトピックを制御するパラメータは存在する．

| パラメータ | 変数型 | デフォルト | 機能 |
|---|---|---|---|
| compressed/format | string | jpeg | 圧縮方式を指定する．指定できるのは jpeg と png のどちらかである． |
| compressed/jpeg_quality | int | 80 | jpeg 圧縮方式の品質をパーセンテージで指定する．指定範囲は [1,100] である． |
| compressed/png_level | int | 8 | png 圧縮方式のレベルを指定する．指定範囲は [1,9] である． |

| パラメータ | 変数型 | デフォルト | 機能 |
|---|---|---|---|
| theora/post_processing_level | int | 0 | 後処理のレベルを指定する．値が大きければ大きいほど符号化処理の効果を上げることができるが，CPU の処理負荷もかかる． |
| theora/keyframe_frequency | int | 64 | キーフレーム間の距離を指定する．指定範囲は [1,64] である．1 と指定した場合，すべてのフレームがキーフレームとなる． |
| theora/optimize_for | int | 1 | 最適化目標を指定する．0:速度 (ビットレート)，1:画像品質． |
| theora/target_bitrate | int | 800000 | 目標ビットレートを指定する．指定範囲は [0,99200000] である．optimize_for に 0 と指定した場合に利用される． |
| theora/quaity | int | 31 | 画像品質を指定する．指定範囲は [0,63] である．optimize_for に 1 と指定した場合に利用される． |

## (3) image_transport でのトピック購読

image_transport のトピックを購読するには，image_transport の Subscriber と CameraSubscriber メソッドを利用する．前者は image_transport の Publisher，後者は CameraPublisher にそれぞれ対応する．ここで注意してもらいたいのは，購読トピック名を指定する際に，ベーストピック名を指定することである．サブトピックは後述する ROS パラメータで指定する．

## (4) 購読者側で利用する ROS パラメータ

image_transport の購読者側で利用できるパラメータは image_transport だけであ

る．指定する値としては，raw(デフォルト)，compressed，theora のいずれかである．

購読者側でこれらのプラグインを利用したい場合，ROS パラメータ image_transport を設定するか，コマンドライン上で指定する必要がある．

・ROS パラメータを指定する方法

```
% rosparam set base_topic/image_transport \
               [raw | compressed | theora]
```

・コマンドライン上で指定する方法

```
% rosrun <pkt> <image_sub> \
         _image_ransport:=[raw | compressed | theora]
   <pkt>        : パッケージ名
   <image_sub>  : 購読者プログラム名
```

■ image_transport の API

ここで，image_transport で利用される主な API を示しておく．

image_transport API

◇ Publisher image_transport::ImageTransport::advertise(
　　const std::string& base_topic, uint32_t queue_size,
　　bool latch = false)

機能： image_transport のトピック配布者を定義する (簡易版)
引数： base_topic　：ベーストピック名
　　　 queue_size　：メッセージキューの最大サイズ
　　　 latch　　　　：true の場合，送出した最後のメッセージを保存する
返り値：トピック配布者ハンドラ

◇ Publisher image_transport::ImageTransport::advertise(
　　const std::string &topic, uint32_t queue_size,
　　const SubscriberStatusCallback& connect_cb,
　　const SubscriberStatusCallback&
　　　　disconnect_cb=SubscriberStatusCallback(),
　　const VoidPtr &tracked_object=ros::VoidPtr(),
　　bool latch=false)

機能： image_transport のトピック配布者を定義する (詳細版)
引数： topic　　　　：定義するトピック名
　　　 queue_size　：メッセージキューの最大サイズ
　　　 connect_cb　：トピック接続時のコールバック関数へのポインタ
　　　 disconnect_cb：トピック接続切断時のコールバック関数へのポインタ

            tracked_object　：コールバック関数への共有ポインタ
            latch　　　　　　：trueの場合，送出した最後のメッセージを保存する
返り値：　トピック配布者ハンドラ

◇ `Publisher image_transport::ImageTransport::advertiseCamera(`
    `const std::string& base_topic, uint32_t queue_size,`
    `bool latch = false)`

　機能：　image_transportのトピック配布者(カメラ情報付き)を定義する(簡易版)
　引数：　base_topic　　：ベーストピック名
　　　　　queue_size　　：メッセージキューの最大サイズ
　　　　　latch　　　　　：trueの場合，送出した最後のメッセージを保存する
返り値：　トピック配布者ハンドラ

◇ `Publisher  image_transport::ImageTransport::advertiseCamera(`
    `const std::string &topic,`
    `uint32_t queue_size, const SubscriberStatusCallback& connect_cb,`
    `const SubscriberStatusCallback&`
        `disconnect_cb=SubscriberStatusCallback(),`
    `const VoidPtr &tracked_object=ros::VoidPtr(),`
    `bool latch=false)`

　機能：　image_transportのトピック配布者(カメラ情報付き)を定義する(詳細版)
　引数：　topic　　　　　　：定義するトピック名
　　　　　queue_size　　　 ：メッセージキューの最大サイズ
　　　　　connect_cb　　　 ：トピック接続時のコールバック関数へのポインタ
　　　　　disconnect_cb　　：トピック接続切断時のコールバック関数へのポインタ
　　　　　tracked_object　 ：コールバック関数への共有ポインタ
　　　　　latch　　　　　　：trueの場合，送出した最後のメッセージを保存する
返り値：　トピック配布者ハンドラ

◇ `std::vector<std::string>`
      `image_transport::ImageTransport::getDeclaredTransports() const`

　機能：　システム内で定義済みのトランスポートプロトコルを取得する
　引数：　なし
返り値：　トランスポートプロトコルリスト
　このメソッドは，現在システム内で定義済みのトランスポートプロトコルの一覧を取得する．ただし，リストアップされるすべてのプロトコルノードは必ずしも全部アクティブ，またはロード可能になっているとは限らない．

◇ std::vector<std::string>
　　image_transport::ImageTransport::getLoadableTransports() const

機能：　システム内でロード可能なトランスポートプロトコルを取得する
引数：　なし
返り値：　トランスポートプロトコルリスト

このメソッドは，現在システム内でロード可能なトランスポートプロトコルの一覧を取得する．

---

◇ Subscriber image_transport::ImageTransport::subscribe(
　　const std::string& base_topic, uint32_t queue_size,
　　const boost::function<void(const sensor_msgs::ImageConstPtr &)>&
　　　　callback,
　　const ros::VoidPtr & tracked_object = ros::VoidPtr(),
　　const TransportHints & transport_hints = TransportHints())

機能：　image_transport のトピック購読者を定義する
引数：　base_topic　　　：ベーストピック
　　　　queue_size　　　：メッセージキューの最大サイズ
　　　　callback　　　　：メッセージが到着した際に呼び出されるコールバック関数
　　　　tracked_object　：コールバック関数を呼び出すオブジェクト
　　　　transport_hints：転送制御に関連する各種定義
返り値：　トピック購読者ハンドラ

---

◇ CameraSubscriber image_transport::ImageTransport::subscribeCamera(
　　const std::string & base_topic, uint32_t queue_size,
　　const CameraSubscriber::Callback & callback,
　　const ros::VoidPtr & tracked_object=ros::VoidPtr(),
　　const TransportHints & transport_hints=TransportHints())

機能：　image_transport のトピック購読者 (カメラ情報付き) を定義する
引数：　base_topic　　　：ベーストピック
　　　　queue_size　　　：メッセージキューの最大サイズ
　　　　callback　　　　：メッセージが到着した際に呼び出されるコールバック関数
　　　　tracked_object　：コールバック関数を呼び出すオブジェクト
　　　　transport_hints：転送制御に関連する各種定義
返り値：　トピック購読者ハンドラ

## 4.2 ビデオカメラの ROS プログラミング

■ cv_bridge パッケージの ROS インターフェイス

画像処理の分野では，OpenCV ライブラリがよく利用されている．ROS では，ビデオカメラで取得した映像を OpenCV プログラムで処理するには，ビデオストリームを取得するノードより配布するイメージトピックを，OpenCV の処理を施すノードが購読し，ノード間でのビデオストリームの送受信を行う必要がある．ROS のビデオストリームのメッセージタイプは sensor_msgs/Image で定義されているが，OpenCV では，イメージを IPL (Intel image processing library) イメージ構造体 (IplImage 構造体) で管理することが多い．ただし，このままでは OpenCV 側では扱いにくいので，ROS では cv_bridge というパッケージが開発され，ROS と OpenCV 間のインターフェイスを提供されている．

cv_bridge パッケージは，メタパッケージ vision_opencv より提供されている以下の二つのパッケージのうちの一つである[†1]．

| パッケージ | 機能 |
| --- | --- |
| cv_bridge | ROS メッセージと OpenCV 間のインターフェイス |
| image_geometry | イメージとピクセルを幾何学的に処理するためのメソッド類 |

cv_bridge の基本概念を図 4.4 に示す．

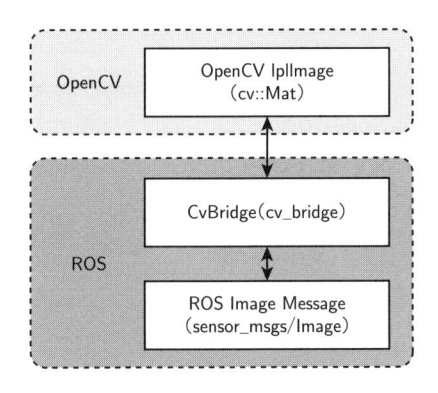

図 4.4 cv_bridge の基本概念

図 4.4 に示しているとおり，cv_bridge は ROS 側の sensor_msgs/Image 型と OpenCV 側の cv::Mat 型[†2]間のデータ型変換を行うツールである．

プログラムの中で cv_bridge を利用するには，ヘッダファイル cv_bridge/cv_bridge.h

---

[†1] なお，ROS Electric では，もう一つのパッケージ opencv2 を提供していたが，現在，サードパーティパッケージに移動された．
[†2] 正確には，OpenCV の cv::Mat 型と互換性のある CvImage 型である．

をインクルードする必要がある．

```
#include <cv_bridge/cv_bridge.h>
```

cv_bridge では，以下のメソッドを提供している．

### cv_bridge API

◇ `CvImagePtr cv_bridge::cvtColor(`
`  const CvImageConstPtr& source, const std::string& encoding)`

機能： CvImage 型イメージのエンコーディング方式を指定する
引数： source　　：CvImage 型イメージ
　　　 encoding：エンコーディング方式
返り値： CvImage へのポインタ

CvImagePtr は，boost のスマートポインタとして，cv_bridge.h の中で以下のように定義されている．これにより，オブジェクトの消し忘れによるメモリリークを防ぐことができる．

```
typedef boost::shared_ptr<CvImage> cv_bridge::CvImagePtr
```

指定できるエンコーディング方式は cv_bridge.cpp 内 (第 118 行～第 142 行) に定義されているが，よく利用されるのは CV_GRAY2RGB (グレースケールから RGB へ)，CV_RGB2GRAY (RGB からグレースケールへ) などがある．

◇ `int cv_bridge::getCvType(const std::string& encoding)`

機能： ROS 映像形式に対応する OpenCV イメージの型番号を取得する
引数： encoding ：ROS 映像形式
返り値： OpenCV イメージの型番号

映像形式と OpenCV イメージの型番号の対応は，以下のようになっている．

| ROS 映像形式 (sensor_msgs/Image) | OpenCV イメージの型番号 (cv::Mat) |
|---|---|
| mono8 | CV_8UC1 |
| bgr8 | CV_8UC3 |
| bgra8 | CV_8UC4 |
| rgb8 | CV_8UC3 |
| rgba8 | CV_8UC4 |
| mono16 | CV_16UC1 |

◇ `CvImagePtr cv_bridge::toCvCopy(const sensor_msgs::Image& source,`
`  const std::string& encoding=std::string())`

機能： ROS イメージを OpenCV イメージに変換して，イメージデータをコピーする
引数： source　　　: sensor_msgs::Image 型イメージ
　　　 encoding　　: ROS の映像形式
返り値： vImage へのポインタ

もし，ROS 映像形式引数 encoding が未指定（デフォルト）であれば，引数 source で指定したイメージと同じ形式を利用する．指定できる ROS 映像形式は getCvType メソッドと同じである．

◇ CvImageConstPtr cv_bridge::toCvShare(
　　const sensor_msgs::Image& source,
　　const boost::shared_ptr<void const>& tracked_object,
　　const std::string& encoding=std::string())

機能： ROS イメージを OpenCV イメージに変換して，イメージデータを共有する
引数： source　　　　　: sensor_msgs::Image 型イメージ
　　　 tracked_object　: 共有する sensor_msgs::Image 型イメージへのポインタ
　　　 encoding　　　　: ROS 映像形式
返り値： vImage へのポインタ

この関数の場合，もし，ROS 映像形式引数 encoding で指定した映像形式が，引数 source で指定したイメージと同じ形式であれば，返される CvImage 型イメージは source で指定したイメージと共有される．ただし，OpenCV 側でそれを修正することはできない．

なお，CvImageConstPtr は，boost のスマートポインタとして，cv_bridge.h の中で以下のように定義されている．

typedef boost::shared_ptr<CvImage const> cv_bridge::CvImageConstPtr

指定できる ROS 映像形式は，getCvType メソッドと同じである．

■ cv_bridge の CvImage データ型

cv_bridge は，ROS メッセージタイプ sensor_msgs/Image で定義されるビデオイメージデータを，OpenCV の cv::Mat 型イメージに変換するために，CvImage クラスを利用する．CvImage クラスでは，以下のメソッドを提供している．

CvImage API

◇ void cv_bridge::CvImage::toImageMsg(sensor_msgs::Image& ros_image)

機能： メッセージデータを ROS の sensor_msgs::Image メッセージにコピーする
引数： ros_image ： sensor_msgs::Image 型イメージ
返り値： なし
このメソッドは，主に ROS メッセージをほかのメッセージに集約する際に利用される．

◇ `sensor_msgs::ImagePtr cv_bridge::CvImage::toImageMsg()`

機能： OpenCV イメージを ROS メッセージに変換する
引数： source ： sensor_msgs::Image 型イメージ
返り値： sensor_msgs::Image 型イメージへのポインタ
このメソッドは，cv::Mat イメージを ROS の sensor_msgs::Image メッセージに変換する．

◇ `std::string cv_bridge::CvImage::encoding`

変数の意味： ROS 映像形式．mono8, bgr8, bgra8, rgb8, rgba8, mono16 の形式を指定できる．

◇ `std_msgs::Header cv_bridge::CvImage::header`

変数の意味： ROS イメージのヘッダ

◇ `cv::Mat cv_bridge::CvImage::image`

変数の意味： OpenCV に使われるイメージデータ

■ イメージ購読者のプログラム例

ここでまず，4.2.1 項で紹介した usb_cam_node で取得したビデオストリームを購読するプログラム usb_camera_subscriber.cpp を以下に示す．

▼リスト 4.3　usb_camera_subscriber/usb_camera_subscriber.cpp

```
1  #include <ros/ros.h>
2  #include <image_transport/image_transport.h>
3  #include <opencv2/highgui/highgui.hpp>
4  #include <cv_bridge/cv_bridge.h>
5
6  void imageCallback(const sensor_msgs::ImageConstPtr& msg)
7  {
8      try {
9          cv::imshow("Image_Subscriber", cv_bridge::toCvShare(msg,
10             "bgr8")->image);
```

```
11          if(cv::waitKey(30) >= 0)
12              ros::shutdown();
13          }
14      catch (cv_bridge::Exception& e) {
15          ROS_ERROR("Could not convert from '%s' to 'bgr8'.",
16              msg->encoding.c_str());
17      }
18  }
19
20  int main(int argc, char **argv)
21  {
22      ros::init(argc, argv, "camera_subscriber");
23      ros::NodeHandle nh;
24      cv::namedWindow("Image_Subscriber");
25      cv::startWindowThread();
26
27      image_transport::ImageTransport it(nh);
28      image_transport::Subscriber sub;
29      sub = it.subscribe("/usb_cam/image_raw", 1, imageCallback);
30
31      ros::spin();
32      cv::destroyWindow("camera_Subscriber");
33      return EXIT_SUCCESS;
34  }
```

第 27 行：image_transport のインスタンスを生成している．

第 29 行：トピックの購読者を定義している．ここで，usb_cam_node が配布しているトピック /usb_cam/image_raw を指定している．

コールバック関数 imageCallback の中で，cv_bridge の toCvShare メソッドを利用して，sensor_msgs 型のイメージ msg を OpenCV に互換性のある CvImage 型に変換して，画面に表示している．

このプログラムを構築するために，CMakefileLists.txt に以下の追加を行う．

```
find_package(catkin REQUIRED COMPONENTS
roscpp rospy
...
cv_bridge
image_transport
...
)
...
add_executable(usb_camera_subscriber
             usb_camera_subscriber/usb_camera_subscriber.cpp)
target_link_libraries(usb_camera_subscriber ${catkin_LIBRARIES})
```

> ・usb_cam_node を立ち上げて，usb_camera_subscriber を実行しなさい．
> （参考：my_tutorials/chapter04/launch/usb_camera_subscriber.launch）
> ・上記を実行している間に，各ノードのトピックの依存関係を調べなさい．

## 4.2.5 ビデオストリーム配布者のプログラミング

ここで，image_transport を利用したビデオストリーム配布者のプログラムを見てみよう．前項で説明したとおり，この場合，配布者と購読者の定義には，以下の 2 通りの組み合わせがある．

|     | 配布者の定義 | 購読者の定義 |
| --- | --- | --- |
| (1) | image_transport::Publisher | image_transport::Subscriber |
| (2) | image_transport::CameraPublisher | image_transport::CameraSubscriber |

image_transport::Publisher の主要の API を以下に示す．

### image_transport::Publisher API

◇ uint32_t image_transport::Publisher::getNumSubscribers()

機能： このビデオトピックを購読している購読者数を取得する
引数： なし
返り値： 購読者数

◇ std::string image_transport::Publisher::getTopic()

機能： このビデオトピックを購読している購読者リストを取得する
引数： なし
返り値： 購読者リスト

◇ void image_transport::Publisher::publish(
    const sensor_msgs::Image &message)

機能： このビデオトピックを配布する
引数： message：イメージデータ
返り値： なし

◇ void image_transport::Publisher::shutdown()

機能： 現在の配布者を終了する
引数： なし
返り値： 購読者リスト

## 4.2 ビデオカメラの ROS プログラミング

■ image_transport::Publisher を利用した配布者プログラム例

まず，(1) の配布者プログラム image_publisher.cpp を以下に示す．

▼リスト 4.4　image_publisher/image_publisher.cpp

```
 1  #include <ros/ros.h>
 2  #include <image_transport/image_transport.h>
 3  #include <cv_bridge/cv_bridge.h>
 4  #include <sensor_msgs/image_encodings.h>
 5  #include <opencv2/highgui/highgui.hpp>
 6
 7  int main( int argc, char **argv )
 8  {
 9     //(a)ノードを初期化してノードハンドラを用意する
10     ros::init( argc, argv, "image_publisher" ); //ノードの初期化
11     ros::NodeHandle nh;
12
13     // Open camera with CAMERA_INDEX (webcam is typically #0).
14     const int CAMERA_INDEX = 0;
15     cv::VideoCapture capture( CAMERA_INDEX ); //カメラの初期化
16     if( not capture.isOpened() ) {
17        ROS_INFO_STREAM("Failed to open camera with index "
18           << CAMERA_INDEX << "!");
19        ros::shutdown();
20     }
21     capture.set(CV_CAP_PROP_FRAME_WIDTH, 640);
22     capture.set(CV_CAP_PROP_FRAME_HEIGHT, 480);
23     capture.set(CV_CAP_PROP_FPS, 30);
24
25     //(b)image_transport で配布するイメージトピックを定義する
26     image_transport::ImageTransport it( nh );
27     image_transport::Publisher pub_image = it.advertise(
28        "camera_raw", 1 );
29
30     //デバッグ用表示ウィンドウの定義
31     cv::namedWindow("Image_Publisher",
32        CV_WINDOW_AUTOSIZE | CV_WINDOW_FREERATIO);
33
34     //(c)OpenCV フレームを定義する
35     cv_bridge::CvImagePtr frame =
36        boost::make_shared<cv_bridge::CvImage>();
37
38     //(d)ROS 映像形式を指定する
39     frame->encoding = sensor_msgs::image_encodings::BGR8;
40
41     //メインループ
42     while( ros::ok() ) {
43        //デバッグ用ビデオストリームの取得と表示
44        cv::Mat image;
45        capture >> image;
46        cv::imshow("Image_Publisher", image);
47
```

```
48          //(e)転送用ビデオフレームを取得してフレーム情報を設定する
49          capture >> frame->image;
50          if( frame->image.empty() ) {
51              ROS_ERROR_STREAM( "Failed to capture frame!" );
52              ros::shutdown();
53          }
54          //フレームタイムスタンプの設定
55          frame->header.stamp = ros::Time::now();
56
57          //(f)ビデオフレームをROS メッセージに変換して配布する
58          pub_image.publish( frame->toImageMsg() );
59
60          if(cv::waitKey(30) >= 0) break;
61          ros::spinOnce();
62      }
63      capture.release();
64      return EXIT_SUCCESS;
65  }
```

第 14 行〜第 23 行：ビデオキャプチャを行う準備をしている．

第 27 行〜第 28 行：ベーストピックとして camera_raw を定義している．

第 35 行〜第 36 行：cv_bridge を利用して，ビデオフレームを定義している．

第 39 行：映像形式を ROS の bgr8 に指定している．

第 42 行〜第 62 行：ビデオフレームの取得と配布が行われている．この中では，ビデオフレームを取得して，タイムスタンプを設定した後，配布している．

なお，第 21 行〜第 23 行で定義した画像サイズとフレームレートについては，カメラにより異なるため，このままではうまく表示されないことがある．その場合，以下のように v4l2-ctl 命令を実行して，事前に各パラメータを調べておいたほうがよい．

```
% v4l2-ctl -d /dev/video0 --list-formats-ext
ioctl: VIDIOC_ENUM_FMT
Index          : 0
Type           : Video Capture
Pixel Format: 'YUYV'                               ← 画像形式
Name           : YUV 4:2:2 (YUYV)
    Size: Discrete 1280x720                        ← 画像サイズ
        Interval: Discrete 0.100s (10.000 fps)     ← フレームレート
    Size: Discrete 320x240
        Interval: Discrete 0.033s (30.000 fps)
...
```

以上をまとめて，ROS のビデオストリームを配布する代表的なプログラムを以下に示す．

## 4.2 ビデオカメラの ROS プログラミング

### ビデオストリーム配布者の代表的なプログラム

(a) ノードハンドラを用意する

```
ros::NodeHandle nh ;// ハンドラ名変数を指定する
```

(b) image_transport で配布するイメージトピックを定義する

```
image_transport::ImageTransport it(nh);
image_transport::Publisher pub_image = it.advertise( "topic", 1 );
```

(c) OpenCV フレームを定義する

```
cv_bridge::CvImagePtr frame=boost::make_shared<cv_bridge::CvImage>();
```

(d) ROS 映像形式を指定する

```
frame->encoding = sensor_msgs::image_encodings::BGR8;
```

(e) ビデオフレームを取得してタイムスタンプなどのフレーム情報を設定する

```
capture >> frame->image;
frame->header.stamp = ros::Time::now();
```

(f) 取得したビデオフレームを ROS メッセージに変換して配布する

```
pub_image.publish( frame->toImageMsg() );
```

■ image_transport::CameraPublisher を利用した配布者プログラム

一方，image_transport::CameraPublisher で定義される配布者は，image_transport::Publisher の配布者が配布するベーストピックとプラグインより提供されるサブトピック以外に，カメラ情報で構成されるサブトピック camera_info も配布する．CameraPublisher を利用して，配布者プログラムを作成する場合，上記の (b),(e),(f) を修正すればよい．

ここでまず，image_transport::CameraPublisher の API を以下に示す．

### image_transport::CameraPublisher API

◇ std::string image_transport::CameraPublisher::getInfoTopic() const

| | |
|---|---|
| 機能： | この CameraPublisher のインスタンスのカメラ情報を取得する |
| 引数： | なし |
| 返り値： | カメラ情報の文字列 |

◇ uint32_t image_transport::CameraPublisher::getNumSubscribers()const

| | |
|---|---|
| 機能： | このトピックを購読している購読者数を取得する |
| 引数： | なし |

返り値： 購読者数

---

◇ std::string image_transport::CameraPublisher::getTopic() const

　機能： この CameraPublisher のインスタンスのベーストピック名を取得する
　引数： なし
　返り値： ベーストピック名

---

◇ void image_transport::CameraPublisher::publish(
　　sensor_msgs::Image &image,
　　sensor_msgs::CameraInfo &info, ros::Time stamp) const

　機能： ROS イメージデータとカメラ情報をタイムスタンプを付けて配布する
　引数： image　： ROS イメージデータ
　　　　 info　　： カメラ情報構造体
　　　　 stamp　： タイムスタンプ
　返り値： なし

---

◇ void image_transport::CameraPublisher::publish(
　　const sensor_msgs::ImageConstPtr &image,
　　const sensor_msgs::CameraInfoConstPtr &info) const

　機能： ROS イメージデータとカメラ情報を配布する
　引数： image　： ROS イメージデータ
　　　　 info　　： カメラ情報構造体
　返り値： なし

---

◇ void image_transport::CameraPublisher::publish(
　　const sensor_msgs::Image &image,
　　const sensor_msgs::CameraInfo &info) const

　機能： ROS イメージデータとカメラ情報を配布する
　引数： image　： ROS イメージデータ
　　　　 info　　： カメラ情報構造体
　返り値： なし

---

◇ void image_transport::CameraPublisher::shutdown()

　機能： 現在の配布者を終了する
　引数： なし
　返り値： なし

---

CameraPublisher を利用したイメージ配布者のプログラム camera_publisher.cpp

4.2 ビデオカメラの ROS プログラミング

の一部を以下に示す．

▼リスト 4.5　camera_publisher/camera_publisher.cpp

```
int main( int argc, char **argv )
{
    ...
    //(b) image_transport で配布するトピックを定義する
    image_transport::CameraPublisher pub_image=it.advertiseCamera(
        "camera_raw", 1 );
    sensor_msgs::CameraInfo cam_info;
    ...
    while( ros::ok() ) {
        ...
        capture >> frame->image;
        ...
        //(e) ビデオフレームを取得してタイムスタンプなどのフレーム情報を設定する
        frame->header.stamp = ros::Time::now();
        cam_info.header.stamp = frame->header.stamp;

        //(f) 取得したビデオフレームをROS メッセージに変換して配布する
        pub_image.publish(frame->toImageMsg() ,
            sensor_msgs::CameraInfoConstPtr(
                new sensor_msgs::CameraInfo(cam_info)));
        ...
    }
    ...
}
```

　CameraPublisher で定義した配布者は，ビデオフレームとカメラ情報の同期を取りながら一緒に配布するので，両者のタイムスタンプが一致しないと購読者側でワーニングエラーとなり映像が取得できない．第 15 行〜第 16 行はこの同期設定を行っている．なお，この簡単な例では，同期制御以外にカメラの情報を使用していない．

## 4.2.6　ビデオストリーム購読者のプログラミング

　image_transport::Publisher に対応するの購読者は image_transport::Subscriber より定義される．ここでまず，image_transport::Subscriber の API を以下に示す．

### image_transport::Subscriber API

◇ uint32_t image_transport::Subscriber::getNumPublishers() const

機能：　この購読者が接続している配布者数を取得する
引数：　なし
返り値：　配布者数

◇ std::string image_transport::Subscriber::getTopic() const

機能： この購読者が購読しているベーストピック名を取得する
引数： なし
返り値： ベーストピック名

◇ std::string image_transport::Subscriber::getTransport() const

機能： 現在利用されているトランスポートプロトコル名を取得する
引数： なし
返り値： トランスポートプロトコル名

◇ void image_transport::Subscriber::shutdown()

機能： この購読者と関連しているコールバックを解除する
引数： なし
返り値： なし

■ image_transport::Publisher に対応する購読者プログラム例

image_transport::Publisher に対応する購読者プログラム image_subscriber.cpp は，基本的に 4.2.4 項の購読者プログラム usb_camera_subscriber.cpp と同じであるが，購読するトピックを配布者側の定義に合わせて，/usb_cam/image_raw を camera_view に修正すればよい．その一部を以下に示す．

▼リスト 4.6  image_subscriber/image_subscriber.cpp

```
1  ...
2  void imageCallback(const sensor_msgs::ImageConstPtr& msg)
3  {
4      ...
5  }
6  int main(int argc, char **argv)
7  {
8      ros::init(argc, argv, "image_subscriber");
9      ros::NodeHandle nh;
10     ...
11     image_transport::ImageTransport it(nh);
12     image_transport::Subscriber sub = it.subscribe("camera_raw", 1,
13         imageCallback);
14     ...
15 }
```

### ■ image_transport::CameraPublisher に対応する購読者プログラム

image_transport::CameraPublisher に対応する購読者を定義するには，image_transport::CameraSubscriber メソッドを利用する．ここでまず，image_transport::CameraSubscriber の API を以下に示す．

#### image_transport::CameraSubscriber API

◇ `std::string image_transport::CameraSubscriber::getInfoTopic() const`

- 機能： カメラ情報のトピック名を取得する
- 引数： なし
- 返り値： トピック名

◇ `uint32_t image_transport::CameraSubscriber::`
`        getNumPublishers() const`

- 機能： この購読者が接続している配布者数を取得する
- 引数： なし
- 返り値： 配布者数

◇ `std::string image_transport::CameraSubscriber::getTopic() const`

- 機能： この購読者が購読しているベーストピック名を取得する
- 引数： なし
- 返り値： ベーストピック名

◇ `std::string image_transport::CameraSubscriber::getTransport() const`

- 機能： 現在利用されているトランスポートプロトコル名を取得する
- 引数： なし
- 返り値： トランスポートプロトコル名

◇ `void image_transport::CameraSubscriber::shutdown()`

- 機能： この購読者に関連しているコールバックを解除する
- 引数： なし
- 返り値： なし

image_transport::CameraPublisher に対応する購読者プログラム camera_subscriber.cpp を以下に示す．

▼リスト 4.7　camera_subscriber/camera_subscriber.cpp

```
1  #include <ros/ros.h>
2  #include <image_transport/image_transport.h>
3  #include <opencv2/highgui/highgui.hpp>
```

156　第 4 章　ROS の応用プログラミング

```
4   #include <cv_bridge/cv_bridge.h>
5
6   //(c)コールバック関数を定義する
7   void imageCallback(const sensor_msgs::ImageConstPtr& msg,
8       const sensor_msgs::CameraInfoConstPtr& info)
9   {
10      try {
11          //取得したメッセージを OpenCV イメージフレームに変換して表示する
12          cv::imshow("image_CameraSubscriber", cv_bridge::toCvShare(
13              msg, "bgr8")->image);
14          if(cv::waitKey(30) >= 0)
15              ros::shutdown();
16
17          //カメラ情報を処理する (省略)
18      }
19      catch (cv_bridge::Exception& e) {
20          ROS_ERROR("Could not convert from '%s' to 'bgr8'.",
21              msg->encoding.c_str());
22      }
23  }
24
25  int main(int argc, char **argv)
26  {
27      //(a)ノードを初期化してノードハンドラを用意する
28      ros::init(argc, argv, "image_CameraSubscriber");
29      ros::NodeHandle nh;
30
31      cv::namedWindow("image_CameraSubscriber");
32      cv::startWindowThread();
33
34      //(b)image_transport で購読するトピックを定義する
35      image_transport::ImageTransport it(nh);
36      image_transport::CameraSubscriber sub = it.subscribeCamera(
37          "camera_raw", 1, imageCallback);
38
39      ros::spin();
40      cv::destroyWindow("image_CameraSubscriber");
41
42      return EXIT_SUCCESS;
43  }
```

image_transport::CameraSubscriber で定義された購読者のコールバック関数は，イメージフレームとカメラ情報を同時に対応しなければならないので，コールバック関数の定義部 (第 7 行～第 23 行) では，必要に応じて，受信したイメージとカメラ情報を処理する．この例では，受信した ROS メッセージを OpenCV イメージに変換して表示しただけで，カメラ情報の処理を省略している．

以上をまとめて，ビデオストリーム購読者の代表的なプログラムを以下に示す．

### ビデオストリーム購読者の代表的なプログラム

(a) ノードハンドラを用意する

```
ros::NodeHandle nh ;// ハンドラ名変数を指定する
```

(b) image_transport で購読するトピックを定義する

```
image_transport::ImageTransport it(nh);
image_transport::CameraSubscriber sub =
    it.subscribeCamera("ベーストピック名", 1, imageCallback);
```

(c) コールバック関数を用意する

```
void imageCallback(const sensor_msgs::ImageConstPtr& msg,
    const sensor_msgs::CameraInfoConstPtr& info)
{
    <ビデオイメージ処理部>
    <カメラ情報処理部>
}
```

- image_subscriber.cpp を完成させ，image_publisher.cpp の動作を確認しなさい．
  (参考：my_tutorials/chapter04/launch/image_transport.launch)
  さらに，ノード間のトピックの依存関係を調べなさい．とくに，配布者が配布するベーストピックとサブトピックを調べ，rqt でそれぞれの映像が受信できるかを確認しなさい．
- camera_publisher.cpp を完成させ，camera_subscriber.cpp の動作を確認しなさい．
  (参考：my_tutorials/chapter04/launch/camera_transport.launch)
  さらに，ノード間のトピックの依存関係を調べなさい．とくに，配布者が配布するベーストピックとサブトピックを調べ，rqt でそれぞれの映像が受信できるかを確認しなさい．

## 4.3　Leap Motion の ROS プログラミング

Leap Motion は小型で安価な 3D モーションセンサデバイスで，ユーザの手と指の動きを感知することでコンピュータなどを直感的に操作することが可能である (図 4.5(a) 参照)．ここでは，Leap Motion 用の ROS ドライバ (配布者プログラム) の開発方法を解説する．

### 4.3.1　Leap Motion SDK の準備

Leap Motion のアプリケーションを開発するためには，Leap Motion SDK をインストールする必要がある．ここで，Ubuntu 14.04 LTS 上に，Leap Motion SDK をインストールして，ROS パッケージの開発方法を説明する．

(a) Leap Motion デバイス　　　　　　(b) アプリケーション例

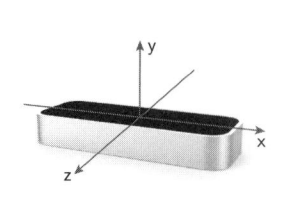

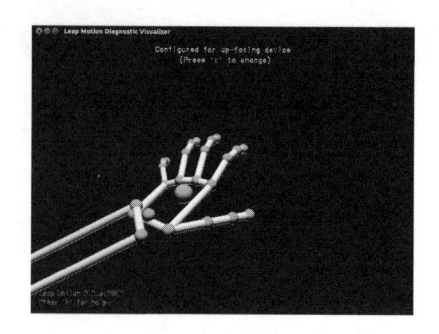

図 4.5　Leap Motion

Leap Motion SDK は，公式サイト (https://developer.leapmotion.com/) からダウンロードすることができる．2016 年 2 月現在では，新しいバージョンはLeap_Motion_SDK_Linux_2.3.1.tgz である．ここで，ダウンロードしたファイルは~/Download の下に保存されているとする．

このファイルを適当な場所に展開すると，LeapDeveloperKit_2.3.1+31549_linux というディレクトリが生成される．

```
% cd ~/Download; tar xvf Leap_Motion_SDK_Linux_2.3.1.tgz
% ls -F  LeapDeveloperKit_2.3.1+31549_linux
Leap-2.3.1+31549-x64.deb    Leap-2.3.1+31549-x86.deb
LeapSDK/  README  README.txt
```

*.x64.deb と*.x86.deb は，それぞれ 64 ビットと 32 ビットアーキテクチャ用のパッケージである．ここでは，後者を使ってインストールする．

```
% cd ~/Download/LeapDeveloperKit_2.3.1+31549_linux
% sudo dpkg --install Leap-2.3.1+31549-x86.deb
```

インストール終了後，Leap Motion のデーモンプロセス leapd が自動的に立ち上げられるので，以下のように確認する．

```
% sudo service leapd status
leapd start/running, process 880
```

これで，leapd が動作していることがわかる．leapd を止めたい場合，以下のようにすればよい．

```
% sudo service leapd stop
```

以上の準備が終わると，Leap Motion アプリケーションが使えるようになっている．

ためしに，以下の命令で確認してみよう．

```
% Visualizer
```

これで，図 4.5(b) のような画面が表示され，3D モーションキャプチャの動作を試すことができるはずである．

次に，SDK パッケージが展開されたディレクトリの中の LeapSDK を適当な場所にコピー，または移動する．ここでは，ホームディレクトリの下に移動しておく．

```
% cp -r ~/Download/LeapDeveloperKit_2.3.1+31549_linux/LeapSDK ~/.
```

最後に，環境変数を設定する．.bashrc に以下の設定を追加する．

```
export PYTHONPATH=$PYTHONPATH:$HOME/LeapSDK/lib:$HOME/LeapSDK/lib/x86
export LEAP_SDK=~/LeapSDK
```

以上で Leap Motion の開発環境の準備ができた．

## 4.3.2 Leap Motion の ROS 配布者プログラム例

ROS 上で Leap Motion を利用するためには，ROS 用パッケージを使用するか，自分で開発する必要がある．現時点で，ROS 用パッケージとして，Python 言語ベースのモジュール leap_motion が用意されている．

本書は，C++ 開発環境を想定しているため，専用パッケージを自作してみる．

まず，配布者と購読者間でやりとりするメッセージのデータ構造を決めておこう．ここで簡単のために，片手のモーションを検出し，以下のデータを収集することとする．

| 収集する情報 | 利用する SDK 関数 |
|---|---|
| 手の位置 | Leap::Hand::palmPosition() |
| 手の動作速度 (mm/s) | Leap::Hand::palmVelocity() |
| 手の法線ベクトル | Leap::Hand::palmNormal() |
| 手の向き | direction() |

メッセージタイプを以下のように定義する．

```
Header header                       ← メッセージヘッダ (seq,timestamp,frameid)
uint32 hand_id                      ← ハンド ID
geometry_msgs/Vector3 direction     ← 手の向き (x,y,z)
geometry_msgs/Vector3 normal        ← 手の法線ベクトル (x,y,z)
geometry_msgs/Vector3 velocity      ← 手の動作速度 (x,y,z)
geometry_msgs/Vector3 palmpos       ← 手の位置 (x,y,z)
geometry_msgs/Vector3 ypr           ← 手の回転 YPR(x:pitch,y:roll,z:yaw)
```

手の回転 YPR は，手のピッチ軸，ロール軸，ヨー軸の回転情報で，手の向き情報と手

の法線ベクトルで算出できるが，ここでは配布者側で計算しておき，メッセージの一部として配布する．

以上の内容を chapter04/msg/leap_motion.msg に保存しておく．

以下に示す配布者プログラムは，ほとんど Leap Motion SDK 関連の内容となっているので，各クラスの定義やメソッドの詳細説明については，Leap Motion SDK のドキュメントを参照してほしい．

▼リスト 4.8　leap_motion_publisher/leap_motion_publisher.cpp①

```cpp
#include <Leap.h>
#include <ros/ros.h>
#include <chapter04/leap_motion.h>

using namespace Leap;

class HandsListener : public Listener {
  public:
  ros::NodeHandle nh; //ノードハンドラ
  ros::Publisher pub; //配布者ハンドラ

  //Leap Motion リスナーの初期化処理を行う．
  virtual void onInit(const Controller&);

  //Leap Motion センサが接続されたときに呼び出されるコールバック関数
  virtual void onConnect(const Controller&);

  //Leap Motion センサが切断されたときに呼び出されるコールバック関数
  virtual void onDisconnect(const Controller&){ROS_DEBUG(
      "Disconnected");};

  //Leap Motion リスナーが終了した際に呼び出されるコールバック関数
  virtual void onExit(const Controller&){ROS_DEBUG("Exited");};

  //フレームのデータが更新されたときに呼び出されるコールバック関数
  virtual void onFrame(const Controller&);

  //アプリケーションがアクティブになったことを通知するコールバック関数
  virtual void onFocusGained(const Controller&) {ROS_DEBUG(
      "Focus Gained");};

  //アプリケーションが非アクティブになったことを通知するコールバック関数
  virtual void onFocusLost(const Controller&){ROS_DEBUG(
      "Focus Lost");};

  //Leap Motion センサが変更した際に呼び出されるコールバック関数
  virtual void onDeviceChange(const Controller&){
      ROS_DEBUG("Device Changed");};

  //Controller が Leap Motion デーモンに接続した際に呼び出される
  コールバック関数
```

```
42      virtual void onServiceConnect(const Controller&){
43          ROS_DEBUG("Service Connected");};
44
45      //Controller が Leap Motion デーモンから切断した際に呼び出される
46      コールバック関数
47      virtual void onServiceDisconnect(const Controller&){
48          ROS_DEBUG("Service Disconnected");};
49      private:
50  };
```

leap.h は Leap Motion SDK のヘッダファイルであり，Leap Motion アプリケーションを開発する場合必須である．

Leap Motion の情報を収集するために，SDK の中に，Leap Motion のコントローラ，およびイベントを受け取る Listener クラスが用意され，基本メソッドが提供されている．ここでは Listener クラスを継承して，独自のクラス HandsListener を定義している．ここの定義はテンプレートのようなもので，一部必要なメソッドのオーバーライドしか行っていないことに注意してほしい．

次に，メソッドの実装部を以下に示す．

▼リスト 4.8 leap_motion_publisher/leap_motion_publisher.cpp②

```
52  void HandsListener::onInit(const Controller& controller)
53  {
54      std::cout << "Initialized" << std::endl;
55      pub = nh.advertise<chapter04::leap_motion>("/hands_motion", 1);
56  }
57
58  void HandsListener::onConnect(const Controller& controller)
59  {
60      std::cout << "Connected" << std::endl;
61      controller.enableGesture(Gesture::TYPE_CIRCLE);
62      controller.enableGesture(Gesture::TYPE_KEY_TAP);
63      controller.enableGesture(Gesture::TYPE_SCREEN_TAP);
64      controller.enableGesture(Gesture::TYPE_SWIPE);
65  }
```

第 52 行～第 56 行：HandsListener::onInit は，Leap Motion リスナーを初期化するメソッドである．このメソッドは，Leap::Controller::addListener() でリスナーを追加したときに呼び出される．ここで，配布するトピック/hands_motion を定義しておく．

第 58 行～第 65 行：HandsListener::onConnect は，Leap Motion センサが接続されたときに呼び出されるもので，アプリケーションを起動した後で Leap Motion センサが接続されたときに呼び出される．ここでは，定番な初期設定 (指の円運動 (TYPE_CIRCLE)，指の上下タッピング運動 (TYPE_KEY_TAP)，指の前後水平運動 (TYPE_SCREEN_TAP)，スワイプの検出許可 (TYPE_SWIPE)) を行っている．

▼リスト 4.8　leap_motion_publisher/leap_motion_publisher.cpp③

```
67  void HandsListener::onFrame(const Controller& controller)
68  {
69      const Frame frame = controller.frame();
70      chapter04::leap_motion msg;
71
72      //メッセージヘッダの設定
73      msg.header.frame_id = "leap_motion_pub";
74      msg.header.stamp = ros::Time::now();
75
76      HandList hands = frame.hands();
77      const Hand hand = hands[0];
78
79      Vector normal = hand.palmNormal();
80      Vector direction = hand.direction();
81      Vector velocity = hand.palmVelocity();
82      Vector position = hand.palmPosition();
83
84      //ハンド ID を設定する
85      msg.hand_id = hand.id();
86
87      //手の向き情報を設定する
88      msg.direction.x = direction[0];
89      msg.direction.y = direction[1];
90      msg.direction.z = direction[2];
91
92      //手の法線ベクトルを設定する
93      msg.normal.x = normal[0];
94      msg.normal.y = normal[1];
95      msg.normal.z = normal[2];
96
97      //手の動作速度情報を設定する
98      msg.velocity.x = velocity[0];
99      msg.velocity.y = velocity[1];
100     msg.velocity.z = velocity[2];
101
102     //手の位置情報を設定する
103     msg.palmpos.x = position[0];
104     msg.palmpos.y = position[1];
105     msg.palmpos.z = position[2];
106
107     //手の回転情報設定する
108     msg.ypr.x = direction.pitch() * RAD_TO_DEG ;
109     msg.ypr.y = normal.roll() * RAD_TO_DEG;
110     msg.ypr.z = direction.yaw() * RAD_TO_DEG;
111
112     //メッセージを配布する
113     pub.publish(msg);
114 }
```

onFrame は，フレームデータが更新されたときに呼び出されるコールバック関数であ

## 4.3 Leap Motion の ROS プログラミング

る．ここでは，各種情報を取得した後，メッセージにカプセル化してから配布している．最後に，メイン関数を以下に示す．

▼リスト 4.8　leap_motion_publisher/leap_motion_publisher.cpp④

```
116  int main(int argc, char** argv)
117  {
118      //ROS ノードの初期化
119      ros::init(argc, argv, "leap_motion_publisher");
120
121      HandsListener listener;
122      Controller controller;
123
124      //LeapMotion リスナーの生成
125      controller.addListener(listener);
126      controller.setPolicyFlags(
127          static_cast<Leap::Controller::PolicyFlag>
128              (Leap::Controller::POLICY_IMAGES));
129
130      ros::spin();
131
132      controller.removeListener(listener);
133      return 0;
134  }
```

　メイン関数内ではノードの初期化した後，Leap Motion リスナーをコントローラに登録している．

　このプログラムをビルドするために，chapter04/CMakeLists.txt に以下の内容を追加する．

```
...
add_message_files(FILES
   ...
   leap_motion.msg           ← 追加
)
...
include_directories(include ${catkin_INCLUDE_DIRS}
   if($ENV{LEAP_SDK} $ENV{LEAP_SDK}/include)  ← 追加
)
...
add_executable(leap_motion_publisher
         chapter04/leap_motion_publisher.cpp)
target_link_libraries(leap_motion_publisher
   ${catkin_LIBRARIES} $ENV{LEAP_SDK}/lib/x86/libLeap.so
)
```

　プログラムをビルドした後，以下のように実行して，動作を確認してみよう．

実行例：
```
% rosrun chapter04 leap_motion_publisher &
% rostopic echo /hands_motion
```

```
---
header:
  seq: 2580
  stamp:
    secs: 1425987238
    nsecs: 308752496
  frame_id: leap_motion_pub
hand_id: 394
direction:
  x: -0.184414565563
  y: 0.232211276889
  z: -0.955023109913
normal:
  x: -0.102769084275
  y: -0.970918357372
  z: -0.216231495142
velocity:
  x: -55.7901763916
  y: 31.846534729
  z: -36.8807449341
palmpos:
  x: 29.5211677551
  y: 141.527160645
  z: 33.8374900818
ypr:
  x: 13.6661167122
  y: -6.04210579241
  z: -10.929274394
---
...
```

### 4.3.3 Leap Motion の ROS 購読者プログラム例

購読者プログラム側では，受け取った Leap Motion 情報を利用してロボットなどの制御部を実装すればよいが，ここでは簡単のために，受け取った情報を画面に出力するだけにする．

プログラム leap_motion_subscriber.cpp を以下に示す．

▼リスト 4.9　leap_motion_publisher/leap_motion_subscriber.cpp

```cpp
1  #include <ros/ros.h>
2  #include <chapter04/leap_motion.h>
3
4  void callback(const chapter04::leap_motion::ConstPtr& msg)
5  {
6      std::cout << "frame id: " << msg->header.frame_id << std::endl;
7      std::cout << "tiemstamp: " << msg->header.stamp << std::endl;
8      std::cout << "seq: " << msg->header.seq << std::endl;
9      std::cout << "hand id: " << msg->hand_id << std::endl;
```

```
10      std::cout << "direction: \n" << msg->direction << std::endl;
11      std::cout << "normal: \n" << msg->normal << std::endl;
12      std::cout << "velocity: \n" << msg->velocity << std::endl;
13      std::cout << "palmpos: \n" << msg->palmpos << std::endl;
14      std::cout << "ypr: \n" << msg->ypr << std::endl;
15      std::cout << "--------------" << std::endl;
16  }
17
18  int main(int argc, char** argv)
19  {
20      ros::init(argc, argv, "leap_motion_subscriber");
21      ros::NodeHandle nh;
22
23      ros::Subscriber sub = nh.subscribe<chapter04::leap_motion>(
24          "/hands_motion", 10, callback);
25
26      ros::spin();
27      return 0;
28  }
```

では，プログラムをビルドしてから，配布者プログラム leap_motion_publisher が動作している間に，以下のように実行して，Leap Motion の上で手を動かしながら，画面出力を確認してみよう．すると，rostopic echo 命令で得られた結果と同じ出力が表示されるはずである．

> ・Leap Motion で turtlesim の小亀を制御する購読者プログラムを作成しなさい．
> (参考①)：my_tutorials/chapter04/leap_turtle_teleop/leap_turtle_teleop.cpp)
> (参考②)：my_tutorials/chapter04/launch/leap_turtlesim.launch)

## 4.4 ロボット基本デバイスの ROS プログラミング

### 4.4.1 ROSserial と Arduino

ロボットを制御する際に，各種センサを扱う便利なマイクロコントローラとして，Arduino がよく利用されている．ROS では，Arduino と連携させるために，rosserial_arduino パッケージが用意されている．

まず，付録 B と添付パッケージ内の情報を参考にして，ROS Arduino の開発環境 (Arduino IDE) を準備しておこう．

次に，サンプルプログラムで Arduino IDE の動作確認を行う．Arduino を USB ケーブルで PC に接続してから，Arduino IDE 立ち上げ，"File" から "Examples" を選び，"ros_lib" の中から "HelloWorld" を選択する (図 4.6 参照)．そして，Arduino IDE の

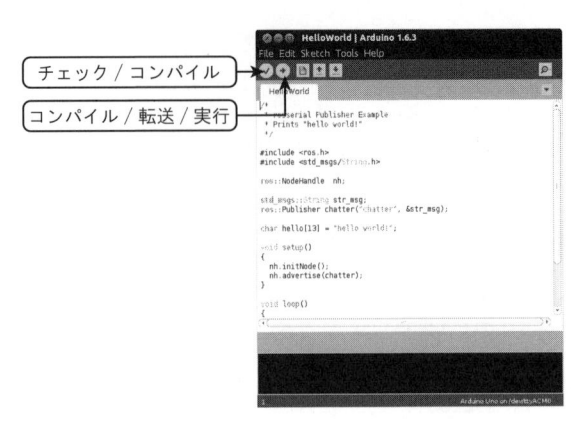

図 4.6　Arduino IDE で HellowWorld

実行ボタンを押して，HelloWorld スケッチ†をコンパイルして，Arduino に転送して実行する．

次に，ROS ノードを立ち上げておく．

```
% roscore &
% rosrun rosserial_python serial_node.py _port:=/dev/ttyACM0
```

serial_node が配布しているトピックを確認する．

```
% rostopic list
/chatter        ← これが HelloWorld を配布しているトピック
/diagnostics
/rosout
/rosout_agg
```

すると，以下のように，rostopic echo 命令で発行しているトピックを確認できる．

```
% rostopic echo /chatter
data: hello world!
---
data: hello world!
...
```

さて，この HellowWorld の中身を見てみよう．

▼リスト 4.10　HelloWorld.pde

```
1  #include <ros.h>
2  #include <std_msgs/String.h>
3
4  ros::NodeHandle nh;
5  std_msgs::String str_msg;
```

† Arduino では，Arduino 上で実行するプログラムのことを**スケッチ** (sketch) とよんでいる．

```
 6  ros::Publisher chatter("chatter", &str_msg);
 7  char hello[13] = "hello world!";
 8
 9  void setup()
10  {
11      nh.initNode();
12      nh.advertise(chatter);
13  }
14  void loop()
15  {
16      str_msg.data = hello;
17      chatter.publish( &str_msg );
18      nh.spinOnce();
19      delay(1000);
20  }
```

Arduino プログラミングの詳細についてはほかの書籍などを参照してほしいが，このスケッチで示されているように，Arduino スケッチは大きく分けて，初期設定部である setup() 関数と，処理部である loop() 関数で構成される．

基本的に，初期処理部では ROS ノードの定義や配布/購読するトピック，提供/利用するサービスなどの定義を行い，処理部ではセンサなどからの入力に対応するピンからのデータを配布したり，購読したトピックのメッセージデータをセンサなどへの出力ピンへ送り出す変換処理を行う．rosserial_python パッケージの serial_node.py は，この中継的な役割を果たしてくれていると認識してよい．

Arduino IDE では，Arduino とその互換ボードをサポートしている．ここでは，Arduino Uno を利用する．

## 4.4.2 超音波センサのプログラミング

ここでは，Arduino に超音波距離センサを付け，収集した距離データを配布するノードを作成してみよう．ここで，Sain Smart 社の HC-SR04 という廉価版超音波距離センサモジュールを使用する．配線を図 4.7 に示す．

HC-SR04 の詳細仕様はメーカのホームページなどを参照してほしいが，その基本仕様と基本的使い方を以下に示す．

・センサ角度は 15 度以下である (目標物までの 15 度範囲内に障害物がないこと)．
・測定可能距離は 2〜450 cm である．
・出力端子を 10 μs 以上 High にすることが推奨されている．
・40 kHz のパルスを 8 回送信して受信する．
・受信すると，出力端子が High になる．
・出力端子が High になっている時間が，パルスを送信してから受信するまでの時間

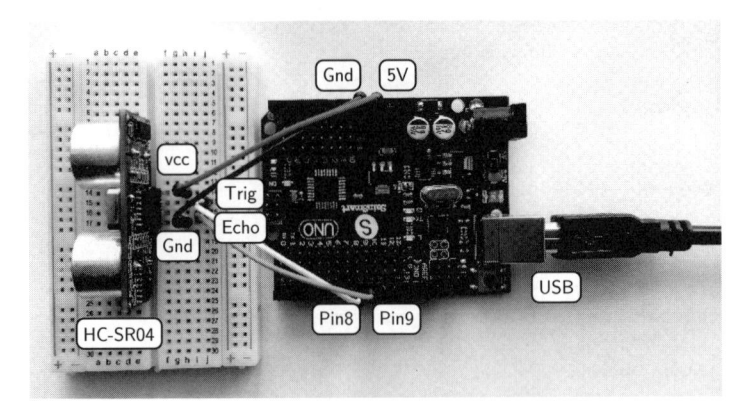

図 4.7 Arduino で超音波距離センサを扱う

になる．
・出力端子が High になっている時間の半分に音速 (340 m/s) を掛けた数値が，測定した距離になる．

ここで，出力端子 (Trig) を Arduino の D8，入力端子 (Echo) を D9 に接続する．Arduino スケッチ myUltrasound.ino を以下に示す[†]．

▼リスト 4.11　myUltrasound.ino

```
1  #include <ros.h>
2  #include <ros/time.h>
3  #include <sensor_msgs/Range.h>
4
5  int Trig = 8;  //D8 ピン（出力用）
6  int Echo = 9;  //D9 ピン（入力用）
7  int Duration;  //出力端子が High になっている時間
8  float Distance; //測定した距離（cm）
9
10 ros::NodeHandle nh;
11 sensor_msgs::Range range_msg;
12 ros::Publisher pub_range("/ultrasound", &range_msg);
13 char frameid[] = "/ultrasound";
14
15 //初期化処理部
16 void setup()
17 {
18     Serial.begin(9600);
19     pinMode(Trig,OUTPUT);
20     pinMode(Echo,INPUT);
21
```

[†] Arduino スケッチファイルの拡張子は.pde と.ino 2 種類があり，前者は 1.0 以前の旧バージョン用，後者は 1.0 以降のバージョン用となっている．

```
22      nh.initNode();
23      nh.advertise(pub_range);
24
25      range_msg.radiation_type = sensor_msgs::Range::ULTRASOUND;
26      range_msg.header.frame_id = frameid;
27      range_msg.field_of_view = 0.1;  //fake
28      range_msg.min_range = 2.0;//測定可能な最小距離（cm）
29      range_msg.max_range = 450.0;//測定可能な最大距離（cm）
30  }
31  //センサ処理部
32  void loop()
33  {
34      digitalWrite(Trig,LOW);
35      delayMicroseconds(2);
36      digitalWrite(Trig,HIGH);
37      delayMicroseconds(10);
38      digitalWrite(Trig,LOW);
39      Duration = pulseIn(Echo,HIGH);
40
41      if (Duration > 0) {
42          Distance = Duration/2;
43          //音波速度： 340 m/s = 34000 cm/s = 0.034 cm/μs
44          Distance = Distance*0.340;
45
46          range_msg.range = Distance;
47          range_msg.header.stamp = nh.now();
48          pub_range.publish(&range_msg);
49      }
50      delay(100);
51      nh.spinOnce();
52  }
```

初期化処理部では，ノードの初期化とトピックの定義，トピックメッセージの初期化を行っている．この例では，トピックメッセージ型を sensor_msgs::Range を利用している．sensor_msgs::Range 型の構成は以下のとおりである．

```
% rosmsg show sensor_msgs/Range
uint8 ULTRASOUND=0
uint8 INFRARED=1
std_msgs/Header header
  uint32 seq
  time stamp
  string frame_id
uint8 radiation_type
float32 field_of_view
float32 min_range
float32 max_range
float32 range
```

実際に測定したデータが range に設定される．

一方，センサ処理部では，定期的に Echo ピン (D9) から測定した時間を距離に換算して，sensor_msgs::Range 型メッセージに整形した後，トピック ultrasound に配布している．

上記スケッチを Arduino IDE でコンパイルして，Arduino に転送した後，以下のように確認すればよい．

```
実行例：
画面 1：
 % rosrun rosserial_python serial_node.py _port:=/dev/ttyACM0
画面 2：
 % rostopic echo /ultrasound
 ---
 header:
   seq: 221
   stamp:
     secs: 1429513184
     nsecs: 716103927
   frame_id: /ultrasound
 radiation_type: 0
 field_of_view: 0.10000000149
 min_range: 2.0
 max_range: 450.0
 range: 89.9300079346
 ---
 ...
```

## 4.4.3 GPS モジュールのプログラミング

ここで，SparkFun 社の GPS モジュール LS20031 の簡単な利用方法を紹介する（図 4.8 参照）．その基本仕様は以下のとおりである．

・66 チャネル，5 Hz（最大 10 Hz[†]）出力可能な GPS モジュールである．
・電源は 3.0〜4.2 V/34 mA，出力は TTL レベルである．

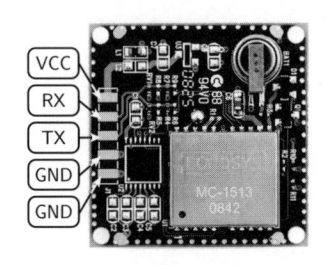

図 4.8 GPS モジュール LS20031

[†] 専用ツール (https://strawberry-linux.com/pub/MiniGPS_1.32.zip) で設定する必要がある．

## 4.4 ロボット基本デバイスの ROS プログラミング

・4800〜115200 bps TTL シリアル出力.

LS20031 を Arduino 経由で利用するために，TinyGPS++ライブラリが便利である．TinyGPS++ライブラリは，GPS モジュールから取得した NMEA (national marine electronics association) 形式のデータをアクセスするメソッドを提供している．

まず，TinyGPS++ライブラリを以下のサイトからダウンロードして，~/Arduino/libraries の下に展開しておく．

```
http://arduiniana.org/libraries/tinygpsplus/
```

TinyGPS++ライブラリを利用するには，以下のようにすればよい．

(1) TinyGPSPlus のインスタンスを生成する

```
#include "TinyGPS++.h"
TinyGPSPlus gps;
```

(2) GPS データを取得する

```
while (ss.available() > 0)
  gps.encode(ss.read());
```

(3) 必要なデータを抽出する

```
高度の抽出：
  if(gps.altitude.isUpdated())
    Serial.println(gps.altitude.meters());
位置の抽出：
  if(gps.location.isUpdated())  {
    Serial.print("緯度="); Serial.print(gps.location.lat(), 6);
    Serial.print("経度="); Serial.println(gps.location.lng(), 6);
  }
```

なお，ここで抽出される緯度と経度は，インターネット地図でよく利用されている十進法度単位のデータである．

ほかによく利用されるデータの抽出例を以下に示す[†]．

```
  Serial.println(gps.date.value());    //DDMMYY 形式の年月日 (u32)
  Serial.println(gps.date.year());     //年 (u16)
  Serial.println(gps.date.month());    //月 (u8)
  Serial.println(gps.date.day());      //日 (u8)
  Serial.println(gps.time.value());    //HHMMSSCC 形式の時刻 (u32)
  Serial.println(gps.time.hour());     //時 (u8)
  Serial.println(gps.time.minute());   //分 (u8)
  Serial.println(gps.time.second());   //秒 (u8)
  Serial.println(gps.time.centisecond()); //100 分の 1 秒 (u8)
```

---

[†] TinyGPS++ライブラリの詳細情報については，http://arduiniana.org/libraries/tinygpsplus/ を参照してほしい．

```
Serial.println(gps.speed.mps());      //速度（メートル/秒単位）(double)
Serial.println(gps.speed.kmph());     //速度（キロメートル/時単位）(double)
Serial.println(gps.satellites.value()); //使用する衛星数 (u32)
```

ここで，Arduino Uno に LS20031 を以下のように結線して利用する．

```
LS20031               Arduino
-------               -------
 3.3V(1)   <----->    3.3V
   TX(2)   <----->    DPin-3
   RX(3)   <----->    DPin-2
  GND(4)   <----->    GND
  GND(5)     未使用
```

LS20031 用サンプルスケッチ GPS-simple.ino を以下に示す．

▼リスト 4.12　GPS-simple.ino

```
1  #include <TinyGPS++.h>
2  #include <SoftwareSerial.h>
3  #include <ros.h>
4  #include <sensor_msgs/NavSatFix.h>
5
6  #define RXPin 2
7  #define TXPin 3
8
9  // The TinyGPS++ object
10 TinyGPSPlus gps;
11 // The serial connection to the GPS device
12 SoftwareSerial ss(RXPin, TXPin);
13
14 ros::NodeHandle nh;
15 sensor_msgs::NavSatFix gps_msg;
16 ros::Publisher pub_gps("/gps_publisher", &gps_msg);
17
18 void setup()
19 {
20     Serial.begin(57600);
21     ss.begin(9600);
22
23     //入出力の指定
24     pinMode(TXPin, OUTPUT);
25     pinMode(RXPin, INPUT);
26
27     //ノードの生成とトピックの定義
28     nh.initNode();
29     nh.advertise(pub_gps);
30     //メッセージの初期化
31     gps_msg.header.frame_id="/my_gps";
32     gps_msg.latitude = 0.0;
33     gps_msg.longitude = 0.0;
34     gps_msg.altitude = 0.0;
35 }
```

## 4.4 ロボット基本デバイスの ROS プログラミング

```
36  void loop()
37  {
38      //GPS データの取得
39      while(ss.available() > 0) {
40          gps.encode(ss.read());
41      }
42      //メッセージの編集と配布
43      if (gps.location.isUpdated() || gps.altitude.isUpdated()) {
44          gps_msg.header.stamp = nh.now();
45          gps_msg.latitude = gps.location.lat();
46          gps_msg.longitude = gps.location.lng();
47          gps_msg.altitude = gps.altitude.meters();
48
49          pub_gps.publish(&gps_msg);
50      }
51      delay(100);
52      nh.spinOnce();
53  }
```

このスケッチでは，GPS から取得した位置，高度情報をトピック/gps_publisher で定期的に配布している．トピックのメッセージタイプは，以下のような sensor_msgs /NavSatFix 型である．

```
std_msgs/Header header           ← ヘッダ
sensor_msgs/NavSatStatus status  ← ナビゲーション衛星の状態
float64 latitude                 ← 緯度
float64 longitude                ← 経度
float64 altitude                 ← 高度
float64[9] position_covariance   ← 位置偏差（平方メートル）
uint8 position_covariance_type   ← 位置偏差タイプ
```

ナビゲーション衛星の状態フィールドは，衛星状態 (status) とシグナルタイプ (service) で構成される．

```
status = STATUS_NO_FIX(-1)    ← 位置特定できない
status = STATUS_FIX(0)        ← 衛星航法補強なし
status = STATUS_SBAS_FIX(1)   ← 静止衛星型衛星航法補強
status = STATUS_GBAS_FIX(2)   ← 地上型衛星航法補強

service = SERVICE_GPS(1)      ← GPS 衛星
service = SERVICE_GLONASS(2)  ← GLONASS 衛星
service = SERVICE_COMPASS(4)  ← 北斗衛星
service = SERVICE_GALILEO(8)  ← ガリレオ衛星（測位システム）
```

以上の準備が終わると，arduino IDE でスケッチを転送した後，以下のように実行して動作確認をすることができる．

実行例：
```
% rosrun rosserial_python serial_node.py _port:=/dev/ttyACM0 &
% rostopic echo /gps_publisher
---
header:
  seq: 5
  stamp:
    secs: 1445476553
    nsecs: 632829927
  frame_id: /my_gps
status:
  status: 0
  service: 0
latitude: 35.3224449158
longitude: 139.623535156
altitude: 52.5
position_covariance: [0.0, 0.0, 0.0, 0.0, 0.0, 0.0, 0.0, 0.0, 0.0]
position_covariance_type: 0
---
```

## 4.4.4 レーザ測位センサプログラミング

移動型ロボットの行動プログラミングを行う際に，レーザ測位センサがよく利用されている．一般に，移動ロボットなどの環境認識に用いる走査式のレーザ距離センサをレーザ測位センサという．ここでは，よく利用されている北陽電機製の URG-04LX-UG01 を利用して，ROS でのレーザ測位センサの扱い方を解説する．

URG-04LX-UG01 では，正弦波で変調した赤外線レーザ光を発し，測定対象物からの反射光を受信して，受信した正弦波の位相遅れを測定することにより，対象物までの距離を測定する．さらに，このレーザ光をモータで回転させたミラーで走査することで，周囲 240 度の 20〜5600 mm までの距離データを取得できる．

URG-04LX-UG01 と PC との接続は USB ケーブルを利用する．Ubuntu でのデバイス名は /dev/ttyACM* となっている．なお，以下のように，デバイスに読み書き権限を与えておく必要がある．

```
% sudo chmod 666 /dev/ttyACM*
```

ROS では，URG-04LX-UG01 を扱うためのパッケージ urg_node が用意されている[†]．

---

[†] Indigo 以前の ROS では hokuyo_node が利用されていたが，現在 urg_node のほうが推奨されている．前者は測位センサのためのコマンドインタフェースである SCIP 2.0，後者は SCIP 2.2 にそれぞれ対応している．

## 4.4 ロボット基本デバイスの ROS プログラミング

まず，パッケージ urg_node を以下のようにインストールしておく．

```
% sudo apt-get install ros-indigo-urg-node
```

次に，URG-04LX-UG01 の動作確認を行う．

```
% rosrun urg_node urg_node &
Connected to serial device with ID: H1423523
Streaming data.
% rostopic list
/scan
/urg_node/parameter_descriptions
/urg_node/parameter_updates
...
%   rostopic echo /scan
---
header:
seq: 5418
stamp:
secs: 1435562469
nsecs: 313631266
frame_id: laser
angle_min: -2.35619449615
angle_max: 2.09234976768
angle_increment: 0.00613592332229
time_increment: 9.76562732831e-05
scan_time: 0.10000000149
range_min: 0.019999999553
range_max: 5.59999990463
ranges: [0.01899999938905239, 0.01899999938905239,
...
```

次に，以下のように，ビジュアル化ツール RViz で確認してみる[†]．

```
% rosrun rviz  rviz
```

このままでは RViz の画面には何も表示されないが，RViz の左側のメニューで "Global Options" の "Fixed Frame" のところの "map" を "laser" に変更して，左下の "Add" で "LaserScan" を追加する．さらに，追加した "LaserScan" の "Topic" から "/scan" を選べば，図 4.9 に示す画面が表示される．

以上でわかるように，urg_node は /scan に測位情報を配布している．配布している情報のメッセージタイプを以下のように確認しておく．

```
% rostopic info /scan
Type: sensor_msgs/LaserScan
...
% rosmsg show sensor_msgs/LaserScan
std_msgs/Header header
```

---

[†] RViz の詳細については，第 7 章の説明を参照してほしい．

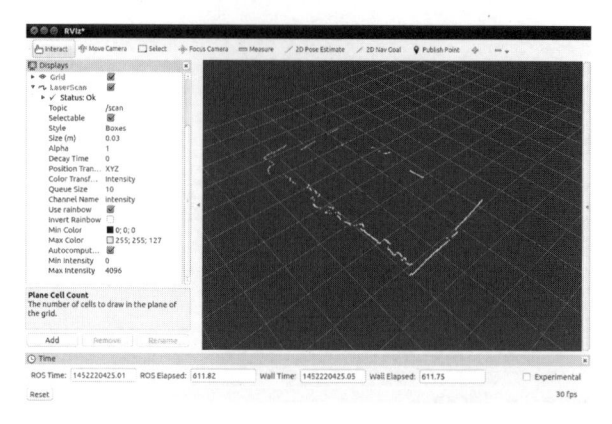

図 4.9　レーザ測位センサの動作例

```
   uint32 seq
   time stamp
   string frame_id
 float32 angle_min
 float32 angle_max
 float32 angle_increment
 float32 time_increment
 float32 scan_time
 float32 range_min
 float32 range_max
 float32[] ranges
 float32[] intensities
```

urg_node では，以下のパラメータを利用している．これらのパラメータを必要に応じて，ランチファイル，またはプログラムの中で設定すればよい．

| ROS パラメータ名 | デフォルト値 |
| --- | --- |
| /urg_node/angle_max | 2.0923497946760143(rad) |
| /urg_node/angle_min | -2.35619449019234(rad) |
| /urg_node/cluster | 1 |
| /urg_node/frame_id | laser |
| /urg_node/skip | 0 |
| /urg_node/tf_prefix | " " |
| /urg_node/time_offset | 0.0 |

urg_node で取得した測位情報を利用したプログラム例 laser_scan_stopper.cpp を以下に示す．この例の場合，接近距離が許容範囲内，つまり壁などの障害物までの距離が MIN_PROXIMITY_RANGE_M で定義された数値より大きい場合，ロボット制御用トピック cmd_vel に前進命令を配布し続ける．

▼リスト 4.13　laser_scan_stopper/laser_scan_stopper.cpp

```cpp
#include <ros/ros.h>
#include <sensor_msgs/LaserScan.h>
#include <geometry_msgs/Twist.h>

class ScanStopper {
 public:
   //可調整パラメータ類
   const static double FORWARD_SPEED_MPS = 0.5;
   const static double MIN_SCAN_ANGLE_RAD = -30.0/180*M_PI;
   const static double MAX_SCAN_ANGLE_RAD = +30.0/180*M_PI;
   //最小レンジ (sensor_msgs::LaserScan::range_max より小さい値で指定する)
   const static float MIN_PROXIMITY_RANGE_M = 0.1;
   ScanStopper();
   void startMoving();
 private:
   ros::NodeHandle nh;
   //ロボット制御用命令を配布するトピックのハンドラ
   ros::Publisher cmd_pub;
   //レーザスキャン情報を購読するハンドラ
   ros::Subscriber laser_sub;
   //ロボットを続けて移動するか否かを示すフラグ
   bool keepMoving;

   void moveForward();
   void scanCallback(const sensor_msgs::LaserScan::ConstPtr& scan);
};

ScanStopper::ScanStopper()
{
   keepMoving = true;
   //ロボット制御用命令トピックの定義
   cmd_pub = nh.advertise<geometry_msgs::Twist>("cmd_vel", 10);
   //購読するレーザスキャントピックを定義する
   laser_sub = nh.subscribe("base_scan", 1,
       &ScanStopper::scanCallback, this);
}
//ロボット移動命令を配布する関数
void ScanStopper::moveForward() {
   geometry_msgs::Twist msg;
   msg.linear.x = FORWARD_SPEED_MPS;
   cmd_pub.publish(msg);
}
//レーザスキャンデータ処理用コールバック関数
void ScanStopper::scanCallback(
   const sensor_msgs::LaserScan::ConstPtr& scan)
{
   //最小角度と最大角度間の最も接近しているレンジを計算する
   int minIndex = ceil((MIN_SCAN_ANGLE_RAD - scan->angle_min)
       / scan->angle_increment);
   int maxIndex = floor((MAX_SCAN_ANGLE_RAD - scan->angle_min)
       / scan->angle_increment);
```

```cpp
52
53      float closestRange = scan->ranges[minIndex];
54      for (int currIndex = minIndex + 1; currIndex <= maxIndex;
55          currIndex++) {
56          if (scan->ranges[currIndex] < closestRange) {
57              closestRange = scan->ranges[currIndex];
58          }
59      }
60      ROS_INFO_STREAM("Closest range: " << closestRange);
61
62      //接近レンジが最小レンジ以下になった場合に移動を停止する
63      if (closestRange < MIN_PROXIMITY_RANGE_M) {
64          ROS_INFO("Stop!");
65          keepMoving = false;
66      }
67  }
68  void ScanStopper::startMoving()
69  {
70      ros::Rate rate(10);
71      ROS_INFO("Start moving");
72
73      //Ctrl+C が押されたかロボットが障害物にぶつかるまで移動する
74      while (ros::ok() && keepMoving) {
75          moveForward();
76          ros::spinOnce();
77          rate.sleep();
78      }
79  }
80  int main(int argc, char **argv)
81  {
82      //ROS ノード"stopper"を定義する
83      ros::init(argc, argv, "stopper");
84      //ScanStopper のインスタンスを生成する
85      ScanStopper stopper;
86      //移動を開始する
87      stopper.startMoving();
88      return 0;
89  }
```

この例を実行するためのランチファイル laser_scan_stopper.launch については，添付パッケージの chapter04/launch を参照してほしい．

## 4.4.5 Kinect プログラミング

Kinect はジェスチャーキャプチャーデバイスとして，知能ロボットでよく利用されている．Kinect には，RGB カメラ，赤外線カメラ，深度センサなどが付いており，対象物の位置や動作検出などに利用することができる．ここでは，ROS での Kinect の基本的な扱い方を解説する．なお，利用するデバイスは Xbox360 Kinect を想定する．

## ■ 必要なパッケージを準備する

ROS Indigo 以降，Xbox360 Kinect は libfreenect パッケージよりサポートされているので，以下のようにインストールしておく．

```
% sudo apt-get install libfreenect-dev
% sudo apt-get install ros-indigo-freenect-launch
```

そして，Kinect を PC に接続して，以下の命令で使用可能であることを確認する．

```
% roslaunch freenect_launch freenect.launch
% rosrun image_view image_view image:=/camera/rgb/image_color
% rosrun image_view image_view image:=/camera/depth/image
```

これでビデオ画像が表示されれば，Kinect の準備が完了となる．

freenect パッケージは，OpenKinect より提供されているライブラリ libfreenect を利用して，Microsoft 社の Kinect デバイスの ROS インタフェース，つまり Kinect カメラドライバをサポートしている．

## ■ freenect_node の ROS インタフェース

Kinect カメラドライバは freenect_node で実装されている．freenect_node の ROS インタフェースを以下に示す．

なお，freenect_node が配布する画像トピック，および使用するパラメータはたくさんあるが，ここではよく利用されるものだけを示しておく．ほかのトピックとパラメータについては，以下の情報を参照してほしい．

```
http://wiki.ros.org/freenect_camera
```

・配布する主要トピック

| トピック名 | メッセージタイプ | 配布する情報 |
|---|---|---|
| rgb/camera_info | sensor_msgs/CameraInfo | RGB カメラのキャリブレーション情報 |
| rgb/image_raw | sensor_msgs/Image | RGB カメラの RAW イメージ (Bayer GRBG 形式) |
| depth/camera_info | sensor_msgs/CameraInfo | depth カメラのキャリブレーション情報 |
| depth/image_raw | sensor_msgs/Image | depth カメラの RAW イメージ (距離単位：mm(uint16)) |
| ir/camera_info | sensor_msgs/CameraInfo | 赤外線カメラのキャリブレーション情報 |
| ir/image_raw | sensor_msgs/Image | 赤外線カメラの RAW イメージ (uint16) |

・購読するトピック

なし．

・提供するサービス

カメラキャリブレーションサービスである rgb/set_camera_info と ir/set_camera_info を提供している．サービスタイプは sensor_msgs/SetCameraInfo で定義されている．

・利用する ROS パラメータ

| パラメータ | 変数型 | 機能 |
| --- | --- | --- |
| ~device_id | string | カメラのグローバル ID で，16 進数で表現される (デフォルト：#1) |
| ~rgb_frame_id | string | RGB カメラの TF フレーム ID (デフォルト：/openni_rgb_optical_frame) |
| ~depth_frame_id | string | IR/depth カメラの TF フレーム ID (デフォルト：/openni_depth_optical_frame) |
| ~rgb_camera_info_url | string | RGB カメラのキャリブレーション情報の格納先．通常では，デバイスのシリアル番号を利用して，$HOME/.ros/camera_info/depth_B00367707227 のように保存される．キャリブレーションファイルが見つからない場合，file://${ROS_HOME}/camera_info/${NAME}.yaml のデフォルトファイルを利用する． |
| ~depth_camera_info_url | string | IR/depth カメラのキャリブレーション情報の格納先．利用方法は~rgb_camera_info_url と同じである． |

■ rgbd_launch パッケージ

Kinect プログラミングする際には，freenect_node の ROS インタフェースを直接利用してもかまわないが，Kinect のような RGB-D デバイスをより簡単に扱うために，ROS では rgbd_launch パッケージを用意している．

現在，rgbd_launch パッケージは openni_camera と freenect_camera パッケージに対応し，それらのランチファイルツールである openni_launch と freenect_launch 内で利用されている．

rgbd_launch では，ノードレット技術を利用して，カメラデバイスからのデータを点群，視差画像などへの変換モジュールを提供している．利用する場合は，ランチファイル内でさまざまな引数変数を指定することにより，ノードレットの制御を行うことができる．ノードレットの概念およびプログラミングについては，6.2 節を参照してほしい．

ここでは，よく利用される引数変数の一部を示しておくが，ほかの変数については以下の情報を参照してほしい．

```
http://wiki.ros.org/rgbd_launch
```

4.4 ロボット基本デバイスの ROS プログラミング　　181

| パラメータ | 変数型 | デフォルト | 機能 |
|---|---|---|---|
| rgb_processing | bool | true | 白黒，またはカラーイメージを配布するノードレットをロードするか否かを指定する．true としてした場合，RGB-D デバイスから画像を Bayer 変換した結果をトピック rgb/image_raw に配布する．さらに，RGB 処理を施した結果を，目的に応じてトピック rgb/image_mono, rgb/image_rect_mono, rgb/image_colo, rgb/image_rect_color に配布する． |
| debayer_processing | bool | true | rgb_processing 変数を true にした場合に利用されるもので，true と指定した場合，DeBayer フィルタで RAW 画像データを RGB 画像に変換するノードレットをロードして，上記トピックが利用可能になる．false と指定した場合，rgb/image_rect_color だけが利用可能となる． |
| ir_processing | bool | true | 赤外線カメラモジュールを使用するか否かを指定する．true と指定した場合，赤外線イメージ (IR イメージ) を調整して，配布トピックを ir/image_raw から ir/image_rect_raw に変換する． |
| depth_processing | bool | true | 深さイメージを処理するノードレットをロードするか否かを指定する．true と指定した場合，RAW イメージのフォーマット変換 (uint16 から float へ) を行い，ポイントクラウドを生成する．この際，トピック depth/image_raw からのイメージを調整して，トピック depth/image_rect_raw(調整済み), depth/image_rect_raw(計測値付き), depth/image_rect(調整済み，計測値付き), depth/points(点群) に配布し直す． |

なお，上記トピックはいずれもプラグインを利用したサブトピックであり，openni_camera と freenect_camera パッケージ内で利用する場合，ベーストピックは /camera となる．

■ プログラム例

ここで，Xbox 360 Kinect からの画像を画面に表示するプログラム my_kinect.cpp を以下に示す．このプログラムは，USB カメラのプログラム例とはあまり変わらず，トピックの購読先を /camera/rgb/image_rect_color に変えただけである．なお，このトピック名はランチファイル内でリネームすることができるので，さまざまな画像入力ソースに対応させることができる．

▼リスト 4.14 my_kinect/my_kinect.cpp

```
nclude <ros/ros.h>
#include <image_transport/image_transport.h>
#include <sensor_msgs/image_encodings.h>
#include <cv_bridge/cv_bridge.h>
#include <opencv2/highgui/highgui.hpp>

class camera_proc
{
    public:
        camera_proc(ros::NodeHandle node,ros::NodeHandle private_nh);
        camera_proc(){};
        void image_callback(const sensor_msgs::ImageConstPtr& msg);
    private:
        image_transport::Subscriber image_sub_;
        image_transport::Publisher image_pub_;
};
camera_proc::camera_proc (ros::NodeHandle node,
    ros::NodeHandle private_nh)
{
    image_transport::ImageTransport it_(node);
    image_sub_ = it_.subscribe("/camera/rgb/image_rect_color",
        1, &node_class::image_callback,this) ;
} //camera_proc's constructor

namespace enc = sensor_msgs::image_encodings;
void node_class::image_callback(
    const sensor_msgs::ImageConstPtr& msg)
{
    cv_bridge::CvImagePtr cv_ptr;
    try {
        cv_ptr = cv_bridge::toCvCopy(msg, enc::BGR8);
    }
    catch (cv_bridge::Exception& e) {
        ROS_ERROR("cv_bridge exception: %s", e.what());
        return;
    }

    cv::imshow("in image", cv_ptr->image);
    cv::waitKey(3);

    image_pub_.publish(cv_ptr->toImageMsg());
}
int main (int argc, char** argv)
{
    ros::init(argc, argv,"my_kinect_node");
    ros::NodeHandle nh;
    ros::NodeHandle priv_nh("~");
    camera_proc class_object(nh, priv_nh);
    ros::spin();

    return 0;
}
```

## 4.4 ロボット基本デバイスの ROS プログラミング

このプログラムを構築して，Kinect を接続した後，以下のランチファイルで動作確認をすればよい．

▼リスト 4.15　launch/my_kinect.launch

```
 1  <launch>
 2    <include file="$(find freenect_launch)/launch/freenect.launch">
 3      <arg name="rgb_processing" value="true" />
 4      <arg name="ir_processing" value="true" />
 5      <arg name="depth_processing" value="true" />
 6      <arg name="depth_registered_processing" value="false" />
 7      <arg name="disparity_processing" value="false" />
 8      <arg name="disparity_registered_processing" value="false" />
 9    </include>
10    <node pkg="chapter04" type="my_kinect" name="my_kinect"
11      output="screen"/>
12  </launch>
```

ここではまず freenect.launch を呼び出して，rgbd_launch パッケージの基本引数変数を設定している．最後に my_kinect ノードを立ち上げて，Kinect から取得した画像を画面に表示している．実行例を図 4.10 に示す．

なお，/camera/rgb/image_rect_color 以外の画像を確認したい場合，リネームするか，rqt などで直接確認すればよい．

　　　（a）RGB 画像の例　　　　　　　　　（b）DEPTH 画像の例

図 4.10　my_kinect プログラムの実行例

chapter 5

# 座標変換とアクションプログラミング

ROS の座標変換モジュール tf とアクションモジュール actionlib は，コアモジュールとして重要な役割を果たしている．前者は複数の座標系間で，ロボットのベース座標系を基準に統一した変換機構を提供しているもので，後者は複雑なサービス機能を効率よく提供するためのものである．この章では，tf 座標変換の基本原理とプログラミング方法，および，ROS アクションプログラミングの基本方法を解説する．

本章に関連するすべてのソースコードは ~/ros/src/my_tutorials/chapter05 の下に置いている．

## 5.1 ROS の座標系と座標変換

自律ロボットを開発するときに，座標変換の問題に直面することがある．たとえば，ロボットに搭載されたレーザーセンサを使って，走行環境の地図を自律的に作成するときには，レーザーの点群をグローバル座標系に変換する必要がある．この場合，レーザーセンサをロボットの移動中心に設置できれば問題はないが，通常では，別の場所に設置されることが多い．すると，レーザーセンサから測定した情報を，センサの位置座標 (参照座標) からロボットの移動中心座標 (ベース座標) へ変換しなければならない．複数のセンサを利用する場合や，座標の時系列を処理する必要のあるアプリケーションの場合などにおいては，座標変換はさらに複雑になるので，慎重に管理しなければならない．

ROS では，このような要求に応えるために，tf という座標変換パッケージ (Coordinate Frames/Transform Frames) を提供している．この節では，簡単な座標変換の例から tf の基本概念，座標系の配布と購読について解説する．

まず，簡単な例 turtle_tf を用いて，tf の基本概念を理解してみよう．

turtle_tf がインストールされているかどうかを，以下のようにチェックする．

```
% rosdep check turtle_tf
All system dependencies have been satisfied
```

上記のように出力されない場合，インストールされていない可能性があるので，以下

のようにインストールしておく．

```
% rosdep install turtle_tf
#All required rosdeps installed successfully
```

さて，turtle_tf を実行してみよう．

実行例：
```
% roslaunch turtle_tf turtle_tf_demo.launch
```

すると，図 5.1 に示す画面が現れ，上記命令を実行した画面で方向キーで操作すると，1 匹の小亀が移動して，もう 1 匹の小亀が追跡するようになる．

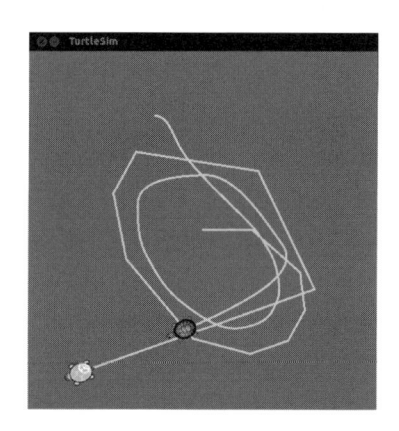

図 5.1 ROS の座標変換例置

それでは，この例の詳細を見てみよう．まず，ノードを確認してみる．

```
% rosnode list
/rosout
/sim                       (*)
/teleop                    (*)
/turtle1_tf_broadcaster    (*)
/turtle2_tf_broadcaster    (*)
/turtle_pointer            (*)
```

(*) は turtle_tf に関連しているノードである．

ノード間のトピック依存関係を rqt_graph で調べると，図 5.2 に示す結果が表示される．図 5.2 により，キー操作は/teleop ノードが配布するトピック/turtle1/cmd_vel のメッセージに変換され，ノード/sim に転送していることがわかる．

ここで，以下のランチファイルを見ればわかるが，sim は turtlesim_node の別名で，/turtle1/cmd_vel から購読したメッセージを/turtle1/pose に配布することにより，1 匹目の小亀を移動している．

## 第 5 章 座標変換とアクションプログラミング

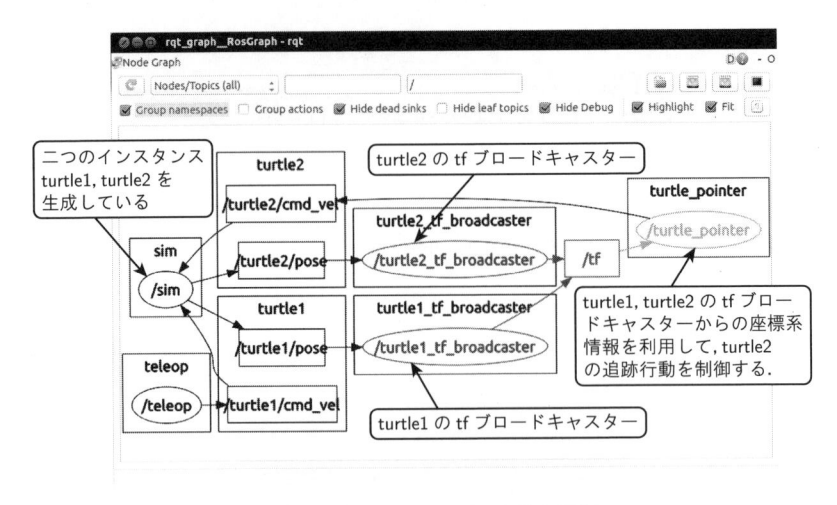

**図 5.2** turtle_tf のトピック依存関係

```
/opt/ros/indigo/share/turtle_tf/launch/turtle_tf_demo.launch
```

詳細については少し後で紹介するが，ここで，この例における tf の基本動作を説明しよう．tf では，互いに変換する必要のある各座標空間に対して，別々の座標フレームを割り当てる．この例について，これを確認してみよう．

```
% rosrun tf view_frames
Please use the package local script inside tf not the global one,
      this is deprecated.
Running [rosrun tf view_frames] for you
Listening to /tf for 5.000000 seconds
Done Listening
dot - graphviz version 2.36.0 (20140111.2315)

Detected dot version 2.36
frames.pdf generated
% evince frames.pdf
```

すると，図 5.3 に示す tf フレームツリーグラフが表示される[†]．

この例の場合，tf は三つのフレーム world, turtle1, turtle2 を割り当てている．world はグローバル座標系 (ベース座標系) のフレームで，turtle1 と turtle2 の親フレームになっている．

この三つのフレームの変換関係は，以下の命令で確認することができる．

---

[†] tf フレームは rqt ツールでも確認できる．rqt を立ち上げ，"Plugins"，"Visualization"，"TF Tree" の順番でクリックすればよい．

5.1 ROSの座標系と座標変換　187

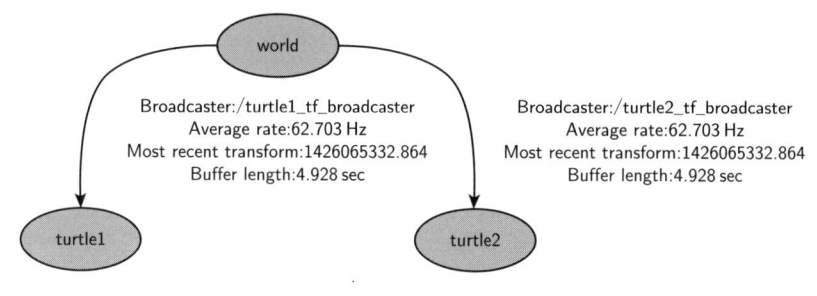

```
                    world
        ╱                        ╲
Broadcaster:/turtle1_tf_broadcaster   Broadcaster:/turtle2_tf_broadcaster
Average rate:62.703 Hz                 Average rate:62.703 Hz
Most recent transform:1426065332.864   Most recent transform:1426065332.864
Buffer length:4.928 sec                Buffer length:4.928 sec
    ↓                                       ↓
  turtle1                                 turtle2
```

図 5.3　tf フレーム木グラフ

---

**rosrun tf tf_echo 命令の書式**

```
% rosrun tf tf_echo [reference_frame] [target_frame]
    reference_frame   : 参照フレーム (変換元)
    target_frame      : 目標フレーム (変換先)
```

ここで，座標変換の意味を理解するために，三つの画面を利用して変換の結果を確認してみよう[†]．

まず，画面 1 でランチファイルを立ち上げておく．

**画面 1 の実行例**:
```
% roslaunch turtle_tf turtle_tf_demo.launch
```

そして，2 匹目の小亀が 1 匹目の小亀の位置に到達するまで，しばらく待機する．

次に，画面 2 で以下の命令を実行して，グローバル座標系から見た turtle1 座標を表示してみる．

**画面 2 の実行例**:
```
% rosrun tf tf_echo world turtle1
```

さらに，画面 3 において，以下の命令を実行して，turtle2 座標系から見た turtle1 座標を表示してみる．

**画面 3 の実行例**:
```
% rosrun tf tf_echo turtle1 turtle2
```

このあと，画面 1 で↑キーを 2 回押して，1 匹目の小亀を右へ移動させると，画面 2 と画面 3 で以下のような出力が表示される．

---

[†] この例をまとめて実行するランチファイルは，my_tutorials/chapter05/launch/section5.1.launch を参考してほしい．

## 188　第 5 章　座標変換とアクションプログラミング

```
画面 2 の出力例：
  At time 1426509399.880                                          [a]
  - Translation: [5.544, 5.544, 0.000]
  - Rotation: in Quaternion [0.000, 0.000, 0.000, 1.000]
              in RPY [0.000, -0.000, 0.000]
  ...
  At time 1426509399.880                                          [b]
  - Translation: [5.736, 5.544, 0.000]
  - Rotation: in Quaternion [0.000, 0.000, 0.000, 1.000]
              in RPY [0.000, -0.000, 0.000]
  At time 1426509400.872                                          [c]
  - Translation: [7.720, 5.544, 0.000]
  - Rotation: in Quaternion [0.000, 0.000, 0.000, 1.000]
              in RPY [0.000, -0.000, 0.000]
  At time 1426509401.880                                          [d]
  - Translation: [8.776, 5.544, 0.000]
  - Rotation: in Quaternion [0.000, 0.000, 0.000, 1.000]
              in RPY [0.000, -0.000, 0.000]
  ...
```

```
画面 3 の出力例：
  At time 1426509399.783                                          [a']
  - Translation: [0.016, -0.000, 0.000]
  - Rotation: in Quaternion [0.000, 0.000, -0.592, 0.806]
              in RPY [0.000, 0.000, -1.267]
  ...
  At time 1426509400.791                                          [b']
  - Translation: [1.643, -0.002, 0.000]
  - Rotation: in Quaternion [0.000, 0.000, -0.003, 1.000]
              in RPY [0.000, 0.000, -0.007]
  At time 1426509401.783                                          [c']
  - Translation: [1.875, -0.000, 0.000]
  - Rotation: in Quaternion [0.000, 0.000, -0.001, 1.000]
              in RPY [0.000, 0.000, -0.003]
  At time 1426509402.792                                          [d']
  - Translation: [1.109, -0.000, 0.000]
  - Rotation: in Quaternion [0.000, 0.000, -0.001, 1.000]
              in RPY [0.000, 0.000, -0.002]
  ...
  At time 1426509411.415                                          [e']
  - Translation: [-0.001, -0.000, 0.000]
  - Rotation: in Quaternion [0.000, 0.000, 0.001, 1.000]
              in RPY [0.000, -0.000, 0.003]
  ...
```

上記の結果からわかるように，実行を開始してからしばらくすると，小亀 2 (turtle2 座標系を使用) が小亀 1 に追いつくので，グローバル座標系 world から見た turtle1 座標は，画面の中央を示す座標 (5.5,5.5,0) が表示される ([a])．同時に，2 匹目の小亀 turtle2 が同じ位置にたどりつくので，turtle2 座標系から見た turtle1 座標は (0,0,0) に近づいていく ([a'])．turtle2 座標系は，turtle2 の前進方向は +x の方向で，前進方向に向かっ

て左側の直交方向は +y 方向，反時計方向への回転方向は +θ 方向となる．

次に，↑キーを 2 回押して，turtle1 を右へ移動させると，グローバル座標系 world から見た turtle1 座標系の座標は，最終的に (8.776, 5.544, 0.000) まで到達する ([b]〜[d]) が，turtle2 が徐々に turtle1 に追いついてくるので，turtle2 から見た turtle1 座標も，[b′]〜[e′] のように順次変換されていく (図 5.4 参照)．

（a）world 座標系　　　　　（b）turtle2 の座標系

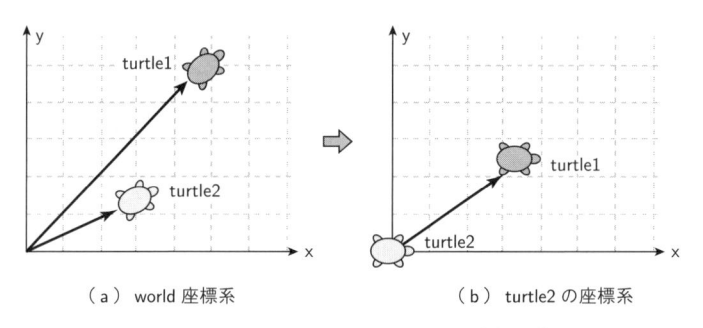

図 5.4　world, turtle1, turtle2 の座標変換

このように，tf において座標系の親子関係を決めておけば，各時刻における座標変換は自動的に行われる．

## 5.2　tf 座標情報の送受信処理

tf プログラムは二つの部分から構成される．一つは座標情報を登録する部分で，もう一つは登録した座標を変換して利用する部分である．前者を**ブロードキャスター** (broadcaster)，後者を**リスナー** (listener) とよぶ．

tf ブロードキャスターと tf リスナーのプログラム例を示す前に，まず tf でよく利用される API を示しておく．

### 5.2.1　tf パッケージ

tf パッケージは以下のクラスで構成されている．

| クラス | 説明 |
| --- | --- |
| Matrix3x3 | Quaternion, Transform と Vector3 型データ線形結合で表される 3×3 行列を処理する |
| tfVector4 | tf クォータニオンを処理する |
| MessageFilter | message_filters パッケージで実装されるフィルタを用いて，指定されたパターンでフィルタリング処理を行い，使用可能な座標データを選定する |

| | |
|---|---|
| Stamped | MessageStamped に等価する tf のデータタイプで，geometry_msgs と互換性をもつタイムスタンプ付きデータタイプを定義する |
| StampedTransform | tf に使われる Stamped データタイプを処理する |
| TimeCache | タイムスタンプを利用して，時間順に整列された座標データリストを格納，探索，取得する機能を提供する |
| TransformBroadcaster | tf ブロードキャスターを定義し，座標フレームを送信する機能を提供する |
| Transformer | 二つの座標フレーム間で座標変換機能を提供する |
| TransformException | tf のすべての例外処理クラスの基本クラスで，ros::exception を継承する |
| TransformListener | tf リスナーを定義し，座標フレームを処理する機能を提供する |
| TransformStorage | 座標フレームとその親フレームを格納する |

ここでまず，tf ブロードキャスター関連の主要な API を以下に示しておく．

tf::TransformBroadcaster は tf ブロードキャスターを定義し，座標系をアクセスする際によく利用されるクラスで，その最も重要なメソッドは sendTransform である．

### tf::TransformBroadcaster API

◇ void tf::TransformBroadcaster::sendTransform(
    const [type_template]& transforms)

機能： TransformStamped 型座標フレームを配布する
引数： transforms ：座標フレーム
返り値： なし

[type_template] のところには，以下のデータタイプを指定できる．

```
std::vector<geometry_msgs::TransformStamped>
geometry_msgs::TransformStamped
std::vector<StampedTransform>
StampedTransform
```

tf::StampedTransform はタイムスタンプ付き座標系を定義し，さまざまな設定を行うクラスである．その主な API を以下に示す．

### tf::StampedTransform API

◇ tf::StampedTransform::StampedTransform(
    const tf::Transform& input, const ros::Time& timestamp,
    const std::string& frame_id, const std::string& child_frame_id)

機能： タイムスタンプ付き座標フレームを設定する
引数： input ：座標フレーム変数
       timestamp ：タイムスタンプ

## 5.2 tf 座標情報の送受信処理

frame_id ： フレーム ID
child_frame_id ： 子フレーム ID

返り値： なし

このメソッドは，StampedTransform クラスのコンストラクタで，座標フレームのレイアウトの定義を与えるものである．

◇ `void tf::StampedTransform::setData(const tf::Transform& input)`

機能： タイムスタンプ付き型座標フレームを設定する
引数： input ： 座標フレーム変数
返り値： なし

◇ `std::string child_frame_id`

変数の意味： この Transform のインスタンスが定義した座標フレームの子のフレーム ID

◇ `std::string frame_id`

変数の意味： この Transform のインスタンスが定義した座標フレームの親のフレーム ID

◇ `ros::Time stamp_`

変数の意味： この座標系のタイムスタンプ

tf::Transform は座標系をアクセスするクラスで，座標系の取得，座標原点の設定，回転などの処理を行うものである．その基本的な API を以下に示す．

### tf::Transform API

◇ `void tf::Transform::deSerialize(const struct TransformData& dataIn)`

機能： Transform データのデカプセル化処理を行い，座標フレームを取得する
引数： dataIn ： 受信データ
返り値： なし

◇ `Matrix3x3& tf::Transform::getBasis()`

機能： 現在の座標を回転する基準行列を取得する
引数： なし
返り値： $3 \times 3$ 行列

◇ `static const Transform& tf::Transform::getIdentity()`

機能： 現在の座標系の恒等変換の結果を取得する
引数： なし
返り値： Transform 座標系

◇ `Vector3& tf::Transform::getOrigin()`

機能： 現在の座標系の原点ベクトルを取得する
引数： なし
返り値： 3次元原点ベクトル

◇ `Quaternion tf::Transform::getRotation()`

機能： 現在の座標系の回転を表すクォータニオンを取得する
引数： なし
返り値： クォータニオン

◇ `Transform tf::Transform::inverse()`

機能： 現在の座標系の逆変換を取得する
引数： なし
返り値： Transform 座標系

◇ `void tf::Transform::setBasis(const Matrix3x3& basis)`

機能： 3×3の回転行列の基準行列を設定する
引数： basis ：基準行列
返り値： なし

◇ `void tf::Transform::setOrigin(const Vector3& origin)`

機能： 現在の座標系の原点ベクトルを設定する
引数： origin ：原点ベクトル
返り値： なし

◇ `void tf::Transform::setRotation(const Quaternion& q)`

機能： クォータニオンで座標系の回転を設定する
引数： origin ：クォータニオン
返り値： なし

tf::Quaternion は，座標系の3次元的な回転や方向を表現する際に利用されるクォータニオン (quaternion, 四元数) をアクセスするクラスである．

コンピュータグラフィックスやロボットプログラミングの文脈でクォータニオンが登場するのは，ベクトルの方向や回転を扱う場合である．クォータニオンに関する詳細の

説明は，ほかの数学の書籍を参照してほしい．

tfでは，クォータニオンで表された二つの方向や回転を補間したい場合，球面線形補間 (spherical linear interpolation, Slerp) を用いる．

### tf::Quaternion API

◇ `tfScalar tf::Quaternion::angle(const Quaternion& q)`

機能： 現在のクォータニオンと指定したクォータニオン間の半角を取得する
引数： q ：クォータニオン変数
返り値： 角度

◇ `tfScalar tf::Quaternion::angleShortestPath(const Quaternion& q)`

機能： 現在のクォータニオンからほかのクォータニオンへ最短経路でたどりつく場合の角度
引数： q ：クォータニオン変数
返り値： 角度

◇ `tfScalar tf::Quaternion::dot(const Quaternion& q)`

機能： 現在のクォータニオンと指定したクォータニオンとの内積を取得する
引数： q ：クォータニオン変数
返り値： 内積値

◇ `void tf::Quaternion::setRotation(`
    `const Vector3& axis, const tfScalar& angle)`

機能： 現在のクォータニオンを回転する
引数： axis ：座標軸ベクトル
        angle ：回転角
返り値： 回転後のクォータニオン

◇ `void tf::Quaternion::setRPY(const tfScalar& roll,`
    `const tfScalar& pitch, const tfScalar& yaw)`

機能： 固定 RPY でクォータニオンを設定する
引数： roll  ：ロール軸回転角
        pitch ：ピッチ軸回転角
        yaw   ：ヨー軸回転角
返り値： クォータニオン

◇ `void tf::Quaternion::setEuler(const tfScalar& yaw,`
    `const tfScalar& pitch, const tfScalar& roll)`

---

機能： オイラー角でクォータニオンを設定する
引数： yaw　　： ヨー軸 (y) 回転角
　　　　pitch　： ピッチ軸 (x) 回転角
　　　　roll　　： ロール軸 (z) 回転角
返り値： クォータニオン

---

◇ Quaternion tf::Quaternion::slerp(
　　const Quaternion& q, const tfScalar& t)

機能： 現在のクォータニオンと指定したクォータニオンとの球面線型補間を取得する
引数： q　： クォータニオン
　　　　t　： 補間比
返り値： クォータニオン
　このメソッドは，移動速度が固定している条件のもとで球面線型補間を行うものである．補間比 t を [0,1] 間の数値で指定する．t=0 の場合は現在のクォータニオン，t=1 の場合は q を返す．

---

tf リスナー関連の主要 API を以下に示す．

### tf::TransformListener API

---

◇ void tf::TransformListener::transformPoint(
　　const std::string& target_frame,
　　const geometry_msgs::PointStamped& stamped_in,
　　geometry_msgs::PointStamped& stamped_out)

機能： タイムスタンプ付きポイントメッセージを指定された目標フレームに変換する
引数： target_frame　： 目標フレーム
　　　　stamped_in　　： 変換元メッセージ
　　　　stamped_out　： 変換先メッセージ
返り値： なし

---

◇ void tf::TransformListener::transformPointCloud(
　　const std::string& target_frame,
　　const sensor_msgs::PointCloud& pcin,
　　sensor_msgs::PointCloud& pcout)

機能： タイムスタンプ付き点群を指定された目標フレームに変換する
引数： target_frame　： 目標フレーム
　　　　pcin　　　　　： 変換元点群
　　　　pcout　　　　： 変換先点群
返り値： なし

5.2 tf 座標情報の送受信処理　195

◇ void tf::TransformListener::transformPose(
　　const  std::string& target_frame,
　　const geometry_msgs::PoseStamped& stamped_in,
　　geometry_msgs::PoseStamped& stamped_out)

　機能：　タイムスタンプ付き姿勢メッセージを指定された目標フレームに変換する
　引数：　target_frame　：目標フレーム
　　　　　pcin　　　　　：変換元姿勢メッセージ
　　　　　pcout　　　　 ：変換先姿勢メッセージ
　返り値：　なし

◇ void tf::TransformListener::transformQuaternion(
　　const std::string& target_frame,
　　const geometry_msgs::QuaternionStamped& stamped_in,
　　geometry_msgs::QuaternionStamped& stamped_out)

　機能：　タイムスタンプ付きクォータニオンを指定された目標フレームに変換する
　引数：　target_frame　：目標フレーム
　　　　　stamped_in　　：変換元クォータニオン
　　　　　stamped_out　 ：変換先クォータニオン
　返り値：　なし

◇ void tf::TransformListener::transformVector(
　　const std::string& target_frame,
　　const geometry_msgs::Vector3Stamped& stamped_in,
　　geometry_msgs::Vector3Stamped& stamped_out)

　機能：　タイムスタンプ付きベクトルを指定された目標フレームに変換する
　引数：　target_frame　：目標フレーム
　　　　　stamped_in　　：変換元ベクトル
　　　　　stamped_out　 ：変換先ベクトル
　返り値：　なし

　tf::TransformListener は tf::Transformer を継承しているので，上記メソッドによりオーバーライドされたもの以外の主要 API を以下に示しておく．

### tf::Transformer API

◇ void tf::Transformer::lookupTransform(
　　const std::string& target_frame,
　　const std::string& source_frame, const ros::Time& time,
　　StampedTransform& transform)

機能： 目標座標フレームを基準座標フレームに変換する
引数： target_frame　：目標座標フレーム
　　　 source_frame　：基準座標フレーム
　　　 time　　　　　：時刻
　　　 transform　　 ：変換の結果である座標フレームの格納先
返り値： なし

◇ bool tf::Transformer::waitForTransform(
　　const std::string& target_frame,
　　const std::string& source_frame, const ros::Time& time,
　　const ros::Duration& timeout,
　　const ros::Duration& polling_sleep_duration,
　　std::string *error_msg)

機能： 指定された座標フレームを取得するかタイムアウトするまで待ち合わせる
引数： target_frame　　　　　　：目標座標フレーム
　　　 source_frame　　　　　　：基準座標フレーム
　　　 time　　　　　　　　　　：時刻
　　　 timeout　　　　　　　　 ：タイムアウト時間
　　　 polling_sleep_duration　：取得失敗した場合の再試時間間隔
　　　 error_msg　　　　　　　 ：失敗原因を示すエラーメッセージ
返り値： true:取得成功，false:取得失敗

このメソッドは，目標座標フレームを基準座標フレームに変換，またはタイムアウトになるまで，処理をブロックする．polling_sleep_duration のデフォルト値は 0.01 s で，error_msg のデフォルト値は NULL である

◇ bool tf::Transformer::canTransform(
　　const std::string& target_frame,
　　const std::string& source_frame, const ros::Time& time,
　　std::string *error_msg)

機能： 指定された座標系が変換可能かどうかをチェックする
引数： target_frame　：目標座標フレーム
　　　 source_frame　：基準座標フレーム
　　　 time　　　　　：時刻
　　　 timeout　　　 ：タイムアウト時間
　　　 error_msg　　 ：変換できない原因を示すエラーメッセージ
返り値： true:変換成功，false:変換失敗

このメソッドは，目標座標フレームを基準座標フレームに変換可能かどうかチェックするもので，error_msg のデフォルト値は NULL である．

## 5.2 tf 座標情報の送受信処理

◇ bool tf::Transformer::frameExists(const std::string& frame_id_str)

- 機能： 指定された座標フレームが tf フレームツリー上に存在しているかどうかをチェックする
- 引数： frame_id_str ：フレーム ID 文字列
- 返り値： true:存在する，false:存在しない

◇ bool tf::Transformer::getParent(const std::string& frame_id, ros::Time time, std::string& parent)

- 機能： 親フレームを取得する
- 引数： target_id ：目標フレーム ID の文字列
  - time ：時刻
  - parent ：親フレーム名を格納する変数
- 返り値： true:存在する，false:存在しない

### 5.2.2 tf ブロードキャスタープログラム例

tf ブロードキャスターでは，tf::Transform より設定した座標情報を tf::TransformBroadcaster のインスタンスで送出する．

ここで，5.1 節で紹介した，turtlesim 上で複数の小亀が順次追跡するプログラム例について考えてみよう．最初の小亀は turtlesim 内で定義されたものをそのまま使い，移動させる場合には turtle_teleop_key などを利用する．

turtlesim の座標系をグローバル座標系，または基準座標系とし，名前を world にする．各小亀は world の中で移動するが，自分の移動中心を座標原点としたローカル座標系をそれぞれ turtle1, turtle2,... のフレーム名で表す．各小亀の自分の現在位置をほかに知らせるためには，随時 world 内にブロードキャストすればよい．

この例の tf ブロードキャスタープログラム tf_broadcaster.cpp を以下に示す．このプログラムは turtlesim に対応するもので，turtlesim_node が配布するトピック /turtle/pose を購読して，小亀の自分の位置座標を取得し，座標系 world 内にブロードキャストしている．

▼リスト 5.1　tf_broadcaster/tf_broadcaster.cpp

```
1  #include <ros/ros.h>
2  #include <tf/transform_broadcaster.h>
3  #include <turtlesim/Pose.h>
4
5  std::string turtle_name;
6
7  void poseCallback(const turtlesim::PoseConstPtr& msg)
```

```
 8  {
 9      //Transform ブロードキャスターのインスタンスを生成する
10      static tf::TransformBroadcaster br;
11      //Transform のインスタンスを生成する
12      tf::Transform transform;
13      //2次元turtle 姿勢座標を 3 次元に変換する
14      transform.setOrigin(tf::Vector3(msg->x, msg->y, 0.0));
15      //回転情報 (ロール角,ピッチ角,ヨー角を設定する
16      tf::Quaternion q;
17      q.setRPY(0, 0, msg->theta);
18      transform.setRotation(q);
19
20      //座標をタイムスタンプ付きで送出する
21      br.sendTransform(tf::StampedTransform(transform,
22          ros::Time::now(), "world", turtle_name));
23  }
24
25  int main(int argc, char** argv)
26  {
27      //ノードの初期化
28      ros::init(argc, argv, "my_tf_broadcaster");
29      //コマンドラインから指定しなかった場合,ベースネームスペースを"/turtle1"にする
30      turtle_name = (argc != 2) ? "/turtle1" : argv[1];
31      //トピック"/turtle[X]/pos"を購読する
32      ros::NodeHandle node;
33      ros::Subscriber sub = node.subscribe(turtle_name+"/pose", 10,
34          &poseCallback);
35      ros::spin();
36      return 0;
37  }
```

第 14 行：turtlesim は 2D シミュレータであるので，X 番目の小亀の現在の位置を座標系 turtle[X] の原点として設定する．

第 17 行～第 18 行：小亀の向きをクォータニオンに設定して，座標系の回転方向を指定している．

第 21 行～第 22 行：上記の準備をした後，sendTransform で座標系情報を送出している．ここでは，タイムスタンプ付きの座標系を生成するために，StampedTransform メソッドを利用して，現在の時刻をタイムスタンプ，親フレーム名を world，現在のフレーム名を turtle[X] に設定している．

第 30 行：現在のフレーム名をコマンドライン，またはランチファイルより指定するか，デフォルト名を利用する．

このプログラムでは，トピック/turtle[X]/pose (X はデフォルトで 1，コマンドラインの指定により変わる) のメッセージを購読するノードを定義し，購読できた場合，コールバック関数 poseCallback が呼び出され，turtle[X] の座標系のブロードキャスト処理を行っている．

## 5.2.3 tfリスナープログラム例

この例でのtfリスナーは，1匹目の小亀 (turtle1) を追跡する2匹目の小亀 (turtle2) に利用されるものである．

▼リスト 5.2 tf_listener.cpp

```
1   #include <ros/ros.h>
2   #include <tf/transform_listener.h>
3   #include <geometry_msgs/Twist.h>
4   #include <turtlesim/Spawn.h>
5   #include <stdlib.h>
6   #include <sys/types.h>
7   #include <unistd.h>
8
9   int main(int argc, char** argv)
10  {
11      //リスナーノードの初期化
12      ros::init(argc, argv, "my_tf_listener");
13      ros::NodeHandle node;
14
15      //turtlesim の"spawn"サービスで2番目小亀を追加する
16      ros::service::waitForService("spawn");
17      ros::ServiceClient add_turtle =
18          node.serviceClient<turtlesim::Spawn>("spawn");
19
20      //2番目の小亀の初期位置を指定して配置する
21      srand(getpid());
22      turtlesim::Spawn srv;
23      srv.request.x = rand()%10;
24      srv.request.y = rand()%10;
25      srv.request.theta = 0;
26      add_turtle.call(srv);
27
28      ros::Publisher turtle_vel = node.advertise<geometry_msgs::Twist>(
29          "turtle2/cmd_vel", 10);
30      tf::TransformListener listener;
31
32      //移動速度と回転速度を調整するパラメータを設定する
33      double scale_linear = 0.5, scale_angular = 4.0;
34      node.param("scale_linear" , scale_linear , scale_linear);
35      node.param("scale_angular", scale_angular, scale_angular);
36
37      ros::Rate rate(10.0);
38      while (node.ok()) {
39          tf::StampedTransform transform;
40          try {
41              //タイムスタンプ付き座標系の変換を待ち合わせる
42              listener.waitForTransform("/turtle2", "/turtle1",
43                  ros::Time(0), ros::Duration(3.0));
44              //目標座標フレームを基準座標フレームに変換する
```

```
45              listener.lookupTransform("/turtle2", "/turtle1",
46                  ros::Time(0), transform);
47          }
48          catch (tf::TransformException &ex) {
49              ROS_ERROR("%s",ex.what());
50              ros::Duration(1.0).sleep();
51              continue;
52          }
53
54          //turtle1 の座標原点を用いて，turtle2 の回転角と移動距離を計算して，配
55          布する
56          geometry_msgs::Twist vel_msg;
57          vel_msg.angular.z = scale_angular * atan2(
58              transform.getOrigin().y(), transform.getOrigin().x());
59          vel_msg.linear.x = scale_linear * sqrt(pow(
60              transform.getOrigin().x(), 2) + pow(
61              transform.getOrigin().y(), 2));
62          turtle_vel.publish(vel_msg);
63
64          rate.sleep();
65      }
66      return 0;
67  }
```

第 16 行〜第 26 行：2 匹目の小亀は turtlesim の spawn サービスを利用して，初期位置をランダムに決めて，turtlesim シミュレータ内に追加している．

第 42 行〜第 46 行：turtle2 から見た turtle1 の座標フレームを求めている．ここの try-catch 構造は，リスナーを定義する基本構造であると理解したほうがよい．

第 56 行〜第 62 行：turtle1 の座標原点を用いて，turtle2 の回転角と移動距離を計算して，新しいメッセージとして turtle2 の移動制御を行うトピックに配布している．

tf_broadcaster.cpp と tf_listener.cpp を構築して，動作確認してみよう．複数のプログラムを実行する必要があるので，ランチファイルを作成して以下のように実行すれば，2 匹の小亀の追跡走行の様子が確認できる．

ランチファイルの例については，添付パッケージ内の chapter05/launch の下にある tf_broadcaster_listener.launch を参照してほしい．

実行例：
```
% roslaunch chapter05 tf_broadcaster_listener.launch
```

・tf_listener.cpp を修正し，変換する座標名をコマンドラインより指定できる「汎用性」のあるリスナーにして，3 匹以上の小亀たちが追跡移動できるようにしなさい (図 5.5 参照).
(参考①：chapter05/tf_listener_exp_5_2/tf_listener_exp_5_2.cpp)
(参考②：chapter05/launch/exercises05-1.launch)

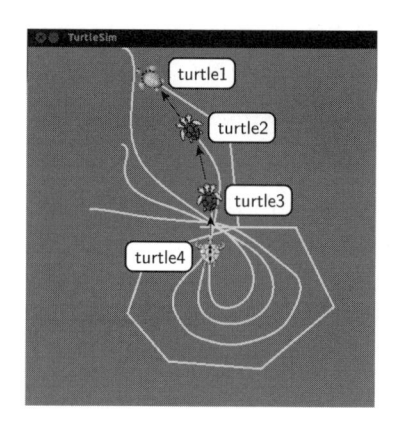

図 5.5　3 匹の小亀の追跡例

## 5.3　tf 座標フレームの追加

　知能ロボットを実装する際に，センサの追加や削除をすることがある．新しいセンサを追加する場合，既存の座標系との関係を考慮し，座標変換を行う必要がある．この場合，tf を利用すれば，座標系の追加が非常に簡単にできる．

　ここでは，図 5.6(a) に示す 5 匹の小亀の編隊走行制御について考える．これらの小亀は，turtle_teleop_key により制御される turtle1 を先頭に，5 匹の小亀が雁字編隊走行を行う．

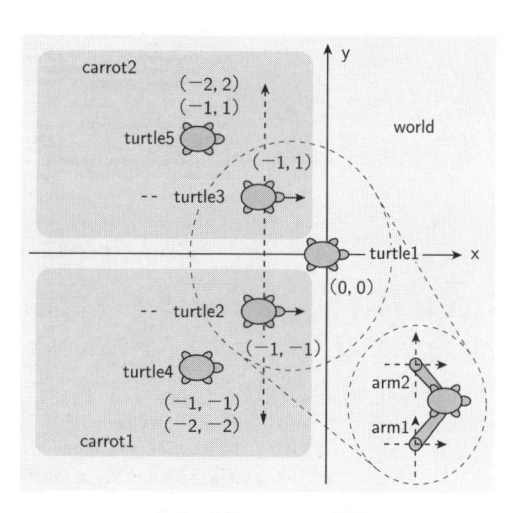

（a）編隊走行例　　　　　　　　（b）座標フレームの構成

図 5.6　5 匹の小亀の編隊走行例とその座標フレームの構成

まず，この例の座標系の構成について考える．world 座標系の中で走行する turtle1 の位置を基準に，turtle2 と turtle3 の位置が決まり，そして，turtle2 と turtle3 の位置を基準に，turtle4 と turtle5 の位置が決まる．turtle1 の位置を基準にした座標系の変換例を図 5.6(b) に示す．

・turtle1 の座標系で考える場合，turtle2 の初期静止位置は $(-1, -1)$ で，turtle3 は $(-1, 1)$ である．turtle1 とのこの位置関係を維持しながら走行する必要があるので，turtle1 に 2 本の擬似的な固定アーム arm1, arm2 を追加して，その先端の初期座標を $(-1, -1)$ と $(-1, 1)$ とする．以降，turtle1 が動くたびに，turtle2, turtle3 にそのアームの先端座標を追跡してもらうようにすればよい．

・arm1, arm2 の先端の座標系をそれぞれ carrot1, carrot2 とし，turtle1 の座標系に追加してブロードキャストする．

・同じように，turtle2 と turtle3 に対しても固定アームを追加して，その先端を turtle4 と turtle5 に追跡してもらえばよい．この場合，座標系をそれぞれ carrot11 と carrot22 とする．

以上をまとめて，tf 座標フレームツリーの構成を**図** 5.7 に示す．

図 5.7 tf 座標フレームツリー

tf 座標フレームを追加するプログラム tf_broadcaster_add.cpp を以下に示す．このプログラムを実行時に，コマンドラインオプションを以下の形式で指定する．

```
pairent_frame child_frame x y z
    pairent_frame : 親フレーム名
            child : 現在のフレーム名
                x : 追跡対象の初期 x 座標
                y : 追跡対象の初期 y 座標
                z : 追跡対象の初期 z 座標
```

コマンドラインオプションが省略された場合，現在のフレーム名を carrot1，親フレー

## 5.3 tf 座標フレームの追加

ムを turtle1，追跡対象の初期座標を $(-1.0, 0.5, 0.0)$ とする．

▼リスト 5.3　tf_broadcaster_add.cpp

```
1   #include <ros/ros.h>
2   #include <tf/transform_broadcaster.h>
3
4   int
5   main(int argc, char** argv)
6   {
7       ros::init(argc, argv, "carrot_broadcaster");
8       ros::NodeHandle node;
9
10      std::string pairent("turtle1");
11      std::string child("carrot1");
12
13      geometry_msgs::Vector3 v;
14      v.x = -1.0, v.y = 0.5, v.z = 0.0;//初期座標のデフォルト指定
15
16      if(argc == 6) {//コマンドラインオプションを処理する
17          pairent = std::string(argv[1]);
18          child = std::string(argv[2]);
19          v.x = atof(argv[3]);
20          v.y = atof(argv[4]);
21          v.z = atof(argv[5]);
22      }
23      tf::Vector3 origin;
24      tf::vector3MsgToTF(v, origin);
25
26      tf::TransformBroadcaster br;
27      tf::Transform transform;
28
29      ros::Rate rate(10.0);
30      while (node.ok()){
31          transform.setOrigin(origin);
32          transform.setRotation( tf::Quaternion(0.0, 0.0, 0.0, 1.0) );
33          br.sendTransform(tf::StampedTransform(transform,
34              ros::Time::now(), pairent, child));
35
36          rate.sleep();
37      }
38      return 0;
39  }
```

第 10 行～第 14 行：デフォルトの設定を行っている．

第 16 行～第 24 行：コマンドラインの処理を行っている．ここでメソッド tf::vector3MsgToTF は，geometry_msgs::Vector3 型変数を tf::Vector3 型変数に変換するために利用されている．

この例を実行するランチファイルについては，添付パッケージ内の my_tutorials/chapter05/launch の下にある tf_listener-add-five.launch を参照してほしい．

> - ランチファイル tf_listener-add-five.launch を修正し，7 匹以上の小亀の雁字走行させなさい．
> - ランチファイル tf_listener-add-five.launch を修正し，ゲームパッドで制御できるようにしなさい．
> - ランチファイル tf_listener-add-five.launch を修正し，Leap Motion デバイスで制御できるようにしなさい．

## 5.4 ROS アクションのプログラミング

ROS サービスではクライアントがサービス要求を送った後，サーバからサービスの結果をもらうまで，処理プロセスはロックされてしまう．そのため，処理時間のかかるサービスを行う場合，従来のクライアントサーバ方式はあまりよくない．そこで ROS では，actionlib というパッケージが実装されており，処理時間のかかるサービスの再呼び出し，中断，進捗状態の通知，処理終了時のコールバックなどの機能を提供している．このような機能をもつクライアントサーバ型処理方式を **ROS アクション処理**とよび，ROS アクションプロトコルより実現されている．

ROS アクションでは，クライアントからのサービス要求をアクション要求，サーバで処理されるサービスを**アクション** (action)，アクションの終了条件を**処理目標** (goal) とよぶ．クライアント側で，アクション要求を行う場合，処理目標を提示し，アクション処理がアクティブになった場合のコールバック関数，目標の達成状況を監視するためのコールバック関数，目標を達成した場合のコールバック関数をサーバ側に登録することができる．これにより，イベント駆動型処理を行うことができる．

このメカニズムは，さまざまなアプリケーションに適用することができる．たとえば，指定された経路に沿って走行しながらセンサ情報を集めるような場合，通常，ロボット内で走行制御部とセンサ制御部を分けて独立に実装することが多い．この場合，走行するコースをアクション目標として，アクションサーバで実装される走行制御部に転送しておけば，アクションクライアント部では，センサデータの収集・処理に集中することができる．さらに，収集したセンサ情報により，走行制御を変更，または中止させることができる．

### 5.4.1 ROS アクションプロトコルの基本

#### ■ サーバの処理機構

クライアントからの制御目標を受信すると，アクションサーバは**図 5.8** に示す順序機械で処理状態の遷移を行う．各状態とイベントの意味は，以下のとおりである．

| 状態 | 意味 |
| --- | --- |
| PENDING | 処理目標を受信して，処理受入待機中を示す中間状態 |
| ACTIVE | 処理目標が処理中であることを示す中間状態 |

| | |
|---|---|
| RECALLING | クライアント側のキャンセル要求により処理目標の処理が中断されたことを示す中間状態 |
| PREEMPTING | 処理目標が処理されている間，クライアント側のキャンセル要求により処理が中断されたことを示す中間状態 |
| REJECTED | 処理目標が拒否されたことを示す終了状態 |
| SUCCEEDED | 処理目標が達成したことを示す終了状態 |
| ABORTED | サーバ側のイベントにより処理目標が達成できなかったことを示す終了状態 |
| RECALLED | アクションサーバで処理目標の処理を開始する前に，ほかの処理目標により現在の処理目標の処理が中断されたことや，クライアント側のキャンセル要求により処理が中断されたことを示す終了状態 |
| PREEMPTED | アクションサーバで処理目標の処理を開始した後に，ほかの処理目標により現在の処理目標の処理が中断されたことや，クライアント側のキャンセル要求により処理が中断されたことを示す終了状態 |

図 5.8 アクションサーバの順序機械

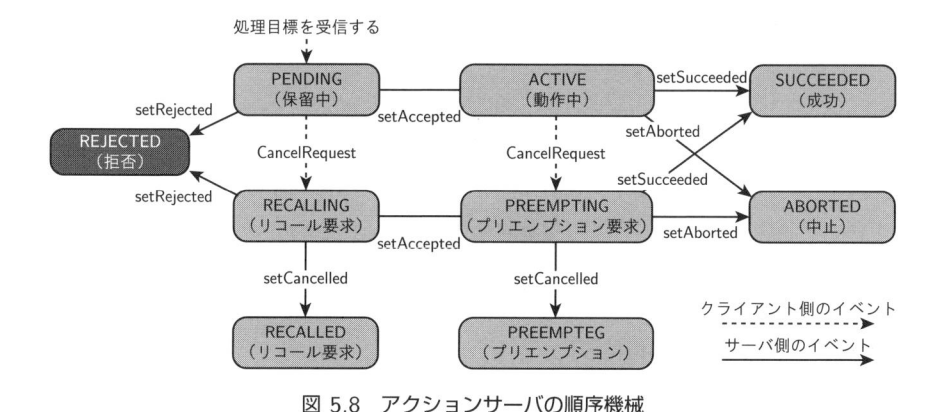

| イベント | 状態 |
|---|---|
| setAccepted | 処理目標を受理され，処理を開始する |
| setRejected | 処理目標を受理されたが，無効な要求やリソースの準備ができないなどの理由で処理を拒否する |
| setSucceeded | 処理目標が達成されたことを示す |
| setAborted | 処理中にエラーの発生により目標達成できなかったことを示す |
| setCanceled | 現在処理中の目標はキャンセルされたことを示す |
| CancelRequest | クライアントからのキャンセル要求で現在処理中の目標を中断する |

■ クライアントの処理機構

actionlib パッケージでは，アクションサーバの順序機械を**プライマリー順序機械**，クライアントの順序機械を**セカンダリー順序機械**とよぶ (図 5.9 参照)．セカンダリー順序

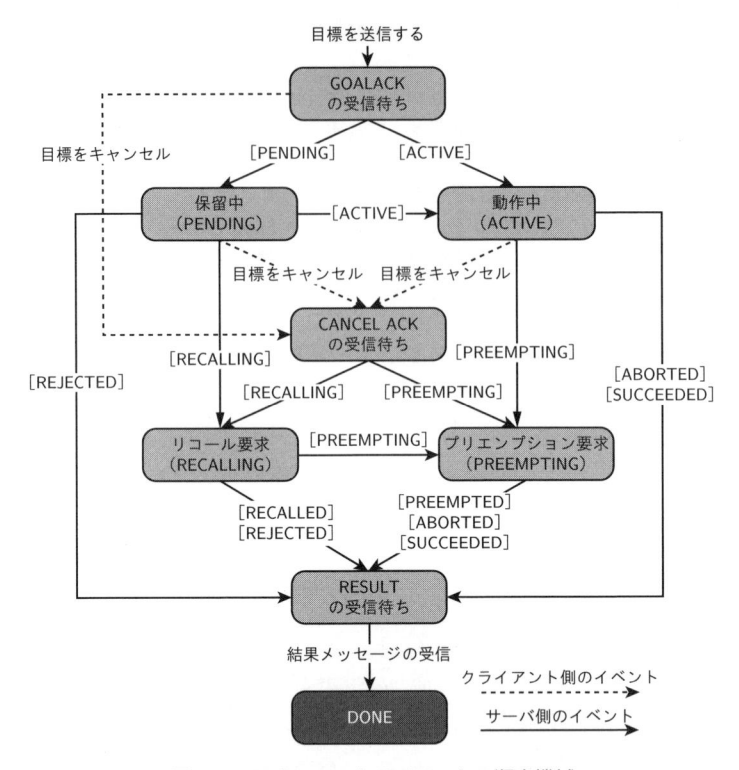

図 5.9 アクションクライアントの順序機械

機械は，プライマリー順序機械の状態をトラッキングする．

アクションクライアント側では，プライマリー順序機械の状態をイベントとして利用し，セカンダリー順序機械の状態遷移を行う．アクションサーバはコールバック機構を利用して，クライアントに現在の処理状態と目標の処理結果をフィードバックする．処理結果メッセージを受信した場合，現在の処理目標が達成されたこと意味する．一方，何らかの理由で現在の処理目標をキャンセルしたい場合，クライアントがキャンセル要求を送信し，サーバからのキャンセル確認応答 (CANCEL ACK) の受信待ち状態に入る．サーバ側では，現在の状態が保留中 (PENDING) か動作中 (ACTIVE) かにより，処理目標を拒否，または中断処理を行う．

## 5.4.2 ROS アクションの基本 API

actionlib より提供される ROS アクション機能に利用される API には，ActionClient/ActionServer と SimpleActionClient/SimpleActionServer がある．後者は前者を簡略化したものであるので，まずは後者の API について考える．

SimpleActionClient/SimpleActionServer API を利用するには，プログラムの先頭に以下のヘッダファイルをインクルードしておく必要がある．

```
アクションクライアント：
  #include <actionlib/client/simple_action_client.h>
アクションサーバ：
  #include <actionlib/server/simple_action_servert.h>
```

■ アクションクライアントの基本 API

### SimpleActionClient API

◇ `actionlib::SimpleActionClient(`
   `const std::string &name, bool spin_thread)`

機能： アクションクライアントのインスタンスを生成する (簡易版)
引数： name       ：アクション名
       spin_thread ：true と指定した場合，ros::spin() 処理を行う
返り値： アクションクライアントのインスタンス

SimpleActionClient は，アクションクライアントの機能を利用する場合に最初に実行しておく必要がある．

◇ `bool SimpleActionClient::waitForServer(`
    `const ros::Duration &timeout)`

機能： アクションサーバへの接続要求をする
引数： timeout ：タイムアウト値
返り値： true:接続成功，false:接続失敗

timeout は接続要求の最大待ち時間であり，デフォルト値は 0 で，タイムアウトしないことを意味する．

◇ `bool SimpleActionClient::isServerConnected()`

機能： アクションサーバへの接続状態をチェックする
引数： なし
返り値： true:接続成功，false:接続失敗

◇ `void SimpleActionClient::sendGoal(const Goal &goal,`
   `SimpleDoneCallback done_cb,`
   `SimpleActiveCallback active_cb,`
   `SimpleFeedbackCallback feedback_cb)`

機能： アクションサーバへ処理目標を送信する

引数： goal ：処理目標へのポインタ
done_cb ：DONE 状態 (目標処理終了時) のコールバック関数
active_cb ：目標処理が ACTIVE 状態 (開始時) に呼び出されるコールバック関数
feedback_cb ：サーバからフィードバックを受け取るコールバック関数
返り値： なし

done_cb と active_cb はサーバの状態が DONE と ACTIVE になった際に，1 回だけコールバックされるが，feedback_cb はサーバ側より配布されるフィードバックトピックのメッセージを受け取るたびに呼び出されるものである．

◇ void SimpleActionClient::cancelGoal()

機能： 処理目標のキャンセル要求を行う
引数： なし
返り値： なし

◇ void SimpleActionClient::getState()

機能： 処理目標の現在の処理状態を取得する
引数： なし
返り値： なし

◇ ResultConstPtr SimpleActionClient::getResult()

機能： 処理目標の処理結果を取得する
引数： なし
返り値： なし

■ アクションサーバの基本 API

SimpleActionServer API

◇ actionlib::SimpleActionServer(
    ros::NodeHandle n, std::string name, bool auto_start)

機能： アクションサーバのインスタンスを生成する (簡易版)
引数： n ：ノードハンドラ
name ：アクション名
auto_start ：自動スタートするか否かを指定する
返り値： アクションサーバのインスタンス

SimpleActionServer は，アクションサーバの機能を利用する場合に最初に実行しておく必要がある．

auto_start に true と指定した場合，サーバを自動立ち上げる．

◇ `void SimpleActionServer::start()`

- 機能： アクションサーバを立ち上げる
- 引数： なし
- 返り値： なし

SimpleActionServer の auto_start に false と指定した場合，サーバを明示的に立ち上げる．

◇ `void SimpleActionServer::shutdown()`

- 機能： アクションサーバを停止する
- 引数： なし
- 返り値： なし

◇ `boost::shared_ptr<const Goal> SimpleActionServer::acceptNewGoal()`

- 機能： 新しい処理目標を受理する
- 引数： なし
- 返り値： 処理目標のインスタンス

boost::shared_ptr<const Goal> には，処理目標のメッセージタイプを指定する．acceptNewGoal が実行されると，現在のサーバに実行中の処理目標がなければ，サーバの状態は ACTIVE になる．実行中の処理目標が存在している場合，プリエンプションプロセスに入り，現在の実行処理をいったん中断して，新しい処理目標の処理を行う．

◇ `bool SimpleActionServer::isActive()`

- 機能： アクション処理が ACTIVE 状態 (実行中) であるかどうかチェックする
- 引数： なし
- 返り値： true:処理中，false:その他

◇ `bool SimpleActionServer::isNewGoalAvailable()`

- 機能： 新しい処理目標が処理可能であるかどうかチェックする
- 引数： なし
- 返り値： true:処理可能，false:その他

◇ `bool SimpleActionServer::isPreemptRequested()`

- 機能： 処理目標が PREENPTING 状態 (プリエンプション) になっているかどうかチェックする

引数： なし
返り値： true:プリエンプション中，false:その他

◇ void SimpleActionServer::setPreempted(const Result &result,
　　const std::string &text)

機能： 現在の処理目標のプリエンプション処理を行う
引数： result ：現在の処理結果
　　　 text　 ：クライアントに知らされる情報
返り値： なし

◇ void SimpleActionServer::setSucceeded(const Result &result,
　　const std::string &text)

機能： 現在の処理目標の状態を SUCCEEDED (成功) にする
引数： result ：現在の処理結果
　　　 text　 ：クライアントに知らされる情報
返り値： なし

◇ void SimpleActionServer::setAborted(const Result &result,
　　const std::string &text)

機能： 現在の処理目標の状態を ABORTED (中止) にする
引数： result ：現在の処理結果
　　　 text　 ：クライアントに知らされる情報
返り値： なし

◇ void SimpleActionServer::registerGoalCallback(
　　boost::function<void()> cb)

機能： 処理目標のコールバック関数を登録する
引数： cb ：コールバック関数
返り値： なし

　このメソッドは，新しいアクション処理目標の処理要求が到着した際に呼び出されるコールバック関数を登録するために利用される．コールバック関数の中で処理の受け付けや初期化を行う．
　boost::function<void()> は，アクションデータタイプより生成されるクラス名で表現される (後述)．

◇ void SimpleActionServer::registerPreemptCallback(
　　boost::function<void()> cb)

機能： プリエンプション処理のコールバック関数を登録する

引数：　cb　：コールバック関数
返り値：　なし

このメソッドは，現在処理中の処理目標のプリエンプション処理が要求された際に呼び出されるコールバック関数を登録するために利用される．コールバック関数の中でプリエンプション処理を行う．

boost::function<void()> は，アクションデータタイプより生成されるクラス名で表現される (後述)．

◇ void SimpleActionServer::publishFeedback(const Feedback &feedback)

機能：　フィードバックトピックのメッセージを配布する
引数：　feedback　：フィードバックメッセージ
返り値：　なし

ここで，フィードバックメッセージのタイプは，アクションデータタイプを生成する際に自動的に生成される (後述)．

## 5.4.3　アクションデータタイプの定義

アクションクライアントとサーバ間でやりとりする際に，以下の情報を交換する．

・アクション目標メッセージ
・処理結果メッセージ
・フィードバックメッセージ

アクションデータタイプは，メッセージデータタイプとサービスデータタイプに似ていて，ディレクトリ <package>/action の下に以下のファイル構造で定義される．

```
#アクション目標メッセージの定義
<フィールドタイプ 1> <フィールド名 1>
<フィールドタイプ 2> <フィールド名 2>
...
---
#処理結果メッセージの定義
<フィールドタイプ 1> <フィールド名 1>
<フィールドタイプ 2> <フィールド名 2>
...
---
#フィードバックメッセージの定義
<フィールドタイプ 1> <フィールド名 1>
<フィールドタイプ 2> <フィールド名 2>
...
```

アクションデータタイプを生成するために，マニフェストファイルと CMake ファイルを修正する必要がある．

## ■ マニフェストファイルの修正

```
<build_depend>actionlib_msgs</build_depend>
<run_depend>actionlib_msgs</run_depend>
```

## ■ CMake ファイルの修正

```
find_package(catkin REQUIRED COMPONENTS
  roscpp rospy std_msgs
  ...
  actionlib_msgs
)

add_action_files(DIRECTORY action
  FILES Test.action
  <action_type.action>    ← ここにアクションデータタイプのファイル名を記述する
)

generate_messages(DEPENDENCIES std_msgs ... actionlib_msgs)
catkin_package(CATKIN_DEPENDS message_runtime std_msgs actionlib_msgs)
```

catkin_make でアクションデータタイプを生成すると，ディレクトリ~/ros/devel/include/<package_name> と ~/ros/devel/share/<package_name>/msg の下に，関連したヘッダファイルとメッセージファイルがそれぞれ生成される．具体的なことについては，後述のプログラム例で説明する．

## 5.4.4　アクションプログラミングの例

ウェイポイントナビゲーションのプログラミング例を見てみよう．

ここでは，turtlesim 内の小亀を指定された目標地点への誘導について考える．まず，目標地点の座標データをファイルより指定する．つまりこの例の場合，処理目標は一連の座標データより表現され，アクションクライアントからサーバ側に転送される．アクションサーバ側では，これらの座標データから小亀の移動方向と走行距離を計算し，小亀の移動制御を行う．最終座標にたどり着いた場合，目標処理が成功したとする．

まず，アクションデータタイプを以下のように，ファイル WaypointMove.action に定義しておく．

```
#処理目標の定義（ウェイポイントの座標（x,y,z）で定義する）
geometry_msgs/Pose[] waypoint
---
#処理結果知らせの定義（処理済みのウェイポイント数）
int32 result
---
#フィードバック情報の定義（現在処理済みのウェイポイント数）
```

```
int32 progress
```

このファイルから catkin_make でアクションデータタイプを生成すると，

```
~/ros/devel/include/chapter05
```

の下に，以下のヘッダファイルが生成される．

```
WaypointMoveAction.h          WaypointMoveActionGoal.h
WaypointMoveActionResult.h    WaypointMoveActionFeedback.h
WaypointMoveGoal.h            WaypointMoveFeedback.h
WaypointMoveResult.h
```

このうち，WaypointMoveAction.h をアクションクライアントとサーバプログラムにインクルードしておく必要がある．

■ アクションクライアントプログラム

アクションクライアントプログラム waypoint_move_client.cpp を以下に示す．

▼リスト 5.4　waypoint_move_client/waypoint_move_client.cpp①

```cpp
 1  #include <ros/ros.h>
 2  #include <actionlib/client/simple_action_client.h>
 3  #include <actionlib/client/terminal_state.h>
 4  #include <chapter05/WaypointMoveAction.h>
 5
 6  //アクションクライアントクラスの定義
 7  class WaypointMoveActionClient
 8  {
 9  public:
10    //アクションクライアントを定義する
11    WaypointMoveActionClient(std::string name, char *waypoint_file);
12    ~WaypointMoveActionClient(void) { };
13    //目標達成時に呼び出されるコールバック関数
14    void doneCb(const actionlib::SimpleClientGoalState& state,
15      const chapter05::WaypointMoveResultConstPtr& result);
16    //目標がアクティブになったときに呼び出されるコールバック関数
17    void activeCb();
18    //目標処理プロセスよりフィードバックされた場合に呼び出されるコールバック関数
19    void feedbackCb(
20      const chapter05::WaypointMoveFeedbackConstPtr& feedback);
21    //目標をサーバに送信する関数
22    void send_goals();
23  private:
24    //ウェイポイントファイルの読み取り処理用関数
25    void read_waypoints(char *waypoint_file);
26    actionlib::SimpleActionClient<chapter05::WaypointMoveAction> ac;
27    std::string action_name;//アクション名変数
28    chapter05::WaypointMoveGoal goal;
29  };
```

## 第 5 章 座標変換とアクションプログラミング

ここではまず，アクションクライアントのクラス WaypointMoveActionClient を定義している．

この中で，WaypointMoveResultConstPtr (第 14 行～第 15 行) と WaypointMove-FeedbackConstPtr (第 19 行～第 20 行) は，それぞれ WaypointMoveAction.h から参照される WaypointMoveResult.h と WaypointMoveFeedback.h の中に定義されている．

▼リスト 5.4　waypoint_move_client/waypoint_move_client.cpp②

```
31  //クラスコンストラクタ
32  WaypointMoveActionClient::WaypointMoveActionClient(
33      std::string name, char *waypoint_file) :
34      ac("act_server", true), action_name(name)
35  {
36      ROS_INFO("%s Waiting For Server...", action_name.c_str());
37      //アクションサーバへ接続する
38      ac.waitForServer();
39
40      ROS_INFO("%s Got a Server...", action_name.c_str());
41      read_waypoints(waypoint_file);
42      ROS_INFO("Sent Goal To Server...");
43      send_goals();
44  }
```

コンストラクタでは，アクション名の初期化を行い，waitForServer でサーバへの接続を行う．接続が成功した後，目標地点 (ウェイポイント) の座標をファイルから取得して，処理目標としてアクションサーバに送信している．

▼リスト 5.4　waypoint_move_client/waypoint_move_client.cpp③

```
46  //目標達成時に呼び出されるコールバック関数
47  void WaypointMoveActionClient::doneCb(
48          const actionlib::SimpleClientGoalState& state,
49          const chapter05::WaypointMoveResultConstPtr& result)
50  {
51      ROS_INFO("Finished in state [%s]", state.toString().c_str());
52      ROS_INFO("Result: %d", result->result);
53      ros::shutdown();
54  }
55
56  //目標がアクティブになったときに呼び出されるコールバック関数
57  void WaypointMoveActionClient::activeCb()
58  {
59      ROS_INFO("Goal just went active...");
60  }
61
62  //目標処理プロセスよりフィードバックされた場合に呼び出されるコールバック関数
63  void WaypointMoveActionClient::feedbackCb(
64      const chapter05::WaypointMoveFeedbackConstPtr& feedback)
```

```
65  {
66      ROS_INFO("Got Feedback of Progress to Goal: %d",
67          feedback->progress);
68  }
69
70  //目標を送信する関数
71  void WaypointMoveActionClient::send_goals()
72  {
73      ac.sendGoal(goal, boost::bind(&WaypointMoveActionClient::doneCb,
74          this, _1, _2),
75          boost::bind(&WaypointMoveActionClient::activeCb, this),
76          boost::bind(&WaypointMoveActionClient::feedbackCb, this,
77          _1));
78  }
79
80  //ウェイポイントファイルの読み取り処理
81  void WaypointMoveActionClient::read_waypoints(char *waypoint_file)
82  {
83      FILE *fp;
84      if((fp=fopen(waypoint_file, "r")) == NULL) {
85          perror("file open");
86          exit(1);
87      }
88      geometry_msgs::Pose p;
89      while(!feof(fp)) {
90          int ret=fscanf(fp, "%lf %lf %lf", &p.position.x,
91              &p.position.y, &p.position.z);
92          if(ret == EOF) break;
93          goal.waypoint.push_back(p);
94      }
95      fclose(fp);
96  }
```

doneCb，activeCb，feedbackCb は，それぞれ処理目標が達成，処理開始，サーバからのフィードバックを受信した場合に呼び出されるコールバック関数で，send_goals メソッドで登録されている．

なお，コールバック関数を登録する際には，boost::bind でコールバック関数のポインタを渡す必要があることに注意してほしい[†]．read_waypoints は，ウェイポイントファイルから目標座標データを読み取るメソッドである．ウェイポイントファイルはコマンドラインより指定するか，ランチファイルの中で指定する必要がある (後述)．

---

[†] boost::bind は関数ポインタをクラス内のメソッドに渡す際によく利用される．その書式は以下のとおりである．

   boost::bind(&function_name, this, _1, _2, ..., _n)

ここで，_1, _2, ..., _n は現在のクラスのメソッド function_name に渡される引数の番号である．

▼リスト 5.4　waypoint_move_client/waypoint_move_client.cpp④

```
98  int main (int argc, char **argv)
99  {
100     //roslaunchを使う場合，argcは2, rosrunの場合は4以上
101     if(argc < 2) {
102        printf("Usage: waypoint_move_client <waypoint file>\n");
103        exit(1);
104     }
105     //ウェイポイントファイル名を設定する
106     char *waypoint_file = argv[1];
107
108     //クライアントノードを初期化する
109     ros::init(argc, argv, "act_client");
110     ROS_INFO("Wapoints file: %s, argc:%d", waypoint_file, argc);
111     //アクションクライアントを生成する
112     WaypointMoveActionClient client(ros::this_node::getName(),
113        waypoint_file);
114     ros::spin();
115     return 0;
116  }
```

　メイン関数は簡単で，ノードを初期化した後，WaypointMoveActionClient のインスタンスを生成するだけである．

　ここで，コマンドラインよりウェイポイントファイル名を取得する際に，コマンドラインの引数の数え方について注意してほしい．たとえば以下のように，rosrun で実行する場合，argc=2 と判断される．

```
% rosrun chapter05 waypoint_move_client waypoint.txt
```

つまり，rosrun <package_name> の部分は argc にカウントされない．この argc は，あくまでも waypoint_move_client から見たものである．

　一方，ランチファイルの args でファイル名を渡す場合，以下のように実行すると，argc=4 と判断される．

```
% roslaunch chapter05 <launch_file.launch> waypoint.txt
```

この場合，argv の内容は以下のようになる．

```
argv[0]: ~/ros/src/<PROGRAM_PATH>/waypoint_move_client,
argv[1]: ~/ros/src/<FILE_PATH>/waypoints.txt,
argv[2]: __name:=act_client,    ← ランチファイル内で指定した名前
argv[3]: __log:=~/.ros/log/hogehoge/act_client-X.log
```

　以上の理由で，プログラムの中では，argc<2 でファイル名指定の有無を判断しているわけである．

## 5.4 ROS アクションのプログラミング

■ アクションクサーバプログラム

アクションサーバプログラム waypoint_move_server.cpp を以下に示す.

▼リスト 5.5　waypoint_move_server/waypoint_move_server.cpp①

```cpp
 1  #include <ros/ros.h>
 2  #include <turtlesim/Pose.h>
 3  #include <actionlib/server/simple_action_server.h>
 4  #include <chapter05/WaypointMoveAction.h>
 5  #include <geometry_msgs/Twist.h>
 6  #include <cmath>
 7  #include <math.h>
 8  #include <angles/angles.h>
 9
10  class WaypointMoveActionServer
11  {
12    public:
13      //アクションサーバコンストラクタ
14      WaypointMoveActionServer(std::string name);
15      ~WaypointMoveActionServer(void) { };
16      void goalCB();    //目標値を受信するコールバック関数
17      void preemptCB(); //処理を中断するコールバック関数
18      //ウェイポイントの処理関数
19      void controlCB(const turtlesim::Pose::ConstPtr& msg);
20
21    protected:
22      ros::NodeHandle nh_;
23      actionlib::SimpleActionServer<chapter05::WaypointMoveAction> as_;
24      std::string action_name_;
25      bool start_;          //各ウェイポイントの処理開始フラグ
26      int number_of_waypoints, progress_;  //ウェイポイント数と進捗状況
27      double start_x_, start_y_, start_theta_; //turtleの初期位置
28      double dis_error_, theta_error_;    //目標位置への誤差
29      double angle_, len_;  //目標への移動距離と角度
30      chapter05::WaypointMoveGoal goal_;   //サーバの処理目標
31      chapter05::WaypointMoveResult result_;  //サーバ目標の達成結果
32      chapter05::WaypointMoveFeedback feedback_;  //サーバ目標の達成状況
33      geometry_msgs::Twist command_;
34      ros::Subscriber sub_;
35      ros::Publisher pub_;
36  };
```

ここでは，アクションサーバクラス WaypointMoveActionServer の定義を行っている.

▼リスト 5.5　waypoint_move_server/waypoint_move_server.cpp②

```cpp
38  WaypointMoveActionServer::WaypointMoveActionServer(std::string name)
39    : as_(nh_, name, false), action_name_(name)
40  {
41      //処理目標のコールバック関数の登録
```

```
42      as_.registerGoalCallback(boost::bind(
43          &WaypointMoveActionServer::goalCB, this));
44      //フィードバックのコールバック関数の登録
45      as_.registerPreemptCallback(boost::bind(
46          &WaypointMoveActionServer::preemptCB, this));
47      //購読トピックと配布トピックの定義
48      sub_ = nh_.subscribe("/turtle1/pose", 1,
49          &WaypointMoveActionServer::controlCB, this);
50      pub_ = nh_.advertise<geometry_msgs::Twist>(
51          "/turtle1/cmd_vel", 1);
52      as_.start();
53  }
```

これはWaypointMoveActionServerクラスのコンストラクタで，アクションサーバインスタンスの生成と，処理目標のコールバック関数とフィードバックのコールバック関数の登録を行っている．さらに，turtlesim上の小亀の現在位置から目標位置へ誘導するために，トピック/turtle1/poseを購読し，計算した移動制御情報をトピック/turtle1/cmd_velに配布するためのトピックハンドラを取得している．

▼リスト5.5　waypoint_move_server/waypoint_move_server.cpp③

```
55  void WaypointMoveActionServer::goalCB() {
56      //新しい処理目標を取得する
57      goal_ = *as_.acceptNewGoal();
58      //ウェイポイント数を取得する
59      number_of_waypoints = goal_.waypoint.size();
60      progress_ = 0;
61      start_ = true;
62  }
63  void WaypointMoveActionServer:: preemptCB()
64  {
65      ROS_INFO("%s: Preempted", action_name_.c_str());
66      // set the action state to preempted
67      result_.result = progress_;
68      as_.setPreempted(result_, "I got Preempted!");
69  }
```

goalCBメソッドは，クライアント側のsendGoalメソッドに対応するもので，新しい処理目標を受信した際に，1回だけ呼び出されるコールバック関数で，処理目標データ(goal_)とウェイポイント数(number_of_waypoints)などの初期化を行っている．

preemptCBは，プリエンプション処理を行うコールバック関数で，新しい処理目標が到着して，現在の処理が中断された場合に呼び出されるものである．この場合，サーバの処理状態はPREEMPTEDとなる．ここでは，中断されたときに，現在までに処理したウェイポイント数を処理結果としてクライアント側に通知する(第67行〜第68行)．クライアント側では，これに応じて再開処理を準備すればよい．

▼リスト 5.5　waypoint_move_server/waypoint_move_server.cpp④

```
71  //目標を処理するコールバック関数
72  void WaypointMoveActionServer::controlCB(
73      const turtlesim::Pose::ConstPtr& msg)
74  {
75      //サーバが落とされた場合，または処理が中断された場合には何もせずにこのまま戻る
76      if (!as_.isActive() || as_.isPreemptRequested())
77          return;
78
79      //ウェイポイントを処理する
80      if (progress_ < number_of_waypoints) {
81          //スケールパラメータを定義する
82          double l_scale = 4.0;
83          double a_scale = 4.0;
84          double error_tol = 0.01;
85
86          //ウェイポイントの初期処理
87          if (start_) {
88              //初期座標を取得する
89              start_x_ = msg->x;
90              start_y_ = msg->y;
91              //進行方向 x を基準しているので 0 で初期化
92              start_theta_ = 0;
93              start_= false;
94
95              //ウェイポイントを取得して目標移動距離と角度を計算する
96              geometry_msgs::Pose p = goal_.waypoint[progress_];
97              len_ = fabs(sqrt((p.position.x - start_x_)
98                  *(p.position.x - start_x_) + (p.position.y - start_y_)
99                  *(p.position.y - start_y_)));
100             angle_ = atan2((p.position.y-start_y_),
101                 (p.position.x-start_x_));
102         }
103
104         ROS_DEBUG("current position:(%.3f, %.3f) theta: %.3f",
105             msg->x, msg->y, msg->theta);
106         //目標距離までの誤差を計算する
107         dis_error_ = len_ - fabs(sqrt((start_x_- msg->x)
108             *(start_x_-msg->x) + (start_y_-msg->y)
109             *(start_y_-msg->y)));
110         //目標角度までの誤差を計算する
111         theta_error_ = angle_ - (msg->theta - start_theta_);
112
113         //先に回転して，次に移動する
114         if (fabs(theta_error_) > error_tol) {
115             command_.linear.x = 0;
116             command_.angular.z = a_scale*theta_error_;
117         } else if (dis_error_ > error_tol) {
118             command_.linear.x = l_scale*dis_error_;
119             command_.angular.z = 0;
120         } else if (dis_error_ < error_tol && fabs(theta_error_)
121             < error_tol) {
```

```
122              //サブ目標が達成した場合の処理
123              command_.linear.x = 0;
124              command_.angular.z = 0;
125
126              //処理状態の更新を配布する
127              ROS_INFO("I'm getting to goal, %d/%d", progress_+1,
128                       number_of_waypoints);
129              feedback_.progress = progress_;
130              as_.publishFeedback(feedback_);
131
132              start_= true;
133              progress_++;
134          } else {
135              command_.linear.x = l_scale*dis_error_;
136              command_.angular.z = a_scale*theta_error_;
137          }
138
139          //制御命令を配布する
140          pub_.publish(command_);
141      } else {
142          ROS_INFO("%s: Succeeded", action_name_.c_str());
143          // set the action state to succeeded
144          result_.result = progress_;
145          as_.setSucceeded(result_);
146      }
147 }
```

第72行：controlCBは，購読しているトピック/turtle1/poseに関連するコールバック関数である．

第87行〜第102行：各ウェイポイントに対して，小亀の現在の位置からの回転角(angle_)と移動距離(len_)を算出して制御目標値としている．

第107行〜第111行：小亀の現在の位置から目標値との誤差を計算している．

第114行〜第140行：目標値との誤差より，小亀の移動量を算出して，移動命令に変換した後，トピック/turtle1/cmd_velに配布している．これにより，小亀の移動を行う．

第120行〜第133行：この際，目標地点に到達した場合，つまり，回転角と移動距離の両方ともウェイポイントの許容範囲(error_tol=0.01)内に到達した場合，現在のウェイポイントの処理を終了させ，新しいウェイポイントの処理に移る．

第141行〜第146行：すべてのウェイポイントの処理が終わった場合，アクション処理目標が達成したこととなる．この場合，最終に処理されたウェイポイント数を処理の結果としてクライアント側に知らせる．

▼リスト 5.5　waypoint_move_server/waypoint_move_server.cpp⑤

```
148 int main(int argc, char** argv)
149 {
150     ros::init(argc, argv, "act_server");
```

```
151
152     WaypointMoveActionServer waypoint_move(
153         ros::this_node::getName());
154     ros::spin();
155
156     return 0;
157 }
```

waypoint_move_server と waypoint_move_client を実行するためのランチファイルの例については，添付パッケージ内の chapter05/launch/turtle_action.launch を参照してほしい．

ここで，以下の内容が入っている waypoint.txt を用意して，動作確認を行う．ただし，その置き場所が添付パッケージと異なる場合，turtle_action.launch を修正しておく．

```
9.5 5.5 0.0
9.5 1.5 0.0
5.5 1.5 0.0
1.5 1.5 0.0
1.5 5.5 0.0
1.5 9.5 0.0
5.5 9.5 0.0
9.5 9.5 0.0
9.5 5.5 0.0
```

実行例を図 5.10 に示す．

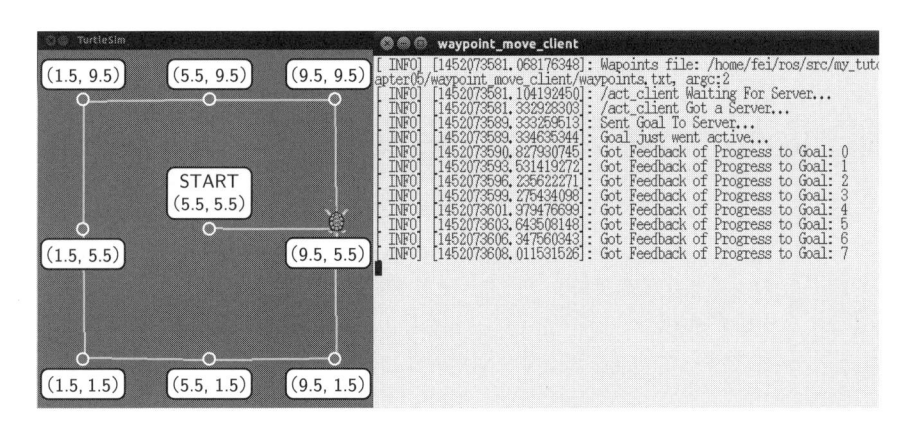

図 5.10 アクション処理プログラムの実行例

・上記のアクションクライアントのプログラム (waypoint_move_client.cpp) では，サーバ側のプリエンプション処理が反映されていない．プログラムを修正して，新しい処理目標により現在の処理が中断された場合，中断されたウェイポイントから再開できるようにしなさい．

# chapter 6 プラグインとノードレットのプログラミング

ROS で大規模なアプリケーションを行う際に，複数のノードを組み合わせることによって，より複雑な機能を分散的に実現することができる．つまり，第 4 章のビデオカメラノードの例で示したように，ベーストピックのもとでさまざまな補助機能をプラグイン方式で提供することにより，必要最小限の機能を動的に選択することが可能になり，ノードに汎用性をもたらすことができる．さらに，ノードのレスポンス性を改善するために，分散的に実行される複数のノードの処理をマルチスレッド化することにより，複数のノードを一つのプロセスで実行し，ノード間の通信をポインタの受け渡しだけでコピーレスに行えるので，通信速度を改善することができる．

プラグイン (plugin) はノードの汎用性，ノードレット (nodelet) はノードの応答性を改善するための ROS のコア機能である．

この章では，ROS プラグインとノードレットの基本概念とプログラミング技法を解説する．

## 6.1 ROS プラグインのプログラミング

ROS プラグインとは，ランタイムライブラリ (すなわち共有オブジェクト，動的にリンクされたライブラリ) から動的にロードされるクラスのことである．ROS では，pluginlib という C++ のライブラリを提供しており，それを利用すれば，ROS パッケージ内から C++ライブラリを動的にロード/アンロードすることが可能になる．ユーザは，自分のプログラムの中ですべてのライブラリを明示的にリンクする必要がなく，必要なときだけ，実行時に組み込むすることができる．ROS では，プラグイン機能を利用することにより，既存のソースコードを作り直さなくても，既存パッケージの機能を拡張したり，修正したりすることができる．

### 6.1.1 pluginlib の基本 API

pluginlib は主に，以下の七つのクラスで構成されている．

## 6.1 ROS プラグインのプログラミング

| クラス | 説明 |
|---|---|
| ClassDesc | 指定されたクラスに関する情報を格納するために利用される |
| ClassLoader | ClassLoaderBase クラスから継承したもので，プラグインクラスを管理したり，ベースクラスに取り込んだりする際に利用される |
| ClassLoaderBase | ClassLoader クラスの親クラス．ClassLoader クラスで使用される各種仮想化関数のプロトタイプ定義を与えている． |
| CreateClassException | pluginlib が指定されたプラグインクラスを生成できない場合に例外処理を行うための補助クラス |
| LibraryLoadException | pluginlib が指定されたプラグインクラスのライブラリをロードすることができない場合に例外処理を行うための補助クラス |
| LibraryUnLoadException | pluginlib が指定されたプラグインクラスのライブラリを解除することができない場合に例外処理を行うための補助クラス |
| PluginlibException | 上記例外処理を行う CreateClassException クラスと ibraryLoadException クラスのベースクラス |

### pluginlib::ClassDesc Class API

◇ `pluginlib::ClassDesc::ClassDesc (`
    `const std::string &lookup_name, const std::string &derived_class,`
    `const std::string &base_class, const std::string &package,`
    `const std::string &description, const std::string &library_path)`

機能： ClassDesc のコンストラクタである
引数： lookup_name    ：検索するクラス名
       derived_class  ：指定したクラスの派生クラスの型
       base_class     ：ベースクラスに対応する指定したクラスの型
       package        ：クラスの所属パッケージ名
       description    ：クラスの説明文
       library_path   ：このクラスが含まれたライブラリのパス名
返り値： なし

上記各引数は，クラスのインスタンスを生成した後，それぞれクラス変数 lookup_name_, derived_class_, base_class_, package_, description_, library_path_ で参照可能である．

### pluginlib::ClassLoader Class API

◇ `pluginlib::ClassLoader<T>::ClassLoader(`
    `std::string package, std::string base_class,`
    `std::string attrib_name = std::string("plugin"))`

機能： ClassDesc のコンストラクタである
引数： package        ：ベースクラスが含まれるパッケージ名

　　　　　base_class　：ベースクラスに対応する指定したクラスの型
　　　　　attrib_name　：マニフェストファイル (package.xml) 内でプラグイン記
　　　　　　　　　　　　述ファイル名を特定する際に利用される変数名．デフォ
　　　　　　　　　　　　ルトでは plugin である．
　返り値：　なし
　プラグイン記述ファイルについては後述する．

◇ `boost::shared_ptr<T> class_loader::ClassLoader::createInstance (`
　`const std::string & derived_class_name)`

　機能：　プラグインクラスのインスタンスを生成する
　引数：　derived_class_name　：プラグインのクラス名
　返り値：　生成されるプラグインクラスのインスタンス
　このメソッドを使用する際に，loadLibrary() を直接に呼び出す必要がなく，必要なライブラリが存在した場合，自動的に呼び出す．返り値として，インスタンスへの boost::shared_ptr 型ポインタが返される．
　例外処理イベントとして，pluginlib::LibraryLoadException と pluginlib::CreateClassException を利用することができる．

◇ `pluginlib::ClassLoader::createUnmanagedInstance(`
　`const std::string &lookup_name)`

　機能：　プラグインクラスのインスタンスを生成する
　引数：　lookup_name　：ロードするプラグインのクラス名
　返り値：　なし
　このメソッドは createInstance メソッドとほぼ同じであるが，返り値だけが異なる．このメソッドの場合，非 boost::shared_ptr 型ポインタが返される．
　例外処理イベントとして，pluginlib::LibraryLoadException と pluginlib::CreateClassException を利用することができる．

◇ `std::string pluginlib::ClassLoader<T>::getBaseClassType()`

　機能：　現在のプラグインクラスのベースクラスの型を取得する
　引数：　なし
　返り値：　ベースクラスの型

◇ `std::string pluginlib::ClassLoader<T>::getClassDescription(`
　`const std::string &lookup_name)`

　機能：　指定したプラグインクラスの説明文を取得する
　引数：　lookup_name　：プラグインクラスの名前
　返り値：　プラグインクラスの説明文

◇ `std::string pluginlib::ClassLoader<T>::getClassLibraryPath(`
  `const std::string &lookup_name)`

  機能： 指定したプラグインのクラスに関連するライブラリのパス名を取得する
  引数： lookup_name ：プラグインのクラス名
  返り値： ライブラリのパス名

◇ `std::string pluginlib::ClassLoader<T>::getClassPackage(`
  `const std::string &lookup_name)`

  機能： 指定したプラグインのクラスの所属するパッケージ名を取得する
  引数： lookup_name ：プラグインのクラス名
  返り値： パッケージ名

◇ `std::string pluginlib::ClassLoader<T>::getClassType(`
  `const std::string &lookup_name)`

  機能： 指定したプラグインのクラスの派生元クラスの型を取得する
  引数： lookup_name ：プラグインのクラス名
  返り値： 派生元クラスの型

◇ `std::vector<std::string> pluginlib::ClassLoader<T>::`
  `getDeclaredClasses()`

  機能： このローダでロードしたベースクラスのすべての派生クラスのリストを取得する
  引数： なし
  返り値： 派生元クラスの型

◇ `std::string pluginlib::ClassLoader<T>::getName(`
  `const std::string &lookup_name)`

  機能： 指定したプラグインのクラス名からパッケージ名を取り除く
  引数： lookup_name ：プラグインのクラス名
  返り値： パッケージ名が取り除かれたプラグイン名

◇ `std::string pluginlib::ClassLoader<T>::getPluginManifestPath(`
  `const std::string &lookup_name)`

  機能： 指定したプラグインのクラスのマニフェストファイルのパス名を取得する
  引数： lookup_name ：プラグインのクラス名
  返り値： マニフェストファイルのパス名

◇ `std::vector<std::string> pluginlib::ClassLoader<T>::`
　`getPluginXmlPaths()`

|||
|---|---|
| 機能： | 現在のベースクラスで利用可能なすべてのプラグインクラスのマニフェストファイルのパス名のリストを取得する |
| 引数： | なし |
| 返り値： | マニフェストファイルのパス名リスト |

◇ `std::vector<std::string> pluginlib::ClassLoader<T>::`
　`getRegisteredLibraries()`

|||
|---|---|
| 機能： | 登録済みでロード可能なライブラリ名のリストを取得する |
| 引数： | なし |
| 返り値： | ライブラリ名のリスト |

◇ `bool pluginlib::ClassLoader<T>::isClassAvailable(`
　`const std::string &lookup_name)`

|||
|---|---|
| 機能： | プラグインクラスがロード可能か否かをチェックする |
| 引数： | lookup_name ： プラグインのクラス名 |
| 返り値： | true:ロード可能, false:ロード不可 |

◇ `bool pluginlib::ClassLoader<T>::isClassLoaded(`
　`const std::string &lookup_name)`

|||
|---|---|
| 機能： | 指定したプラグインクラスがロードされたかどうかをチェックする |
| 引数： | lookup_name ： プラグインのクラス名 |
| 返り値： | true:ロード済み, false:未ロード |

◇ `void pluginlib::ClassLoader<T>::loadLibraryForClass(`
　`const std::string &lookup_name)`

|||
|---|---|
| 機能： | クラスのライブラリをロードする |
| 引数： | lookup_name ： プラグインのクラス名 |
| 返り値： | なし |

例外処理イベントとして，pluginlib::LibraryLoadException が利用可能である．

◇ `void pluginlib::ClassLoader<T>::refreshDeclaredClasses()`

|||
|---|---|
| 機能： | 現在のベースクラスで使用可能なプラグインクラスのリストを更新する |
| 引数： | なし |
| 返り値： | なし |

例外処理イベントとして，pluginlib::LibraryLoadException が利用可能である．

マニフェストファイルが見つからない場合，例外イベントが生じる．

◇ bool pluginlib::ClassLoader<T>::unloadClassLibrary(
   const std::string &library_path)

機能： 動的にロードしたライブラリを解除する
引数： library_path  ：ライブラリのパス名
返り値： true:解除成功, false:解除失敗

## 6.1.2 プラグインプログラムの作成手順

ROS プラグインは以下の手順で作成する．

### (1) プラグインプログラムを作成する
プラグインプログラムはベースプラグインクラスとプラグインクラスで構成される．

### (2) プラグインをエクスポートする
作成したプラグインをほかのクラスで動的に利用できるようにするために，プラグインライブラリのソースファイル中に，マクロ変数 PLUGINLIB_EXPORT_CLASS を記述して，プラグインのクラス名とベースクラス名をエクスポートしておく必要がある．

```
src/my_plugins.cpp の例：
#include <pluginlib/class_list_macros.h>
#include <my_plugins/my_plugins_base.h> //ベースクラスの記述
#include <my_plugins/my_plugins.h>//プラグインクラスの記述

PLUGINLIB_EXPORT_CLASS(my_plugins::plugin1,my_plugins_base::BasePlugin);
PLUGINLIB_EXPORT_CLASS(my_plugins::plugin2,my_plugins_base::BasePlugin);
```

この例で示したとおり，プラグインリストをエクスポートするには，pluginlib のヘッダファイル pluginlib/class_list_macros.h をインクルードしておく必要がある．

さらにこの例では，対応するベースクラスとプラグインクラスの定義を include ディレクトリの下のファイルとして，それぞれ my_plugins/my_plugins_base.h，my_plugins/my_plugins.h で記述していく予定であるので，ここでヘッダファイルとしてインクルードしている．もちろんヘッダファイルではなく，各クラスを直接このファイルに記述することもできる．

マクロ変数 PLUGINLIB_EXPORT_CLASS でプラグインをエクスポートするには，以下の書式で記述する．

```
PLUGINLIB_EXPORT_CLASS(プラグイン名, ベースプラグイン名);
```

上記の例の場合，二つのプラグイン my_plugins::plugin1 と my_plugins::plugin2 を

ベースクラス my_plugins_base::BasePlugin に登録している.

ただし，各クラス名を記述する際に，必ずフールネームスペース名で記述することに注意してほしい.

### (3) プラグインを登録する

プラグインを ROS パッケージシステムに登録するには，該当するパッケージのマニフェストファイルに以下のように記述する必要がある.

```
<export>
  <プラグイン名 plugin="${prefix}/プラグイン記述ファイル名" />
</export>
記述例：
<export>
  <my_plugins plugin="${prefix}/my_plugins.xml" />
</export>
```

ここで，${prefix} はパッケージのルートディレクトリを表す．my_plugins.xml は後述するプラグイン記述ファイルである.

### (4) プラグインを記述する

パッケージにより提供されるプラグインのリストは，プラグイン記述ファイル (たとえば my_plugins.xml) に記述される．プラグイン記述ファイルは XML 形式のファイルで，以下の三つのタグをもつ.

- <library>

  プラグインクラスが定義されるライブラリを記述する．ライブラリの中に各プラグインを異なるクラスで定義する．各ライブラリのパスを path 変数で指定する．パッケージのライブラリは通常 ROS 開発スペース (devel) 内の lib の下にインストールされるので，パスを指定する際に，lib/ から指定すればよい.

- <class>

  ライブラリにより提供されるプラグインを記述する．以下の変数が利用される.

  name：puluginlib 内でプラグインクラスを一意的に識別するための名前 (省略可能)
  type：プラグインのクラスタイプ名
  base_class_type：プラグインのベースクラスのタイプ名
  description：プラグインの説明文

  なお，<class>タグは<library>タグ内で利用される.

- <class_libraries>

  複数のライブラリ内に含まれるプラグインを記述する際に利用される．通常，<class_libraries>タグ内で，<library>タグを利用して，各ライブラリとプラグインのクラスを記述する.

例：一つのライブラリの中にある複数のプラグインを記述する
```xml
<library path="lib/libmy_plugins">
  <class name="FirstPlugin" type="my_plugins_namespace::FirstPlugin"
        base_class_type="my_base_namespace::BasePlugin">
    <description> A description of FirstPlugin</description>
  </class>
  <class name="SecondPlugin" type="my_plugins_namespace::SecondPlugin"
        base_class_type="my_base_namespace::BasePlugin">
    <description>A description of SecondPlugin</description>
  </class>
</library>
```

この例では，二つのプラグインクラス FirstPlugin と SecondPlugin は同じライブラリ libmy_plugins に含まれている．

例：複数のライブラリに含まれるプラグインを記述する
```xml
<class_libraries>
  <library path="lib/libmy_plugin_a">
    <class name="MyPluginA" type="my_plugins_namespacea::MyPluginA"
        base_class_type="my_base_namespace::BasePlugin">
    <description>A description of MyPluginA</description>
    </class>
  </library>
  <library path="lib/libmy_plugin_b">
    <class name="MyPluginB" type="my_plugins_namespaceb::MyPluginB"
        base_class_type="my_base_namespace::BasePlugin">
    <description>A description of MyPluginB</description>
    </class>
  </library>
</class_libraries>
```

この例では，同じベースクラスの所属する二つのプラグインクラス MyPluginA と MyPluginB は，それぞれ別々のライブラリ libmy_plugin_a, libmy_plugin_b に含まれている．

なお，プラグイン記述ファイルの置き場所はマニフェストファイルの plugin 変数の定義により決定されるが，以下の命令で確認することもできる．

```
% rospack plugins --attrib=plugin my_plugins
my_plugins /your_home/ros/src/my_tutorials/chapter06/my_plugins/
        my_plugins.xml
```

### (5) プラグインライブラリを構築する

プラグインライブラリを構築するには，CMakeLists.txt に add_library でライブラリの生成を指示する必要がある．たとえば，src/my_plugins.cpp でライブラリ libmy_plugins を生成するには，以下のように記述する．

```
add_library(my_plugins src/my_plugins.cpp)
```

実際，ライブラリは devel/lib/libmy_plugins.so として生成される．

## (6) プラグインを利用する

プログラムの中でプラグインを利用するには，pluginlib の ClassLoader メソッドでベースクラスをロードしたうえで，各プラグインクラスのインスタンスを createInstance メソッドで生成する必要がある．その基本構造を以下に示す．

```
例：my_plugins の中の my_plugin1 のインスタンスを生成する
...
//ベースクラスをロードする
pluginlib::ClassLoader<my_base_plugin::BasePlugin>
        loader("my_plugins", "my_base_plugin::BasePlugin");
//プラグインのインスタンスを生成する
try {
  boost::shared_ptr<my_base_plugin::BasePlugin>
        plug1 = loader.createInstance("my_plugins/my_plugin1");
...
}
catch(pluginlib::PluginlibException& ex) {
  ROS_ERROR("The plugin failed to load for some reason. Error: %s",
        ex.what());
}
...
```

### ■ プラグインプログラムの例

プラグインプログラムの作成例を見てみよう．この例では，パッケージ名を my_plugins，ベースクラス名を my_base_plugins とする．ここでは，二つのプラグイン DescendingOrder と AscendingOrder を作成し，与えられたデータ列に対して，前者は降順，後者は昇順に整列を行う機能を提供している．

まず，プラグインをエクスポートするプログラム src/my_plugins.cpp を以下に示す．

▼リスト 6.1　my_plugins/src/my_plugins.cpp

```
1  #include <pluginlib/class_list_macros.h>
2  #include <my_plugins/my_base_plugin.h>
3  #include <my_plugins/my_plugins.h>
4
5  PLUGINLIB_EXPORT_CLASS(my_plugins::DescendingOrder,
6        my_base_plugin::BasePlugin);
7  PLUGINLIB_EXPORT_CLASS(my_plugins::AscendingOrder,
8        my_base_plugin::BasePlugin);
```

次に，ベースクラスの定義ファイル include/my_plugins/my_base_plugin.h を以下に示す．

▼リスト 6.2　my_plugins/include/my_plugins/my_base_plugin.h

```
 1  #ifndef PLUGINLIB_MY_BASE_PLUGIN_H
 2  #define PLUGINLIB_MY_BASE_PLUGIN_H
 3  #include <vector>
 4
 5  namespace my_base_plugin {
 6  class BasePlugin
 7  {
 8      public:
 9          virtual void initialize(char *file_name);
10          virtual void sort() {};
11          virtual void show_results() {};
12          virtual ~BasePlugin(){}
13      protected:
14          std::vector<int> data;
15          BasePlugin(){};
16  };
17
18  void BasePlugin::initialize(char *file_name)
19  {
20      FILE *fp;
21      int tmp;
22
23      if((fp=fopen(file_name, "r")) == NULL) {
24          perror("file open");
25          exit(1);
26      }
27      while(!feof(fp)) {
28          int ret=fscanf(fp, "%d", &tmp);
29          if(ret == EOF) break;
30          data.push_back(tmp);
31      }
32      fclose(fp);
33  }
```

　この例では，ネームスペース my_base_plugin の下で，ベースクラス BasePlugin を定義している．このクラスの中で，三つの重要な仮想メソッドを定義している．これらのメソッドは必要に応じて，プラグインクラスによりオーバーライドされる．

　initialize メソッドは，ベースクラスにソートの対象であるデータファイル名を渡すために利用され，整列の対象ファイルを開き，データをベクトル変数 data に格納する処理を行う．ただし，pluginlib ではベースクラスのコンストラクタには引数を利用できないので，引数を渡したい場合，この例のように別のメソッドを用意する必要があることに注意する．

　sort は整列用メソッド，show_results は整列の結果を表示するメソッドである．

　次に，プラグインクラスの定義を行うファイルを以下に示す．

▼リスト 6.3　my_plugins/include/my_plugins/my_plugins.h

```
1  #include <ros/ros.h>
2  #include <my_plugins/my_base_plugin.h>
3  #include <cmath>
4  #include <vector>
5
6  namespace my_plugins {
7  class DescendingOrder : public my_base_plugin::BasePlugin
8  {
9      public:
10         DescendingOrder() {};
11         void sort() {
12             sortedData = data;
13             qsort(&sortedData.front(), sortedData.size(),
14                 sizeof(int), descending_order);
15         };
16         void show_results() {
17             for(int i=0;i<sortedData.size();i++)
18                 ROS_INFO_STREAM(sortedData[i]);
19         };
20     private:
21         ~DescendingOrder() {};
22         std::vector<int> sortedData;
23         static int descending_order(const void *a, const void *b) {
24             return *(int*)b - *(int*)a;
25         };
26 };
27
28 class AscendingOrder : public my_base_plugin::BasePlugin
29 {
30     public:
31         AscendingOrder() {};
32         void sort() {
33             sortedData = data;
34             qsort(&sortedData.front(), sortedData.size(),
35                 sizeof(int), ascending_order);
36         };
37         void show_results() {
38             for(int i=0;i<sortedData.size();i++)
39                 ROS_INFO_STREAM(sortedData[i]);
40         };
41     private:
42         ~AscendingOrder() {};
43
44         std::vector<int> sortedData;
45         static int ascending_order(const void *a, const void *b) {
46             return *(int*)a - *(int*)b;
47         };
48 };
49 };
50 #endif
```

ここで，二つのプラグインクラス，DescendingOrder と AscendingOrder を定義している．各クラスはいずれもベースクラス BasePlugin を継承して，sort メソッドと show_results メソッドの実装を行っている．

最後に，プラグイン記述ファイルを用意する．

▼リスト 6.4　my_plugins/my_plugins.xml

```
1  <library path="lib/libmy_plugins">
2    <class name="my_plugins/descending_order"
3        type="my_plugins::DescendingOrder"
4        base_class_type="my_base_plugin::BasePlugin">
5      <description>This is my first plugin.</description>
6    </class>
7    <class name="my_plugins/ascending_order"
8        type="my_plugins::AscendingOrder"
9        base_class_type="my_base_plugin::BasePlugin">
10     <description>This is my second plugin.</description>
11   </class>
12 </library>
```

これらのプラグインを利用するプログラムとして，以下の例を示す．

▼リスト 6.5　my_plugins/src/plugin_loader.cpp

```
1  #include <ros/ros.h>
2  #include <boost/shared_ptr.hpp>
3  #include <pluginlib/class_loader.h>
4  #include <my_plugins/my_base_plugin.h>
5
6  int main(int argc, char** argv)
7  {
8      if(argc < 2) {
9          printf("Usage: my_plugins <test-file-name>\n");
10         exit(1);
11     }
12     //整列するファイル名を取得する
13     char *filename = argv[1];
14
15     pluginlib::ClassLoader<my_base_plugin::BasePlugin>
16         loader("my_plugins", "my_base_plugin::BasePlugin");
17
18     try {//降順整列プラグインを利用する
19         boost::shared_ptr<my_base_plugin::BasePlugin>
20             plug1 = loader.createInstance(
21                 "my_plugins/descending_order");
22         plug1->initialize(filename);
23         ROS_INFO("Sort in descending order----------");
24         plug1->sort();
25         plug1->show_results();
26     }
27     catch(pluginlib::PluginlibException& ex) {
```

```
28          ROS_ERROR("The plugin failed to load for some reason. Error:
29              %s", ex.what());
30      }
31
32      try {//昇順整列プラグインを利用する
33          boost::shared_ptr<my_base_plugin::BasePlugin>
34              plug2 = loader.createInstance(
35                  "my_plugins/ascending_order");
36          plug2->initialize(filename);
37          ROS_INFO("Sort in ascending order----------");
38          plug2->sort();
39          plug2->show_results();
40      }
41      catch(pluginlib::PluginlibException& ex) {
42          ROS_ERROR("The plugin failed to load for some reason. Error:
43              %s", ex.what());
44      }
45      return 0;
46  }
```

第13行：整列するデータファイルのパス名については，コマンドラインより指定されたものを filename に渡している．

これらのファイルを構築し，データファイル (testdata.txt) を準備して以下のように実行すれば，プラグインの動作を確認することができる．

実行例：
```
% rosrun my_plugins plugin_loader ./testdata.txt
[ INFO] [1440414237.899594064]: Sort in descending order  （降順整列）
[ INFO] [1440414237.899806178]: 99
[ INFO] [1440414237.899862120]: 98
...
[ INFO] [1440414237.904254797]: 3
[ INFO] [1440414237.904261761]: 2
[ INFO] [1440414237.904329455]: Sort in ascending order  （昇順整列）
[ INFO] [1440414237.904353902]: 2
[ INFO] [1440414237.904362273]: 3
...
```

## 6.2 ROS ノードレットのプログラミング

ROS ノードレットでは，シングルマシン，シングルプロセスで実行される複数のアルゴリズム間でコピーレスでメッセージ通信を実現するメカニズムを提供している．本来，roscpp は同じノードでの配布者と購読者間でのトピック通信に対して，メッセージをコピーせず，直接に共用できるように最適化されている．この利点を生かすために，nodelet では，pluginlib を利用して，複数のクラスを同じノードに動的にロードするメカニズムを提供し，異なるネームスペースを利用した独立に機能する別々のノードが，同

じプロセスで動作することが可能にしている．

ノードレットを利用すれば，ノードレット間でメッセージを共有できるので，ROS ネットワークでのトラフィックを抑えることが期待できる．現在，ノードレットの C++ API が提供され，動的にロード可能なプラグインとして実装された ROS モジュールは，開発時期の束縛から開放され，必要な時に必要な機能だけを追加することができる．さらに，ROS ノードレットでのプログラミングは，ROS ノードのプログラミングとはそれほど差異がないように考慮されている．

## 6.2.1 ノードレットプログラミングの基本

### ■ ノードレットプログラムの基本事項

ノードレットプログラムを開発する基本事項を以下に示す．

- ベースクラス nodelet::Nodelet を定義して，動的にロードされるプラグインクラスの親クラスを準備しておく．すべてのノードレットはこのクラスの継承クラスとして実装され，pluginlib よりプラグイン化される．
- 専用ネームスペース，リマッピング変数，必要なパラメータ変数を定義しておく必要がある．これらの定義はベースクラスのノードに反映される．
- ノードレットマネージャープロセス (nodelet_manager) を生成しておく必要がある．ノードレットマネージャープロセスで，一つまたは複数のノードレットを動的にロードする．同じノードレットマネージャーで管理されるノードレット間では，boost の共有ポインタを利用することにより，トピック通信のメッセージをコピーせずに共有する．

### ■ nodelet 命令の基本

ROS では，ノードレットパッケージより提供される nodelet 命令を利用することができる．この命令はコマンドラインから rosrun より直接実行したり，ランチファイル内で利用したりすることができる．

まず，nodelet 命令の基本書式を以下に示しておく．

---

**nodelet 命令の書式**

```
nodelet [load | standalone | unload | manager]
```

- nodelet load pkg/Type manager
  メッセージデータタイプが pkg/Type であるマネージャを起動する．
- nodelet standalone pkg/Type
  メッセージデータタイプが pkg/Type であるノードレットを起動する．

- nodelet unload name manager
    名前が name であるマネージャを停止する．
- nodelet manager
    ノードレットマネージャを起動する．

ノードレットを実行する場合，以下の二つの手順で行う．

(1) ノードレットマネージャーで ROS ノードレットサービスを管理する．ノードレットマネージャーを起動すると，さまざまなノードレットがロードされていく．たとえば，ノードレットマネージャーを起動して名前を my_nodelet_manager にしたい場合，以下の命令を実行する．

```
% rosrun nodelet nodelet manager __name:=my_nodelet_manager
```

(2) ノードレットをノードレットマネージャーにロードする．この際に，必要なパラメータを指定することができる．たとえば，上記例で起動した my_nodelet_manager にノードレット my_nodelet/my_nodelet1 をロードして，ノードレットの名前を my_nodelet1，ノードレットにパラメータ arg1, arg2 などを指定したい場合，以下の命令を実行する．

```
% rosrun nodelet nodelet load my_nodelet/my_nodelet1 \
    my_nodelet_manager \
    __name:=my_nodelet1 arg1:=value1 arg2:= value2 ...
```

一般に，ノードレットを実行する際には，ランチファイルを利用したほうが便利である．ノードレットを利用したランチファイルの例は，後述するノードレットのプログラム例を参照してほしい．

### ■ nodelet の基本 API

ノードレットプログラミングする際に利用される主要な API を以下に示す．

#### nodelet::Nodelet API

◇ `nodelet::Nodelet::Nodelet()`

機能： Nodelet のコンストラクタである
引数： なし
返り値： なし
このコンストラクタは，ノードレットが動的にロードされた時点で呼び出される．

◇ `ros::CallbackQueueInterface &nodelet::Nodelet::getMTCallbackQueuet()`

機能： マルチスレッド用コールバックキューを取得する
引数： なし
返り値： コールバックキューへのポインタ

ノードレットマネージャーでは，ノードレット間で共有されるスレッドプールをもっている．スレッドプールのサイズは，ROS パラメータ num_worker_threads で定義することができる．

◇ `ros::NodeHandle &nodelet::Nodelet::getMTNodeHandle()`

機能： マルチスレッドコールバックキュー付きノードハンドラを取得する
引数： なし
返り値： ノードハンドラ

取得したノードハンドラでは，グローバルネームスペース上でのノードレットリマッピングや名前の変換機能を提供している．

◇ `ros::NodeHandle &nodelet::Nodelet::getMTPrivateNodeHandle()`

機能： Cマルチスレッドコールバックキュー付きプライベートノードハンドラを取得する
引数： なし
返り値： なし

取得したノードハンドラでは，プライベートネームスペース上でのノードレットリマッピングや名前の変換機能を提供している．

◇ `V_string& nodelet::Nodelet::getMyArgv()`

機能： コマンドラインからノードレットに渡す引数リストを取得する
引数： なし
返り値： 数リスト

◇ `std::string& nodelet::Nodelet::getName()`

機能： ノードレット名を取得する
引数： なし
返り値： ノードレット名

◇ `ros::NodeHandle &nodelet::Nodelet::getNodeHandle()`

機能： ノードハンドラを取得する
引数： なし
返り値： ノードハンドラ

◇ ros::NodeHandle & nodelet::Nodelet::getPrivateNodeHandle()

| | |
|---|---|
| 機能： | プライベートノードハンドラを取得する |
| 引数： | なし |
| 返り値： | プライベートノードハンドラ |

◇ void nodelet::Nodelet::init (const std::string &name,
　　　　const M_string &remapping_args,
　　　　const V_string &my_argv,
　　　　ros::CallbackQueueInterface *st_queue = NULL,
　　　　ros::CallbackQueueInterface *mt_queue = NULL)

機能： ノードレットマネージャーを初期化する
引数： name ：ノードレット名
　　　　remapping_args ：ノードレット名をリマッピングする引数
　　　　my_argv ：このノードレットに渡されるコマンドライン引数リスト
返り値： なし

このメソッドでノードレットの起動方法を指定して，ベースクラスのノードレットを初期化する．各引数は，ノードレットマネージャよりノードレットに渡される．ベースクラスを初期化した後，各サブクラスの onInit メソッドを呼び出して，ノードレット別の初期化を行う．

■ ノードレットクラスの初期化

　各ノードレットのサブクラスでは，ベースクラスの onInit メソッドをオーバーライドして，ノードハンドラ，トピックハンドラの取得など，ROS 関連の初期化処理を行っておく必要がある．なお，オーバーライドされた onInit メソッド内での処理は，計算量の少ないもので構成され，かつ，その処理プロセスはブロッキングされないように配慮する必要がある．

■ ノードレットのスレッド処理方式

　各ノードレットマネージャーではマルチスレッドプールをもっており，該当するマネージャーより管理されるすべてのノードレットは，このスレッドプールを共有している．
　ROS ノードレットは，2 種類のスレッド処理方式を提供している．一つはシングルスレッド処理方式で，すべてのコールバックを一つのスレッドで処理する方式である．もう一つはマルチスレッド処理方式である．マルチスレッド処理方式の場合，マルチスレッドプール内にコールバック関数へのポインタが保持され，それぞれのノードレットへの対応が行われる．
　シングルスレッド処理方式はデフォルトの処理方式で，getNodeHandle または get-

PrivateNodeHandle を利用して，ノードハンドラを取得して，すべてのコールバック処理を行う．

マルチスレッド処理方式では，getMTNodeHandle または getMTPrivateNodeHandle を利用して，ノードハンドラを取得して，コールバックをスレッドプール内の各コールバック関数に分散する．

ノードレット内で独自のスレッドを生成することも可能であるが，処理が終了した場合，必ずクラスのデストラクタ内でスレッドを開放しておく必要がある．

### ■ ノードレットのメッセージ処理

ノードレットのメッセージ出力は通常の rosconsole ではなく，rosconsole をラッピングした以下のマクロが利用される．

```
#include "nodelet/nodelet.h"
NODELET_DEBUG("デバッグメッセージ")
NODELET_DEBUG_STREAM("デバッグメッセージ " << (double) 1.0)
NODELET_DEBUG_COND(1 == 1, "デバッグメッセージ")
NODELET_DEBUG_STREAM_COND(1 == 1, "デバッグメッセージ" << (double) 1.0)
```

このほかに，INFO, WARN, ERROR, FATAL レベルのメッセージ出力もサポートしている．マクロの詳細については，nodelet パッケージの nodelet.h を参照してほしい．

### ■ ノードプログラムのノードレットプログラムへの移植

既存のノードプログラムをノードレット化するには，以下の項目をチェックし，必要な部分を実装すればよい．

- 必要なヘッダファイル (nodelet/nodelet.h など) を追加する．
- ノードプログラム内のメイン関数を削除する．
- nodelet::Nodelet のサブクラスを追加する．
- ノードプログラムの初期化部，またはコンストラクタの処理部を onInit メソッドへの移植する．
- マクロ PLUGINLIB_EXPORT_CLASS の記述を与える．
- マニフェストファイル package.xml にノードレット関連の記述を<export>タグに追記する．
- プラグイン記述ファイルを記述して，ノードレットをプラグイン化する．
- CMakeLists.txt に rosbuild_add_executable, rosbuild_add_library を記述する．

## 6.2.2 Kinect 画像表示用ノードレットのプログラム例

Xbox360 Kinect を利用した画像表示例で，ノードレットプログラミングを実際に見てみよう．

まず，カメラ映像を取得する部分は，4.4.5 項のリスト 4.14 (my_kinect.cpp) を利用する．ここで，my_kinect.cpp を二つのファイル camera_proc.cpp, camera_proc.h に分ける．さらに，ノードレットプログラムの全体を my_nodelet というネームスペースでカプセル化する．

▼リスト 6.6　my_nodelet/src/node_class.h

```
1  #include <ros/ros.h>
2  #include <image_transport/image_transport.h>
3  #include <sensor_msgs/image_encodings.h>
4
5  namespace my_nodelet
6  {
7  class camera_proc
8  {
9      ... //リスト 4.14参照
10 };
11 }
```

▼リスト 6.7　my_nodelet/src/camera_proc.cpp

```
1  #include <cv_bridge/cv_bridge.h>
2  #include <opencv2/highgui/highgui.hpp>
3  #include "camera_proc.h"
4
5  namespace my_nodelet {
6  camera_proc::camera_proc (ros::NodeHandle node,
7      ros::NodeHandle private_nh)
8  {
9      ...//リスト 4.14参照
10 } //node_class's constructor
11
12 namespace enc = sensor_msgs::image_encodings;
13 void node_class::image_callback(
14     const sensor_msgs::ImageConstPtr& msg)
15 {
16     ...//リスト 4.14参照
17 }
18
19 } // namespace
```

ここで，本来のメイン関数が削除された点に注意してほしい．もともとのメイン関数内で行われたノードハンドラの生成などの処理部は，次に示すノードレットクラスの onInit

メソッド内に移動している.

次に，ノードレット処理部のプログラムを以下に示す.

▼リスト 6.8 my_nodelet/src/nodelet_class.h

```
1  #include <nodelet/nodelet.h>
2  #include "camera_proc.h"
3
4  namespace my_nodelet {
5
6  class nodelet_class: public nodelet::Nodelet
7  {
8    public:
9    nodelet_class(){}
10   ~nodelet_class(){}
11   virtual void onInit();
12   boost::shared_ptr<camera_proc> inst_;
13  };
14
15 }
```

▼リスト 6.9 my_nodelet/src/nodelet_class.cpp

```
1  #include <nodelet/nodelet.h>
2  #include <pluginlib/class_list_macros.h>
3  #include "nodelet_class.h"
4
5  namespace my_nodelet
6  {
7     void nodelet_class::onInit() {
8         NODELET_INFO("Initializing nodelet");
9         inst_.reset(new camera_proc(getNodeHandle(),
10            getPrivateNodeHandle()));
11    }
12 }
13
14 PLUGINLIB_EXPORT_CLASS(my_nodelet::nodelet_class, nodelet::Nodelet)
```

ここでは，ノードレットクラス nodelet_class の onInit メソッドのオーバーライドを行い，カメラ画像取得部の camera_proc のインスタンスを生成している．最後に，マクロ PLUGINLIB_EXPORT_CLASS を利用して，nodelet_class をプラグイン化している．

プラグイン記述ファイルを以下に示す．

▼リスト 6.10 my_nodelet/my_nodelet.xml

```
1  <library path="lib/libmy_nodelet">
2    <class name="my_nodelet/nodelet_class"
3         type="my_nodelet::nodelet_class"
```

```
4         base_class_type="nodelet::Nodelet">
5     <description>
6       This is my first nodelet.
7     </description>
8   </class>
9 </library>
```

このノードレットをするために，マニフェストファイルに以下のようにプラグイン記述ファイル名を追加する．

```
<export>
    <nodelet plugin="${prefix}/my_nodelet.xml"/>
</export>
```

一方，CMakeLists.txt に以下の部分を追加する．

```
...
catkin_package(
    LIBRARIES my_nodelet
    CATKIN_DEPENDS nodelet roscpp std_msgs sensor_msgs
)
## Create the nodelet tutorial library
add_library(my_nodelet src/nodelet_class.cpp src/camera_proc.cpp)
target_link_libraries(my_nodelet ${catkin_LIBRARIES})
if(catkin_EXPORTED_LIBRARIES)
    add_dependencies(my_nodelet ${catkin_EXPORTED_LIBRARIES})
endif()
...
```

上記プログラムをビルドした後，rosrun または roslaunch で実行して，動作確認をしてみよう．なお，ランチファイルの例については，添付パッケージ内の my_tutorials/chapter06/my_nodelet/launch/my_nodelet.launch を参照してほしい．

chapter

# 7

# ロボットモデリングとシミュレーション

ROS では，ロボットの制御の視覚化ツールとシミュレーションツールが用意されている．これらのツールを利用すれば，実ロボットの制御プログラムを開発する際に，計算機上でシミュレーションをすることにより，事前に動作確認を行うことができるので，開発効率を改善することができる．SLAM など，ロボットナビゲーションアルゴリズムを開発する場合，これらのツールが大変重要な役割を果す．

この章では，ROS におけるロボットシミュレーションの可視化ツールの基本的な使い方を TurtleBot ロボットの例で解説して，シミュレータ内のロボットの制御プログラムを紹介する．そして，ロボットをシミュレートする際に必要なロボットの 3D モデリング手法を解説する．

## 7.1 RViz/Arbotix によるロボットシミュレーションの可視化

RViz (ROS visualization) は ROS 用の 3D 可視化ツールであり，さまざまなロボットやセンサ情報を表示することができる．さらに，カメラデータや赤外線距離測定，レーザ測位などの ROS トピックに対応している．RViz は，Gazebo[†] に比べ動作が軽快で，シミュレーション環境があまり複雑ではないロボットの自律走行や，SLAM，ナビゲーションなどの研究によく利用されている．

RViz は，デフォルトでは ROS のコアパッケージと一緒にインストールされるが，もしインストールされていなかった場合，以下のようにすればよい．

```
% sudo apt-get install ros-indigo-rviz
```

RViz の使い方については，以下の RViz ユーザガイドを参照してほしい．

```
http://wiki.ros.org/rviz/UserGuide
```

RViz を利用してロボットのシミュレーションを行うには，ロボットモデルを事前に作

[†] Gazebo は 3D ロボットシミュレータで，さまざまなロボットセンサをモデル化することができるだけでなく，実世界の剛体物理もシミュレーション環境中でモデル化することができる．Gazebo では，ROS 用のプラグインが用意されている．詳細については Gazebo サイト (gazebosim.org) を参照してほしい．

成し，組み込む必要がある．そこで本章では，ROS Abotix というシミュレータを利用する．Arbotix は現在，TurtleBot，Pi Robot に対応している．

ROS Abotix を以下のようにインストールする．

```
% sudo apt-get install ros-indigo-arbotix-*
% rospack profile
```

本章では，プログラムの開発に合わせて，基本的な使い方を順次紹介していく．この章に関連するすべてのソースコードを，my_tutorials/chapter07 の下に置く．

## 7.1.1 RViz/Arbotix の基本的な使い方

ここでまず，RViz の基本的な使い方を見てみよう．

```
画面 1： Abotix シミュレータを立ち上げる
% roslaunch chapter07 my_turtlebot.launch
```

```
画面 2： RViz を立ち上げる
% rosrun rviz rviz -d `rospack find chapter07`/sim-2D.rviz
```

```
画面 3： TurtleBot を回す
% rostopic pub -r 10 /cmd_vel geometry_msgs/Twist \
    '{linear: {x: 0.2, y: 0, z: 0}, angular: {x: 0, y: 0, z: 0.5}}'
```

これで，図 7.1 に示すような画面上で，TurtleBot が回っている様子が確認できる．
TurtleBot を停止させるには，以下の命令を実行する．

```
画面 3： TurtleBot を停止させる
% rostopic pub -1 /cmd_vel geometry_msgs/Twist '{}'
```

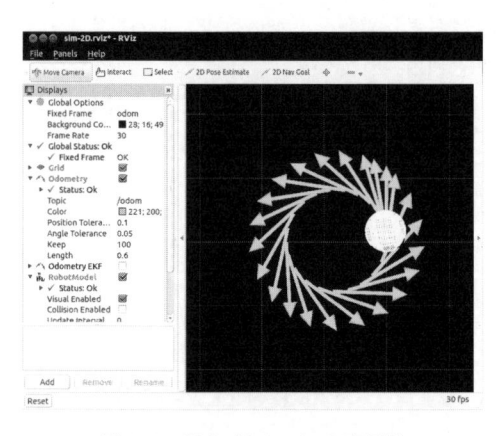

図 7.1　RViz/Arbotix の実行例

この例で何が行われているかを調べてみる．まず，my_turtlebot.launch を以下に示す．

▼リスト 7.1 launch/my_turtlebot.launch

```
 1  <launch>
 2    <arg name="urdf_file" default=
 3      "$(find xacro)/xacro.py '$(find chapter07)/urdf/turtlebot.urdf.
 4      xacro'"/>
 5    <param name="robot_description" command="$(arg urdf_file)" />
 6
 7    <node name="arbotix" pkg="arbotix_python" type="arbotix_driver"
 8      output="screen" clear_params="true">
 9      <rosparam file=
10        "$(find chapter07)/config/my_turtlebot_arbotix.yaml"
11        command="load" />
12      <param name="sim" value="true"/>
13    </node>
14
15    <node name="robot_state_publisher" pkg="robot_state_publisher"
16      type="state_publisher">
17      <param name="publish_frequency" type="double" value="20.0" />
18    </node>
19  </launch>
```

このランチファイルでは，一つのパラメータと二つのノードを定義している．

パラメータ robot_description は，RViz や robot_state_publisher でロボットを記述する際に利用されるもので，URDF/Xacro で書かれたロボット定義ファイルを指定する．URDF (unified robot description format) は，ロボットの外見，パーツ構成，関節軸構成，自由度などの物理特性を記述するためのロボットモデル記述標準形式であり，XML 記述言語を利用している．RViz や Gazebo などの ROS 視覚化ツールでは，URDF が一般的に利用されている．Xacro (XML macros) は XML 用のマクロ言語で，Xacro を利用すれば，XML の記述が簡潔になり，ファイルサイズを短縮することができる．URDF で記述したファイルは*.urdf で，Xacro で記述したファイルは*.xacro で表現される．

第 2 行〜第 3 行では，パラメータ robot_description に渡す URDF/Xacro ファイルを生成している．xacro.py は，*.xacro ファイルを XML ファイルに変換する Python スクリプトで，xacro パッケージによって提供されている．なお，

```
$(find xacro)/xacro.py
```

は，rospack find xacro 命令で xacro.py のパス名を生成しているもので，ROS Indigo の場合，以下のような結果となる．

```
/opt/ros/indigo/share/xacro/xacro.py
```

同様に，

```
$(find chapter07)/urdf/turtlebot.urdf.xacro
```

は，以下のように展開される．

```
/home/<yourID>/ros/src/my_tutorials/chapter07/urdf/
turtlebot.urdf.xacro
```

以上の結果により，第 5 行の command は以下のように展開される．

```
/opt/ros/indigo/share/xacro/xacro.py \ /home/<yourID>/ros/
src/my_tutorials/chapter07/urdf/turtlebot.urdf.xacro
```

これを直接コマンドラインで実行してみると，以下のような XML テキストが生成されることがわかる．

```
<?xml version="1.0" ?>
<robot name="turtlebot" xmlns:controller=
  "http://playerstage.sourceforge.net/gazebo/xmlschema/#controller"
    xmlns:interface=
      "http://playerstage.sourceforge.net/gazebo/xmlschema/#interface"
    xmlns:sensor=
      "http://playerstage.sourceforge.net/gazebo/xmlschema/#sensor"
    xmlns:xacro="http://ros.org/wiki/xacro">
  ...
```

つまり，上記の結果がパラメータ robot_description に渡される．

第 7 行〜第 13 行：arbotix ノードを実行している．そして，このノードのパラメータとして，<rosparam> で指定された YAML ファイルを読み取り，arbotix ノードに渡して処理してもらっている．

第 15 行〜第 18 行：robot_state_publisher のノードを立ち上げている．robot_state_publisher を利用すれば，ユーザはロボットの状態を tf に配布することが可能となる．この例の場合，20 Hz の頻度でロボットの状態を配布している．TurtleBot 以外の独自のロボットに対応させたい場合，このノードも自分で用意する必要がある．

TurtleBot 以外のロボットを使用する場合，対応する URDF/Xacro ファイルと独自の仕様に対応する robot_state_publisher を用意して，上記ランチファイルの第 2 行〜第 3 行と第 15 行〜第 18 行の内容を修正すればよい．

URDF を用いた新しいロボットのモデル記述の詳細については，以下の情報を参照してほしい．

```
http://http://wiki.ros.org/urdf/Tutorials
```

## 7.1.2 TurtleBot ロボットの制御

前項の例でわかるように，トピック/cmd_vel に geometry_msgs/Twist 型メッセージを配布すれば，TurtleBot を動かすことができる．

geometry_msgs/Twist 型メッセージは，いままでの解説ですでにわかっているように，二つの 3 次元ベクトルより構成されている．

```
% rosmsg show geometry_msgs/Twist
geometry_msgs/Vector3 linear
geometry_msgs/Vector3 angular
```

したがって移動命令を生成する際には，linear には移動速度，angular には回転速度をそれぞれ設定すればよい．

ではここで，以下のシナリオで TurtleBot ロボットを移動させる簡単なプログラムを作成してみよう．

(1) TurtleBot を 0.2 m/s の速度で 1 メートル前進させる
(2) 目標地点に到達すると，TurtleBot を 1 秒間待機させる
(3) TurtleBot を回転速度 1 rad/s で 540 度 ($3\pi$) 回転させる
(4) 目標角度まで到達すると，TurtleBot を 1 秒間待機させる
(5) (1)〜(4) をもう 1 回繰り返す

プログラム例を以下に示す．

▼リスト 7.2 timed_out_and_back/timed_out_and_back.cpp

```cpp
#include <ros/ros.h>
#include <geometry_msgs/Twist.h>

int
main(int argc, char** argv)
{
    ros::init(argc, argv, "out_and_back");
    ros::NodeHandle nh;
    ros::Publisher pub = nh.advertise<geometry_msgs::Twist>(
        "cmd_vel", 5);

    //ロボットの移動頻度 (50 Hz)
    int rate = 50;

    //前進速度を設定する (0.5 m/s)
    double linear_speed = 0.5;

    //目標移動距離を設定する (1.5 m)
    double goal_distance = 1.5;

    //目標移動距離に達する時間を計算する
```

```cpp
        double linear_duration = goal_distance/linear_speed;

        //回転速度を設定する (1 rad/s)
        double angular_speed = 1.0;

        //目標回転角を設定する (3π)
        double goal_angle = 3*M_PI;
        ROS_INFO_STREAM("goal angular: " << goal_angle);

        //目標回転角に達する時間を計算する
        double angular_duration = goal_angle/angular_speed;

        //移動命令の初期化
        geometry_msgs::Twist move_cmd, empty;
        move_cmd.linear.x = 0.0;
        move_cmd.linear.y = 0.0;
        move_cmd.linear.z = 0.0;
        move_cmd.angular.x = 0.0;
        move_cmd.angular.y = 0.0;
        move_cmd.angular.z = 0.0;
        empty = move_cmd;

        ros::Rate r(rate);
        //1往復処理のメインループ
        for(int i=0;i<2;i++) {
            //前進速度を移動命令に設定する
            move_cmd.linear.x = linear_speed;

            //目標距離まで移動するための歩数を設定する
            int ticks = int(linear_duration * rate);

            //目標距離まで移動させる
            for(int t=0;t<ticks;t++) {
                pub.publish(move_cmd);
                r.sleep();
            }
            //回転する前に 1秒間停止する
            pub.publish(empty);
            ros::Duration(1.0).sleep();

            //次から回転処理を行う
            //回転速度を移動命令に設定する
            move_cmd.linear.x = 0;
            move_cmd.angular.z = angular_speed;

            //目標回転角に達するまでに必要な回転数を計算する
            ticks = int(angular_duration * rate);
            ROS_INFO_STREAM("angular ticks: " << ticks);

            //目標回転角 (3π)まで回転させる
            for(int i=0;i<ticks;i++) {
                pub.publish(move_cmd);
```

```
74                r.sleep();
75            }
76            //次の直線移動処理する前に命令を初期化して 1秒間待機する
77            move_cmd.angular.z = 0;
78            pub.publish(empty);
79            ros::Duration(1.0).sleep();
80        }
81
82        //ロボットを停止させる
83        pub.publish(empty);
84        ros::Duration(1.0).sleep();
85        return 0;
86 }
```

このプログラムをビルドして，以下のように実行する[†1]．実行した結果を図7.2に示す．

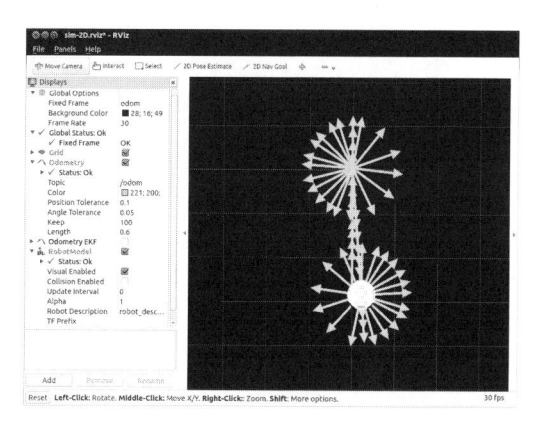

図 7.2　move_and_back.cpp の実行例

```
実行例：
% roslaunch chaper07  my_turtlebot.launch &
% rosrun rviz rviz -d `rospack find chapter07`/sim-2D.rviz &
% rosrun chapter07 timed_out_and_back
```

なお，RViz の背景色やカメラモードを変えたい場合，図7.3に示しているように，サイドメニューとトップメニューで好きなようにカスタマイズすることができる[†2]．TurtleBotの移動を 3D モードで観察したい場合，画面の左上の "Move Camera" を右クリックして，"View" を選択する．すると，右側にプルダウンメニューが現れるので，"Type" の

---

[†1] この例をまとめて実行するランチファイルのサンプルは
   my_tutorials/chapter07/launch/timed_out_and_back.launch
  を参照してほしい．

[†2] トップメニューを操作する場合，マウスの左クリックは選択，右クリックはプルダウンメニューを表示することになる．

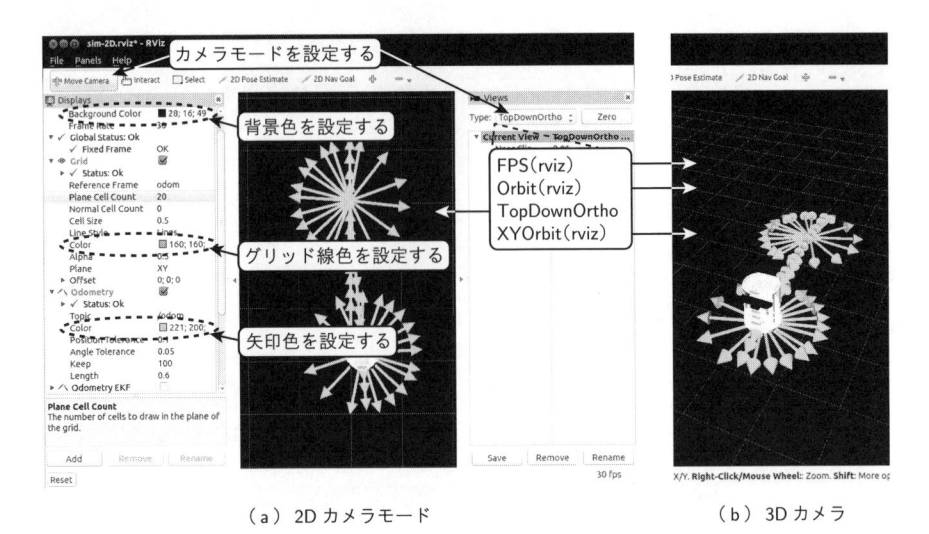

250　第 7 章　ロボットモデリングとシミュレーション

(a) 2D カメラモード　　　　(b) 3D カメラ

図 7.3　RViz の設定例

中の "Orbit(rviz)" を選択すればよい．

　修正した後の RViz の環境を再利用したい場合，ファイルを保存すればよい．

　一方，このように自分で作成したプログラムで TurtleBot の実機を動かしたい場合，まず，付録 C を参照して，TurtleBot 開発環境をインストールして，ネットワーク環境を設定した後，以下のように実行すればよい[†]．

```
TurtleBot 側 (turtlePC):
  % roslaunch minimal_turtlebot.launch --screen
```

```
ローカル PC(localPC) 側:
  % roslaunch chapter07 run_turtlebot_with_time.launch
```

　なお，実機を動かす場合，上記プログラム中の移動速度を少し下げた $(0.2\,\mathrm{m/s}$ 以下$)$ ほうがよい．

## 7.1.3　オドメトリ情報の利用

　ロボットの自律走行や，パスプランニングなどのアプリケーションでは，ロボットの走行距離を計測しながら，ターゲット地点への誘導を行う必要がある．この場合，オドメトリ法 (odometry 法，走行距離計測法) がよく利用される．ここでは，RViz/Arbotix でのオドメトリ情報の基本的な利用方法を見てみる．

---

[†] ここで使用されているランチファイル run_turtlebot_with_time.launch は chapter07/launch の下に置いている．

ランチファイルにより立ち上げられる robot_state_publisher は，2 種類のオドメトリ情報の利用方法を提供している．一つはトピック/odom を利用する方法と，もう一つは tf を利用する方法である．

■ トピック/odom でオドメトリ情報を利用する

robot_state_publisher は，デフォルトで 8 Hz の頻度で，メッセージタイプが nav_msgs/Odometry であるオドメトリの情報を配布する．nav_msgs/Odometry 型メッセージは，以下のように定義されている．

```
% rosmsg show nav_msgs/Odometry
std_msgs/Header header
  uint32 seq
  time stamp
  string frame_id
string child_frame_id
geometry_msgs/PoseWithCovariance pose
  geometry_msgs/Pose pose
    geometry_msgs/Point position
      float64 x
      float64 y
      float64 z
    geometry_msgs/Quaternion orientation
      float64 x
      float64 y
      float64 z
      float64 w
  float64[36] covariance
geometry_msgs/TwistWithCovariance twist
  geometry_msgs/Twist twist
    geometry_msgs/Vector3 linear
      float64 x
      float64 y
      float64 z
    geometry_msgs/Vector3 angular
      float64 x
      float64 y
      float64 z
  float64[36] covariance
```

ここで，pose はメッセージヘッダの frame_id で指定される座標系 (親座標系) で表現される姿勢情報で，twist はメッセージヘッダの child_id で指定される座標系 (自分の座標系) で表現される姿勢情報である．

■ tf でオドメトリ情報を利用する

robot_state_publisher は，デフォルトで 42 Hz の頻度で，メッセージタイプが tf/tfMessage であるオドメトリの情報を配布する．tf/tfMessage 型メッセージは，以下

のように定義されている．

```
% rosmsg show tf/tfMessage
geometry_msgs/TransformStamped[] transforms
  std_msgs/Header header
    uint32 seq
    time stamp
    string frame_id
  string child_frame_id
  geometry_msgs/Transform transform
    geometry_msgs/Vector3 translation
      float64 x
      float64 y
      float64 z
    geometry_msgs/Quaternion rotation
      float64 x
      float64 y
      float64 z
      float64 w
```

ここで，rotation はクォータニオン，w はクォータニオンの回転角，(x,y,z) は座標軸である．

与えられたクォータニオンから，ロール，ピッチ，ヨー角を求めるために，ROS では以下のメソッドを提供している．

```
double roll, pitch, yaw;
tf::Matrix3x3(quat).getRPY(roll, pitch, yaw);
```

ここで，quat はクォータニオン変数である．

ヨー角だけを取得するには，以下のメソッド利用すればよい．

```
tf::getYaw(quat);
```

単一座標系しか利用しない場合は，座標変換が簡単に計算できるので，トピック/odom を利用して座標情報を直接に配布すればよい．一方，複数の座標系を互いに変換しながら利用する場合は，tf 座標フレーム変換を利用すれば変換対象を指定するだけで複雑な座標変換を自動的にやってくれるので，大変便利である．

ここでは，リスト 7.2 で示したのシナリオについて，tf フレーム変換を利用したプログラム例を以下に示す．

▼リスト 7.3　odom_out_and_back/odom_out_and_back.cpp

```
1  #include <ros/ros.h>
2  #include <tf/transform_listener.h>
3  #include <geometry_msgs/Twist.h>
4  #include <nav_msgs/Odometry.h>
5
6  double
7  normalize_angle(double angle)
```

## 7.1 RViz/Arbotix によるロボットシミュレーションの可視化 253

```cpp
8  {
9      double res = angle;
10     while(res > M_PI) res -= 2.0*M_PI;
11     while(res < -M_PI) res += 2.0*M_PI;
12     return res;
13 }
14
15 int main(int argc, char** argv)
16 {
17     ros::init(argc, argv, "out_and_back");
18     ros::NodeHandle nh;
19     ros::Publisher pub = nh.advertise<geometry_msgs::Twist>(
20         "cmd_vel", 5);
21
22     //ロボットの移動頻度 (20 Hz)
23     int rate = 20;
24
25     //前進速度を設定する (0.2 m/s)
26     double linear_speed = 0.2;
27
28     //目標移動距離を設定する (1.0 m)
29     double goal_distance = 1.0;
30
31     //目標移動距離に達する時間を計算する
32     double linear_duration = goal_distance/linear_speed;
33
34     //回転速度を設定する (1 rad/s)
35     double angular_speed = 1.0;
36
37     //回転角の許容範囲を設定する (度数)
38     double angular_tolerance = 0.*(M_PI/180);
39
40     //目標回転角を設定する (π)
41     double goal_angle = M_PI;
42
43     //目標回転角に達する時間を計算する
44     double angular_duration = goal_angle/angular_speed;
45
46     //移動命令の初期化
47     geometry_msgs::Twist move_cmd, empty;
48     move_cmd.linear.x =0.0; move_cmd.linear.y =0.0;
49         move_cmd.linear.z =0.0;
50     move_cmd.angular.x=0.0; move_cmd.angular.y=0.0;
51         move_cmd.angular.z=0.0;
52     empty = move_cmd;
53
54     //tf フレームがバッファーに貯めるまで待機する (2 s)
55     ros::Duration(2.0).sleep();
56
57     tf::TransformListener listener;
58     tf::StampedTransform transform;
59
```

```
60      //tf フレーム/base_footprint,または/base_link を受信する
61      std::string base_frame, child_frame = "/odom";
62      try {
63          listener.waitForTransform(child_frame, "/base_footprint",
64              ros::Time(0), ros::Duration(3.0));
65          listener.lookupTransform (child_frame, "/base_footprint",
66              ros::Time(0), transform);
67          base_frame = "/base_footprint";
68
69      }
70      catch (tf::TransformException &ex) {
71          try {
72              listener.waitForTransform(child_frame, "/base_link",
73                  ros::Time(0), ros::Duration(1.0));
74              listener.lookupTransform (child_frame, "/base_link",
75                  ros::Time(0), transform);
76              base_frame = "/base_link";
77          }
78          catch (tf::TransformException &ex) {
79              ROS_ERROR("%s",ex.what());
80              ros::Duration(1.0).sleep();
81              return 1;
82          }
83      }
84
85      double rotation=0;
86
87      //位置情報保存用変数を定義する
88      geometry_msgs::Point position;
89
90      ros::Rate r(rate);
91      //1往復処理のメインループ
92      for(int i=0; i<2; i++) {
93          // 移動命令を初期化する
94          move_cmd = empty;
95
96          //前進速度を移動命令に設定する
97          move_cmd.linear.x = linear_speed;
98
99          //開始位置を設定する
100         double x_start = transform.getOrigin().x();
101         double y_start = transform.getOrigin().y();
102
103         //移動距離変数を初期化する
104         double distance = 0.0;
105
106         //直線移動処理部（目標距離まで移動する）
107         while(distance < goal_distance && nh.ok()) {
108             //移動命令を送信後 1秒間待機する
109             pub.publish(move_cmd);
110             r.sleep();
111
```

```
112            //新しいオドメトリ情報を取得する
113            try {
114                listener.waitForTransform(base_frame, child_frame,
115                    ros::Time(0), ros::Duration(1.0));
116                listener.lookupTransform (base_frame, child_frame,
117                    ros::Time(0), transform);
118            }
119            catch (tf::TransformException &ex) {
120                ROS_ERROR("%s",ex.what());
121                ros::Duration(1.0).sleep();
122                continue;
123            }
124            //現在位置を設定する
125            position.x = transform.getOrigin().x();
126            position.y = transform.getOrigin().y();
127
128            //現在の向き（ヨー角）を取得する
129            rotation = tf::getYaw(transform.getRotation());
130
131            //初期位置からの移動距離を計算する
132            distance = sqrt(pow((position.x-x_start),2)
133                +pow((position.y-y_start),2));
134        }
135
136        //回転する前に 1秒間停止する
137        pub.publish(empty);
138        ros::Duration(1.0).sleep();
139
140        //前回の回転角を保存する
141        double last_angle = rotation;
142
143        //合計回転角変数を初期化する
144        double turn_angle = 0;
145
146        //回転命令を設定する
147        move_cmd = empty;
148        move_cmd.angular.z = angular_speed;
149
150        while((abs(turn_angle+angular_tolerance) < abs(goal_angle
151            )) && nh.ok()) {
152            //回転命令を送信後 1秒間待機する
153            pub.publish(move_cmd);
154            r.sleep();
155
156            //新しいオドメトリ情報を取得する
157            try {
158                listener.waitForTransform(base_frame, child_frame,
159                    ros::Time(0), ros::Duration(1.0));
160                listener.lookupTransform (base_frame, child_frame,
161                    ros::Time(0), transform);
162            }
163            catch (tf::TransformException &ex) {
```

```cpp
164            ROS_ERROR("%s", ex.what());
165            ros::Duration(1.0).sleep();
166            continue;
167        }
168
169        //現在の向き（ヨー角）を取得する
170        rotation = tf::getYaw(transform.getRotation());
171
172        //double roll,pitch,yaw;
173        //tf::Matrix3x3(transform.getRotation()).getRPY(roll,
174            pitch,yaw);
175
176        //回転角を0〜2πに正規化する
177        double delta_angle = normalize_angle(rotation-last_angle);
178        //合計回転角を累積する
179        turn_angle += delta_angle;
180        last_angle = rotation;
181    }
182
183    //次の直線移動処理する前に，命令を初期化をし，1秒間待機する
184    pub.publish(empty);
185    ros::Duration(1.0).sleep();
186    }
187    //ロボットを停止させる
188    pub.publish(empty);
189    ros::Duration(1.0).sleep();
190
191    return 0;
192 }
```

第62行〜第83行：tf座標系の受信を試している．親フレームの名前はロボットによって異なるので，この例では，/base_footprint (TurtleBotに対応)，または/base_link (PI Robot,Maxwellに対応)への変換を試している．

- odom_out_and_back.cpp をビルドして，実行し，timed_out_and_back.cpp と比べなさい．(参考：my_tutorials/chapter07/launch/odom_out_and_back.launch)
- キーボード，ゲームパッド，Leap Motion で RViz の中の TurtleBot を制御するプログラムを作成しなさい．

## 7.2 URDF/Xacro でロボットの 3D モデリング

ここでは簡単な例を用いて，URDF/Xacro でロボットの 3D モデリングの基本方法を紹介する．ここで，図 7.4 に示す簡単なパーツで 4 輪車ロボットのモデリングを行う．この 4 輪車を URDF で直接記述してもかまわないが，ここでは URDF とその上位マクロ集である Xacro で記述してみる．

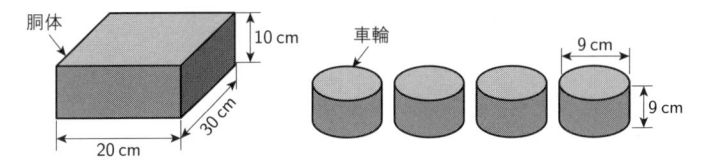

図 7.4 モデル車体の構成

## 7.2.1 URDF の基本構成

URDF で記述される XML ファイルは，基本データ構造，ビジュアルパラメータ，物理パラメータ，Gazebo 用パラメータで構成される．ここでは，よく利用される一部のデータ構造とパラメータしか紹介しないが，詳細の内容については以下を参照してほしい．

```
http://wiki.ros.org/urdf/XML
```

URDF ファイルに使われる基本タグを以下に示す．

### <robot name="robot_name">

URDF-XML ファイルの記述は <robot> で始まり，</robot> で終了する．robot_name はロボットの名前である．URDF で記述されるロボットのデータ構造は，リンクとジョイント (関節) を連なるチェーン構造で表現される．

### <link name="link_name">

リンクの記述部である．link_name はリンクの名前を指定するもので，ロボット記述ファイル内での一意性を維持する必要がある．リンクの記述部の主な要素として，以下のものがよく利用される (図 7.5(a) 参照)．

- ■ <inertial>

リンクの慣性特性を記述する．主に，リンクの座標系原点 <origin>，質量 <mass>，慣性 <inertial> 特性を指定する．

- ・<origin xyz="(x, y, z)" rpy="(roll, pitch, yaw)">
  リンク座標系を基準にした慣性座標系の姿勢を指定する．慣性座標系の原点を重心に指定する必要がある．(x, y, z) に座標系原点，(roll, pitch, yaw) 座標系の回転を表す．
- ・<mass value="value">
  value にリンクの質量を記述する．
- ・<inertial ixx="x" ixy="y" ixz="z" iyy="yy" iyz="yz" izz="zz">
  慣性座標系を表す $3 \times 3$ の行列を記述する．慣性行列は対称行列であるため，ここで，右上の三角行列の以下の 6 要素を記述する．

$$\begin{pmatrix} x & y & z \\ & yy & yz \\ & & zz \end{pmatrix}$$

■ <collision name="col_name">

リンクの衝突特性を記述する．ただし，記述した特性はリンク視覚特性と異なる場合があることに注意してほしい．衝突モデルを簡単にすることにより，計算時間を短縮することができる．同じリンクには，複数の<collision>のインスタンスをもつことができる．

col_name はオプションで，リンクの幾何形状の名前を記述する．幾何形状については，次の<visual>の項で説明する．ここで，よく利用される要素として，origin と geometry がある．

・<origin xyz="(x, y, z)" rpy="(roll, pitch, yaw)">
　　リンク座標系を基準にした衝突要素の座標系を記述する．(x, y, z) に座標系原点，(roll, pitch, yaw) 座標系の回転を指定する．

・<geometry>
　　衝突領域の幾何形状の名前を記述する．幾何形状については，次の<visual>の項で説明する．

■ <visual>

リンクの視覚特性を記述する．よく利用される要素として，<geometry>（必須），<origin>，<material>がある．

・<geometry>
　　リンクの形状を記述する．記述できるのは以下のいずれかである．
　　<box size="x_len, y_len, z_len"/>
　　　　長方形を記述する．x_len, y_len, z_len で各辺の長さを記述する．
　　<cylinder radius="rd" length="len"/>
　　　　円柱体を記述する．rd に半径，len に長さを指定する．
　　<sphere radius="rd"/>
　　　　球体を記述する．rd に半径を指定する．
　　<mesh filename="fd" scale="scale"/>
　　　　三角形メッシュを記述する．fd にメッシュデータが入っているファイル名，scale に描画範囲を指定する．メッシュフォーマットは Collada 形式が推奨で，ファイル名の拡張子は*.dae である．Collada 形式は XML ベースの 3D グラフィックデータの表現形式で，さまざまな 3D アプリケーション間でグラフィックデータを共用するために利用されている．

・<origin xyz="(x, y, z)" rpy="(roll, pitch, yaw)">
　　視覚要素の座標系を記述する．(x, y, z) に座標系原点，(roll, pitch, yaw) 座標系の回転を指定する．

## 7.2 URDF/Xacro でロボットの 3D モデリング

- <material>
  視覚要素の表面素材を記述する．以下の二つのサブタグで指定する．
  <texture filename="fd">
  fd に表面画像が入っているデータファイル名を指定する．
  <color rgba="red green blue alpha">
  表面の色を RGB 3 原色 red green blue と透明度 alpha で指定する．

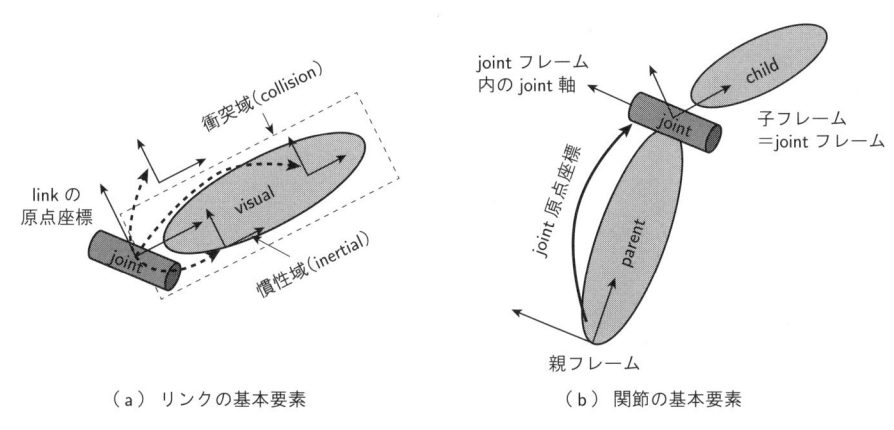

（a）リンクの基本要素　　　　　　　　（b）関節の基本要素

図 7.5　リンクと関節の座標系と基本要素

ここで，車体と車輪の記述部の例を以下に示す．

▼リスト 7.4　記述例 1：車体記述部

```
 1  <!--横:20cm, 縦:30cm, 高:10cm の車体を定義する-->
 2  <link name="base_link">
 3     <visual>
 4        <geometry>
 5           <box size="0.2 .3 .1"/>
 6        </geometry>
 7        <origin rpy="0 0 1.54" xyz="0 0 0.05"/>
 8        <material name="white">
 9           <color rgba="0.5 0.5 0.5 1"/>
10        </material>
11     </visual>
12     <collision>
13        <geometry>
14           <box size="0.2 .3 0.1"/>
15        </geometry>
16     </collision>
17  </link>
18
19  <!--車輪半径:9cm, 車輪幅:9cm の車輪を定義する-->
20  <link name="wheel_1">
```

```
21      <visual>
22          <geometry>
23              <cylinder length="0.09" radius="0.09"/>
24          </geometry>
25          <origin rpy="0 0 0" xyz="0 0 0"/>
26          <material name="black">
27              <color rgba="0.1 0.1 0.1 1"/>
28          </material>
29      </visual>
30      <collision>
31          <geometry>
32              <cylinder length="0.09" radius="0.09"/>
33          </geometry>
34      </collision>
35  </link>
36  ...
```

次に，リンクとリンクをつなぐ関節の部分の記述方法を見てみよう．関節部を記述する基本要素を図 7.5(b) に示す．

### <joint name="joint_name" type="joint_type">

ジョイントの記述部である．joint_name にジョイントの名前，joint_type にジョイントのタイプを指定する．指定できるジョイントのタイプは，以下のいずれかである．

- revolute　　：ヒンジ機構．単軸回転系で，回転範囲は上下限により制限される．
- continuous　：軸中心の連続回転機構．単軸回転系で，回転範囲制限なし．
- prismatic　 ：軸方向の直動機構．移動範囲は下限と上限により制限される．
- fixed　　　 ：固定関節．このタイプの関節には軸，キャリブレーションなどの設定は不要．
- floating　　：自由関節．多軸回転系で，6 自由度方向で自由に移動できる．
- planar　　 ：水平移動機構．軸に垂直下平面内で移動できる．

ジョイントの記述部でよく利用される基本的な要素として，以下のものがある．

- <parent link="link_name">
  link_name には，ジョイントの根元となるリンクの名前を記述する．
- <child link="link_name">
  link_name には，ジョイントの先につながるリンクの名前を記述する．
- <origin xyz="xyz_val" rpy="rpy_val">
  xyz_val には，ジョイントの根元となるリンクの原点を基準とした，ジョイントの xyz 距離 (m) を記述する．ロボットの座標系は，右手の法則 (前方向が x 軸，左手方向が y 軸，垂直方向が z 軸) に従う．rpy_val には，回転させる角度 (rad) を記述する．
- <axis xyz="xyz_val">
  revolute や continuous のような回転関節の場合は，回転軸の方向を定義する．回転方向は，右手法則 (右ねじの方向) に従う．

## 7.2 URDF/Xacro でロボットの 3D モデリング

- <limit lower="l_lim" uppper="u_lim" effort="e_lim" velocity="vel_lim">
  revolute や prismatic のような回転・移動範囲は，下限，上限に制限される関節に対して，l_lim と u_lim で下限，上限を設定する．continuous 型関節の場合は，安全制限パラメータとして，e_lim と velocity_lim を指定できる．安全制限パラメータの詳細については，以下の情報を参照してほしい．

  http://wiki.ros.org/pr2_controller_manager/safety_limits

関節部の記述例を以下に示す．

```
<joint name="base_to_wheel1" type="continuous">
    <parent link="base_link"/>
    <child link="wheel_1"/>
    <origin rpy="1.5707 0 0" xyz="0.1 0.15 0"/>
    <axis xyz="0 0 1" />
</joint>
...
```

この例の場合，最終的に車体と 4 個の車輪，計 5 個のリンクと 4 個の関節を記述しなければならない (図 7.6 参照)．

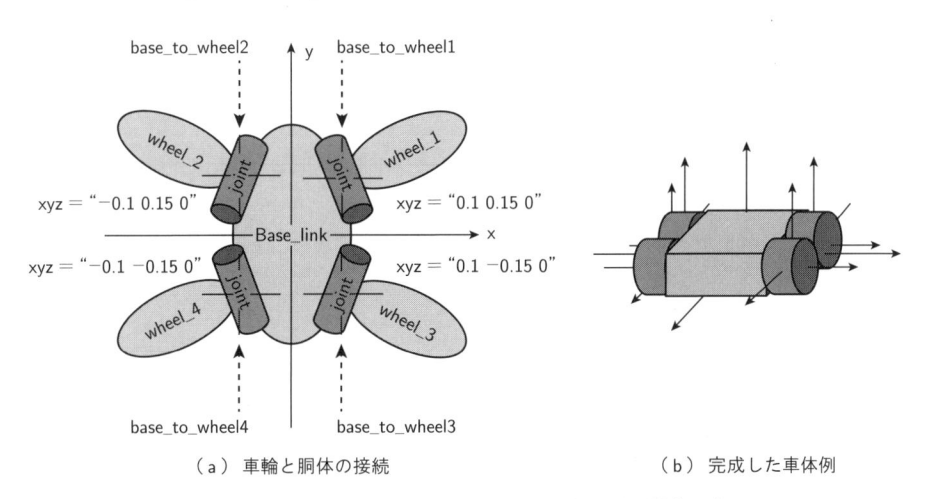

（a）車輪と胴体の接続　　　　　　　　（b）完成した車体例

図 7.6　例題ロボットのリンクと関節の座標系と基本要素

### 7.2.2　Xacro での URDF 記述の簡略化

Xacro で XML をマクロ化すると，URDF ファイルのサイズを圧縮することができる．具体的にいうと，Xacro は URDF の XML に定数定義，数式定義とマクロを導入することにより，URDF の記述を少し楽にしているわけである．Xacro で記述された

XML でも，最終的に URDF に変換して利用するので，URDF をしっかりマスターすれば，無理に Xacro を利用しなくてもよい．

### ■ Xacro の利用宣言

URDF の XML ファイルの中で Xacro を利用するには，まず，<robot> に以下のような宣言をしておかなければならない．

Xacro の利用宣言

```
<robot xmlns:xacro="http://www.ros.org/wiki/xacro" name=...>
```

### ■ Xacro の定数を定義する

URDF の中で利用されている定数を一括で管理するために，定数定義を利用すると，ロボット仕様変更などの場合に対応しやすくなり，メンテナンス性がよくなる．Xacro での定数は，以下のように定義される．

Xacro の定数定義

```
<xacro:property name="定数名" value="定数値" />
```

定義済みの定数を参照する際に，"${ 定数名 }"のように記述する．

```
Xacro 記述例：
  <xacro:property name="length_wheel" value="0.09" />
  <xacro:property name="radius_wheel" value="0.09" />
  ...
  <collision>
    <geometry>
      <cylinder length="${length_wheel}" radius="${radius_wheel}"/>
    </geometry>
  </collision>
```

### ■ Xacro の数式を定義する

Xacro の数式定義

Xacro の数式は "${ 数式 }" の形で記述する．

```
Xacro 記述例：
  <xacro:property name="PI" value="3.415926" />
  ...
  <visual>
```

```
        <origin rpy="0 0 ${PI/2.0}" xyz="0 0 0.05"/>
    ...
    </visual>
```

### ■ Xacro のマクロを定義する

**Xacro の数式定義**

```
<xacro:macro name="マクロ名" params="引数リスト">
    マクロ本体
</xacro:macro>
```

定義済みのマクロを参照する場合，<xacro:マクロ名 引数名=引数値 ... /> で行う．

Xacro 記述例：
```
<xacro:macro name="default_inertial" params="mass">
  <inertial>
    <mass value="${mass}"/>
    <inertia ixx="1.0" ixy="0.0" ixz="0.0"
             iyy="1.0" iyz="0.0" izz="1.0"/>
  </inertial>
</xacro:macro>
...
<link name="base_link">
  ...
  <xacro:default_inertial mass="10"/>
</link>
```

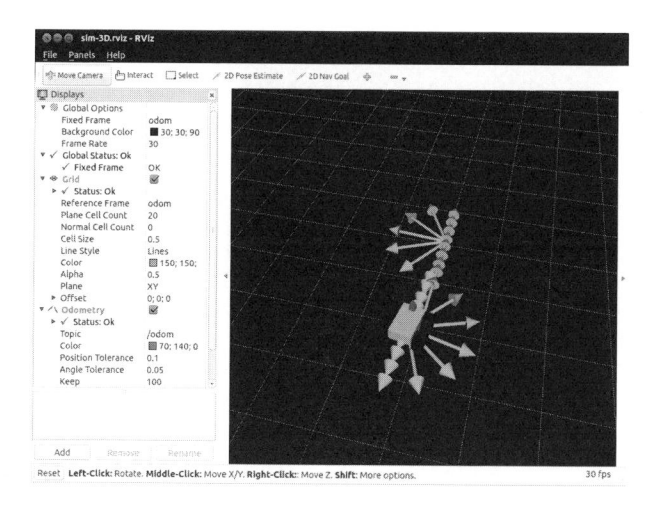

図 7.7　ランチファイルの実行例

## 第 7 章　ロボットモデリングとシミュレーション

　この例のロボットの定義ファイルの完全版と，このロボットを動かすランチファイルを以下に置く．また，その実行例を図 7.7 に示す．

```
~/ros/src/my_tutorials/chapter07/urdf/myBot.xacro
~/ros/src/my_tutorials/chapter07/myBot.launch
```

chapter

# 8 ROSの実践プログラミング

この章では，ROSプログラミングの実践例として，AR.Droneのプログラミング方法と，ROSモジュールを利用したAR.Droneの自律飛行制御を解説する．さらに，ROSの醍醐味であるノードの分散的制御をサポートするROSネットワーキングの方法を解説する．

## 8.1 AR.Droneの基本プログラミング

AR.Droneは，Parrot社が開発したiPhoneやiPadなどで操作するクアドリコプター（4ローター式ヘリコプター）であり，本体からは4方向に，ブラシレスモーターで駆動する四つのカーボンファイバー製ローターが飛び出ている（図8.1参照）．一般的なヘリコプターというイメージからはかけ離れた外見をもち，見た目よりもずっと速く，最高速度は時速は毎時18km程度まで出るといわれている．機体の先端と底面にビデオカメラが装着されており，撮影した映像をリアルタイムでiPhone/iPadにストリーミング配信できる．

AR.Droneでは，アプリケーションの開発環境が公開されており，飛行姿勢を制御するためのさまざまなAPIを提供されている．

ここでは，ROS上でAR.Droneアプリケーションを開発する方法を紹介する．

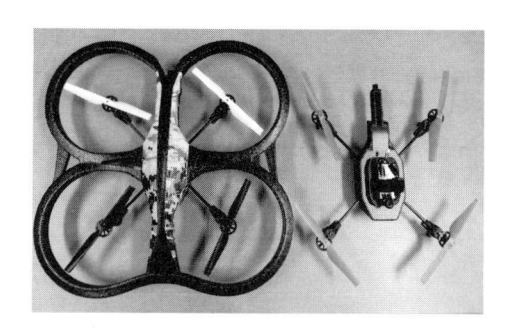

図 8.1　AR.Droneの機体

AR.Drone 用の ROS モジュールは，ardrone_autonomy と tum_ardrone が最もよく利用されている．前者は，ardrone_brown とよばれる AR.Drone ドライバをベースして，Simon Fraser 大学の Autonomy Lab より開発された ROS モジュールである．後者は，ardrone_autonomy モジュールを利用して，AR.Drone の自律飛行制御に主眼をおいて，München 工科大学の Jakob Engel 氏より開発された ROS パッケージである．

### 8.1.1 ardrone_autonomy パッケージ

ardrone_autonomy を利用するには，まず ardrone_autonomy モジュールを ROS に組み込む必要がある．

インストールするには 2 通りの方法があり，一つはソースコードからインストールする方法で，もう一つは ROS モジュールを利用する方法である．

#### ■ ソースコードからインストールする

最新のソースコードを利用したい場合，ソースコードからインストールを行う．

```
% cd ~/ros/src
% git clone https://github.com/AutonomyLab/ardrone_autonomy.git
% cd ~/ros; catkin_make
```

次に，AR.Drone のカメラをキャリブレーションするためのファイルを設定しておく．

```
% cp -r ~/ros/src/ardrone_autonomy/data/camera_info ~/.ros/.
```

#### ■ ROS モジュールを利用する

```
% sudo apt-get install ros-indigo-ardrone-autonomy
```

なお，この場合，AR.Drone のカメラをキャリブレーションするためのファイルがないので，実行する際にワーニングエラーが表示されることに注意してほしい．

ardrone_autonomy を立ち上げるには，以下のように ardrone_driver 実行する．

```
% rosrun ardrone_autonomy ardrone_driver
```

AR.Drone を初期化して飛ばすには，以下のようなランチファイル ardrone.launch を用意して実行すればよい．ここでは汎用性をもたせるために，パラメータ設定部をランチファイルから分離している．

## 8.1 AR.Drone の基本プログラミング 267

▼リスト 8.1　launch/ardrone.launch

```
1  <launch>
2    <include file="$(find my_tutorials)/chapter08/launch/
3      parameters.xml"/>
4    <node name="ardrone_driver" pkg="ardrone_autonomy"
5      type="ardrone_driver" output="screen" clear_params="true">
6  </launch>
```

パラメータファイル parameters.xml の置き場所は各自の環境に合わせて指定する．また ardrone_driver は，デフォルトで 192.168.1.1 の IP アドレスをもつ AR.Drone に接続を試みるが，IP アドレスを変えたい場合は，args="-ip <IP アドレス>" を付けておけばよい[†]．

パラメータファイル parameters.xml を以下に示す．

▼リスト 8.2　launch/parameters.xml

```
1  <launch>
2    <param name="outdoor" value="0" />
3    <param name="max_bitrate" value="4000" />
4    <param name="bitrate" value="4000" />
5    <param name="navdata_demo" value="FALSE" />
6    <param name="navdata_options" value="NAVDATA_OPTION_FULL_MASK" />
7    <param name="flight_without_shell" value="0" />
8    <param name="altitude_max" value="3000" />
9    <param name="altitude_min" value="50" />
10   <param name="euler_angle_max" value="0.21" />
11   <param name="control_vz_max" value="700" />
12   <param name="control_yaw" value="1.75" />
13   <param name="detect_type" value="CAD_TYPE_VISION" />
14   <param name="enemy_colors" value="3" />
15   <param name= "enemy_without_shell" value="0" />
16   <param name="detections_select_h" value="32" />
17   <param name="detections_select_v_hsync" value="128" />
18   <param name="do_imu_caliberation" value="true" />
19   <param name="tf_prefix" value="mydrone" />
20   <rosparam param="cov/imu_la">
21     [0.1, 0.0, 0.0, 0.0, 0.1, 0.0, 0.0, 0.0, 0.1]</rosparam>
22   <rosparam param="cov/imu_av">
23     [1.0, 0.0, 0.0, 0.0, 1.0, 0.0, 0.0, 0.0, 1.0]</rosparam>
24   <rosparam param="cov/imu_or">
25     [1.0, 0.0, 0.0, 0.0, 1.0, 0.0, 0.0, 0.0, 100000.0]</rosparam>
26  </launch>
```

ここで設定した各パラメータは，AR.Drone を制御する初期設定であり，各パラメー

---

[†] AR.Drone のデフォルト IP アドレスを変える場合，AR.Drone 側での設定も必要である．その設定を慎重に行わないと，AR.Drone が使えなくなるおそれがある．

タの意味は以下のとおりである[†]．

| パラメータ | 意味 |
| --- | --- |
| outdoor | SDK 変数で，室内 (0)/屋外 (1) モードを指定する |
| max_bitrate | SDK 変数で，デバイスのデコードレート (kbps) を指定する．iPhone の場合は 4000 kbps を指定する． |
| navdata_demo | SDK 変数で，ナビゲーション情報のモードを指定する (TRUE:簡易モード，FALSE:詳細モード) |
| navdata_options: | SDK 変数で，取得するナビゲーション情報のマスクを指定する．NAVDATA_OPTION_FULL_MASK を指定すると，すべてのナビゲーション情報を取得する． |
| flight_without_shell | SDK 変数で，AR.Drone のハルを利用するか否かを指定する (1:使用，0:使用しない) |
| altitude_max | SDK 変数で，最大高度 (mm) を指定する |
| altitude_min | SDK 変数で，最低高度 (mm) を指定する |
| euler_angle_max | SDK 変数で，最大回転角度 (rad) を指定する．ピッチとロールの角度制御に利用される． |
| control_vz_max | SDK 変数で，最大垂直速度 (mm/s) を指定する |
| control_yaw | SDK 変数で，最大ヨー速度 (mm/s) を指定する |
| detect_type | SDK 変数で，検出するタグのタイプを指定する CAD_TYPE_NONE(3):検出しない CAD_TYPE_VISION(2):正面カメラで標準タグを検出する CAD_TYPE_ORIENTED_COCARDE_BW(12):モノクロ指向性円形タグ CAD_TYPE_MULTIPLE_DETECTION_MODE(10):同時に複数のタグを検出する |
| enemy_colors | SDK 変数で，検出したいハルの色を指定する (1:緑，2:黄色，3:青) |
| enemy_without_shell | SDK 変数で，ハルのタイプを指定する (0:室内ハル，1:屋外ハル) |
| detections_select_h | SDK 変数で，正面カメラでタグ検出するタグのタイプを指定する TAG_TYPE_NONE(0):検出しない TAG_TYPE_SHELL_TAG(32):標準ハルタグ TAG_TYPE_BLACK_ROUNDEL(128):モノクロ指向性円形タグ |
| detections_select_v_hsync | SDK 変数で，底面カメラでタグ検出するタグのタイプを指定する TAG_TYPE_NONE(0):検出しない |

---

[†] 詳細のことについては，AR.Drone SDK 2.0 にある ARDrone_Developer_Guide.pdf を参照してほしい．

| | |
|---|---|
| | TAG_TYPE_BLACK_ROUNDEL(128):モノクロ指向性円形タグ |
| do_imu_caliberation | モジュール変数で，IMU(慣性計測)センサのキャリブレーションをするか否かを指定する(1:する，0:しない) |
| tf_prefix | モジュール変数で，ROS TF 座標変換のフレームプレフィクスを指定する |
| cov/imu_la | モジュール変数で，移動加速度係数 (3×3 行例) を指定する |
| cov/imu_av | モジュール変数で，回転加速係数 (3×3 行例) を指定する |
| cov/imu_or | モジュール変数で，方向係数 (3×3 行例) を指定する |

なお，上記のようにパラメータ記述部とノード記述部から分離して別のファイルで記述した場合，タグ検出機能がうまく機能しないことに注意してほしい．そこでタグ検出を行う場合，一つのランチファイルに記述するか，以下の記述をランチファイルのノード記述部に入れておく必要がある．

```
<!--橙-青-橙タグを検出する-->
<param name="enemy_colors" value="3" />
<!--先頭カメラで 2D タグ (橙-青-橙) を検出する-->
<param name="detections_select_h" value="32" />
<!--底面カメラで 2D 指向性円形タグを検出する-->
<param name="detections_select_v_hsync" value="128" />
```

制御用 PC から AR.Drone へ Wi-Fi で接続した後，このランチファイルを実行すれば，AR.Drone の制御準備が出来上がり，この後，アプリケーションプログラムでAR.Drone のフライト制御ができるようになる．

## 8.1.2 ardrone_autonomy のナビゲーション関連の ROS トピック

ardrone_autonomy では，ナビゲーション関連情報を収集するトピックとフライト制御関連の ROS トピックが用意されている．

### ■ ナビゲーション情報の収集

AR.Drone のフライトナビゲーション情報を収集するには，ardrone_autonomy が配布するトピック/ardrone/navdata を利用する．/ardrone/navdata のメッセージタイプは ardrone_autonomy::Navdata で，以下のフィールドで構成されている．

| Header | header | メッセージヘッダ |
|---|---|---|
| float32 | batteryPercent | バッテリーレベル (0～100%) |
| uint32 | state | AR.Drone の状態 (0:Unknown, 1:Init, 2:Landed, 3:Flying, 4:Hovering 5:Test, 6:Taking off, 7:Flying, 8:Landing, 9:Looping) |

| | | |
|---|---|---|
| int32 | magX | 磁力計の X 成分 |
| int32 | magY | 磁力計の Y 成分 |
| int32 | magZ | 磁力計の Z 成分 |
| int32 | pressure | 気圧センサの測定値 |
| int32 | temp | 温度センサの測定値 |
| float32 | wind_speed | 推定風速 |
| float32 | wind_angle | 推定風向 |
| float32 | wind_comp_angle | 推定風向の補償値 |
| float32 | rotX | X 軸の回転角 (ロール角) |
| float32 | rotY | Y 軸の回転角 (ピッチ角) |
| float32 | rotZ | Z 軸の回転角 (ヨー角) |
| int32 | altd | 推定高度 (mm) |
| float32 | vx | X 軸方向の速度 (mm/s) |
| float32 | vy | Y 軸方向の速度 (mm/s) |
| float32 | vz | Z 軸方向の速度 (mm/s) |
| float32 | ax | X 軸方向の加速度 (mm/s) |
| float32 | ay | Y 軸方向の加速度 (mm/s) |
| float32 | az | Z 軸方向の加速度 (mm/s) |
| uint8 | motor1 | モータ 1 のパルス幅変調値 |
| uint8 | motor2 | モータ 2 のパルス幅変調値 |
| uint8 | motor3 | モータ 3 のパルス幅変調値 |
| uint8 | motor4 | モータ 4 のパルス幅変調値 |
| uint32 | tags_count | 検出したタグ数 |
| uint32[ ] | tags_type | タグタイプ |
| uint32[ ] | tags_xc | タグの X 座標 |
| uint32[ ] | tags_yc | タグの Y 座標 |
| uint32[ ] | tags_width | タグ横サイズ |
| uint32[ ] | tags_height | タグ縦サイズ |
| float32[ ] | tags_orientation | タグ方向 |
| float32[ ] | tags_distance | タグまでの距離 |
| float32 | tm | データのタイムスタンプ (AR.Drone が起動してからのマイクロ秒数) |

トピック /ardrone/navdata を購読することにより，AR.Drone のフライト情報を収集することができる．

```
% rostopic echo /ardrone/navdata
header:
seq: 746
stamp:
secs: 1432337449
nsecs: 34001534
frame_id: ardrone_base_link
batteryPercent: 83.0
```

```
state: 2
magX: -79
magY: -111
magZ: 283
pressure: 101224
temp: 494
wind_speed: 0.0
wind_angle: 0.0
wind_comp_angle: 0.0
rotX: -1.04400002956
rotY: -0.171000003815
rotZ: 36.0719985962
altd: 0
vx: 0.0
vy: -0.0
vz: -0.0
ax: 0.0334198996425
ay: -0.0251189637929
az: 1.00135064125
motor1: 0
motor2: 0
motor3: 0
motor4: 0
tags_count: 0
tags_type: []
tags_xc: []
tags_yc: []
tags_width: []
tags_height: []
tags_orientation: []
tags_distance: []
tm: 1087517824.0
---
...
```

■ 慣性計測 (IMU) 情報の収集

AR.Drone には 3 軸 IMU センサが装着されている．AR.Drone の速度，加速度，角速度，向きなどの情報を収集するには，ardrone_autonomy が配布するトピック /ardrone/imu を利用する．トピック /ardrone/imu は，ROS の標準メッセージタイプ sensor_msgs/Imu を利用しており，そのフィールド構成は以下のとおりである．

| Header | header | メッセージヘッダ |
|---|---|---|
| geometry_msgs/Quaternion | orientation | 向き座標 (x,y,z,w) |
| float64[9] | orientation_covariance | 向き座標補正行列 |
| geometry_msgs/Vector3 | angular_velocity | 角速度 (x,y,z) |
| float64[9] | angular_velocity_covariance | 角速度補正行列 |
| geometry_msgs/Vector3 | linear_acceleration | 加速度 (x,y,z) |

| float64[9] | linear_acceleration_covariance | 加速度補正行列 |

なお，ランチファイルの cov/imu_la, cov/imu_av, cov/imu_or 変数で指定した各係数値は，ここの各補正行列に代入される．

この IMU 情報を利用すれば，アプリケーションプログラムで AR.Drone の位置情報を推定できる．

### ■ 磁気センサ情報の収集

AR.Drone には磁気センサが装着されている．磁気センサ情報を取得するには，ardrone_autonomy が配布するトピック/ardrone/mag を利用する．トピック/ardrone/mag のメッセージタイプは，ROS の標準メッセージタイプ geometry_msgs/Vector3Stamped で表現される．

| Header | header | メッセージヘッダ |
| Vector3 | vector | AR.Drone の向きベクトル (X 軸,Y 軸,Z 軸で計測される磁力の強さ) |

AR.Drone では，この磁気センサと加速度センサと併用することにより，位置特定の補助を行う．

### ■ オドメトリ情報の収集

AR.Drone の走行距離を計測する際に利用されるオドメトリ情報を取得するには，ardrone_autonomy が配布するトピック/ardrone/odometry を利用する．トピック/ardrone/odometry のメッセージタイプは nav_msgs/Odometry で，以下の内容で構成されている．

| Header | header | メッセージヘッダ |
|---|---|---|
| string | child_frame_id | TF 座標フレーム ID |
| geometry_msgs/PoseWithCovariance | pose | AR.Drone の姿勢情報 (位置，向き，偏差) |
| geometry_msgs/TwistWithCovariance | twist | AR.Drone の位置情報 (位置，角度，偏差) |

geometry_msgs/PoseWithCovariance と geometry_msgs/TwistWithCovariance は ROS の標準メッセージタイプで，それぞれ姿勢情報と位置情報のほかに，$6 \times 6$ 行列を行の順番で 1 行にまとめた X 軸，Y 軸と Z 軸の補正係数が入っている．

### ■ センサ情報の選択的収集

上記方法とは別に，センサ情報を選択的に収集したい場合，ardrone_autonomy パッ

ケージの以下の ROS パラメータを true に指定することができる．

| パラメータ | |
|---|---|
| enable_navdata_trims | enable_navdata_rc_references |
| enable_navdata_pwm | enable_navdata_altitude |
| enable_navdata_vision_raw | enable_navdata_vision_of |
| enable_navdata_vision | enable_navdata_vision_perf |
| enable_navdata_trackers_send | enable_navdata_vision_detect |
| enable_navdata_watchdog | enable_navdata_adc_data_frame |
| enable_navdata_video_stream | enable_navdata_games |
| enable_navdata_pressure_raw | enable_navdata_magneto |
| enable_navdata_wind_speed | enable_navdata_kalman_pressure |
| enable_navdata_hdvideo_stream | enable_navdata_wifi |
| enable_navdata_zimmu_3000 | |

この場合，選択された情報は別のトピックで配布される．たとえば，パラメータ enable_navdata_time を true に設定した場合，トピック /ardrone/navdata_time が生成される．これらのトピックのメッセージタイプは，以下の命令で確認しておいたほうがよい．

実行例：
```
% rostopic type ardrone/navdata_time | rosmsg show
```

パラメータは ROS パラメータサーバに登録されるので，ランチファイルで実行する場合，これらの設定はランチファイル内で行う必要があることに注意してほしい．

### ■ ビデオカメラ関連のトピック

AR.Drone は，正面と底面の二つのビデオカメラをもつ．これらのカメラのビデオ情報を利用するには，ardrone_autonomy が提供するトピック，/ardrone/image_raw，/ardrone/front/image_raw，/ardrone/bottom/image_raw を利用する．この三つのトピックは，いずれも標準的な ROS カメラインターフェイスとして，image transport 型メッセージを配布する．カメラドライバも標準的なもので，カメラキャリブレーション情報はパラメータ，またはキャリブレーションファイル (ardrone_front.yaml か ardrone_bottom.yaml) より与えることができる．カメラのキャリブレーション情報は camera_info トピックから取得できる．

なお，これらのトピックはベーストピックで，サブトピックとして，さらに ardrone/* があり，カメラのビデオストリーム情報とカメラ情報を取得することができる．たとえば，正面カメラについては，以下のサブトピックが配布されている．

```
/ardrone/front/image_raw
/ardrone/front/image_raw/compressed
/ardrone/front/image_raw/compressed/parameter_descriptions
/ardrone/front/image_raw/compressed/parameter_updates
/ardrone/front/image_raw/compressedDepth
/ardrone/front/image_raw/compressedDepth/parameter_descriptions
/ardrone/front/image_raw/compressedDepth/parameter_updates
/ardrone/front/image_raw/theora
/ardrone/front/image_raw/theora/parameter_descriptions
/ardrone/front/image_raw/theora/parameter_updates
```

正面と底面のカメラは，ROSサービスにより切り替えて使用する．

■ タグ検出関連のトピック

トピック/ardrone/navdataのNavdataメッセージには，AR.Droneのビデオカメラにより検出しているタグ情報が含まれている．これらのタグは，二つのカメラで30 fpsの速度で検出することができる．検出するタグの種類と使用するカメラの指定は，ROSパラメータで行うことができる．

タグ検出に関連する情報は以下のとおりである．

| タグ | 説明 |
| --- | --- |
| tags_count | 検出したタグ数 |
| tags_type | タグタイプ |
| tags_xc, tags_yc | タグのX,Y座標 |
| tags_width, tags_height | タグの横，縦サイズ |
| tags_orientation | タグ方向 (0〜360°) |
| tags_distance | タグまでの推定距離 |

デフォルトでは，底面カメラで指向性円形タグ(ラウンデル)[†]を使用する．

## 8.1.3 ardrone_autonomyのフライト制御関連のトピック

■ 離陸関連トピック

AR.Droneを離陸させるには，ROSのstd_msgs/Empty型メッセージを/ardrone/takeoffに送信すればよい．

■ 着陸関連トピック

飛行中のAR.Droneを着陸させるには，ROSのstd_msgs/Empty型メッセージを/ardrone/landに送信すればよい．

---

† AR.Droneを購入したとき，箱内に入っている白黒の標識である．

## 8.1 AR.Drone の基本プログラミング

### ■ 緊急停止/リセット関連トピック

飛行中の AR.Drone を緊急停止，またはリセットさせるには，ROS の std_msgs/Empty 型メッセージを /ardrone/reset に送信すればよい．

### ■ 飛行制御

上記のほかに，離陸後の AR.Drone を制御するには，geometry_msgs::Twist 型メッセージを cmd_vel トピックに送信すればよい．

```
-linear.x  ← 後退 (pitch 制御)
+linear.x  ← 前進 (pitch 制御)
-linear.y  ← 右旋回 (roll 制御)
+linear.y  ← 左旋回 (roll 制御)
-linear.z  ← 下降 (gaz 制御)
+linear.z  ← 上昇 (gaz 制御)
-angular.z ← 左回転 (yaw 制御)
+angular.z ← 右回転 (yaw 制御)
```

### ■ ホバリング関連トピック

geometry_msgs::Twist 型メッセージでホバリング制御の指定を行う．angular.x と angular.y に 0 以外の数値を指定した場合，ホバリング制御しない．geometry_msgs::Twist 型メッセージのすべてのフィールド (6 個) が 0 になった場合，自動的にホバリング制御を行う．

### 8.1.4 ardrone_autonomy のサービス

ardrone_autonomy では，初期キャリブレーション，カメラの切り替え，カメラチャネルの選択，フライトアニメーション，LED アニメーション，USB レコーディングサービスを提供している．

### ■ 初期キャリブレーションサービス

ardrone_autonomy では，初期キャリブレーションサービス/ardrone/flattrim を提供している．/ardrone/flattrim をパラメータなしでリクエスト (rosservice call ardrone/flattrim) することにより，AR.Drone の初期調整を行い，水平面の参照位置を設定する．

### ■ カメラの選択サービス

正面と底面カメラの切り替えは，サービス/ardrone/togglecam で行う．/ardrone/togglecam にパラメータなしでリクエスト (rosservice call /ardrone/togglecam) す

るたびに，カメラの切り替えが行われる．

■ カメラチャネルの選択サービス

ardrone_autonomy では，カメラチャネルの選択サービス/ardrone/setcamchannel を提供している．このサービスを利用する場合，uint8 型変数でチャネル番号を指定する．AR.Drone 1.0 の場合，指定できるチャネルは 0,1,2,3 で，AR.Drone 2.0 の場合，0,1 を指定することができる．

■ フライトアニメーションサービス

AR.Drone では，フライトアニメーションとよばれる事前に組み込み済みのフライトパターンを用意している．これらのアニメーションを組み合わせることで，ドローンダンスなどを行わせることができる．アニメーションは，ardrone_autonomy のサービス/ardrone/setflightanimation で利用される．サービスリクエストは，アニメーション番号を示す uint8 型変数と，アニメーション動作時間 (ミリ秒) を示す uint16 型変数を指定する必要がある．動作時間を 0 と指定した場合，デフォルト動作時間を利用する．

フライトアニメーション番号は 0〜19 の数値で指定される．フライトアニメーション番号と SDK のマクロ変数の対応は以下のとおりである[†]．

| 番号 | マクロ変数 | ミリ秒 | 動作 |
|---|---|---|---|
| 0 | ARDRONE_ANIM_PHI_M30_DEG | 1000 | 左移動 (傾斜角 30°) |
| 1 | ARDRONE_ANIM_PHI_30_DEG | 1000 | 右移動 (傾斜角 30°) |
| 2 | ARDRONE_ANIM_THETA_M30_DEG | 1000 | 1 秒間前進 (傾斜角 30°) |
| 3 | ARDRONE_ANIM_THETA_30_DEG | 1000 | 1 秒間後退 (傾斜角 30°) |
| 4 | ARDRONE_ANIM_THETA_20DEG_YAW_200DEG | 1000 | 1 秒間右旋回 (前傾斜角 20°) |
| 5 | ARDRONE_ANIM_THETA_20DEG_YAW_M200DEG | 1000 | 1 秒間左旋回 (前傾斜角 20°) |
| 6 | ARDRONE_ANIM_TURNAROUND | 5000 | 5 秒間水平右回転 |
| 7 | ARDRONE_ANIM_TURNAROUND_GODOWN | 5000 | 5 秒間水平右回転しながら降下 |
| 8 | ARDRONE_ANIM_YAW_SHAKE | 2000 | 2 秒間水平振動 |
| 9 | ARDRONE_ANIM_YAW_DANCE | 5000 | 5 秒間水平ダンス |
| 10 | ARDRONE_ANIM_PHI_DANCE | 5000 | 5 秒間水平揺れ |
| 11 | ARDRONE_ANIM_THETA_DANCE | 5000 | 5 秒間前後ダンス |

[†] 詳細は AR.Drone SDK の Common/navdata_common.h を参照してほしい．

| 12 | ARDRONE_ANIM_VZ_DANCE | 5000 | 5 秒間垂直ダンス |
| 13 | ARDRONE_ANIM_WAVE | 5000 | 5 秒間ウェーブ |
| 14 | ARDRONE_ANIM_PHI_THETA_MIXED | 5000 | 5 秒間 Pitch/Roll 混合制御 |
| 15 | ARDRONE_ANIM_DOUBLE_PHI_THETA_MIXED | 5000 | 5 秒間水平右回転 (倍速) |
| 16 | ARDRONE_ANIM_FLIP_AHEAD | 15 | 前方宙返り |
| 17 | ARDRONE_ANIM_FLIP_BEHIND | 15 | 後方宙返り |
| 18 | ARDRONE_ANIM_FLIP_LEFT | 15 | 左方宙返り |
| 19 | ARDRONE_ANIM_FLIP_RIGHT | 15 | 右方宙返り |

コマンドラインからフライトアニメーションを利用するには，以下のようにすればよい．

```
% rosservice call /ardrone/setflightanimation 4 0
```

### ■ LED アニメーショサービス

AR.Drone では，各プロペラの低部に付いている LED を点滅させる LED アニメーションを提供している．LED アニメーションは全部で 14 パターンがあり，ardrone_autonomy のサービス/ardrone/setledanimation に，uint8 型変数で指定されるアニメーション番号 (0〜13)，float32 型変数で指定される点滅周期 (Hz)，uint8 型変数で指定される動作時間 (ミリ秒) でリクエストをすることにより呼び出すことができる．動作時間を 0 と指定した場合，無限大時間となる．

LED アニメーション番号と SDK のマクロ変数の対応は，以下のとおりである[†]．

| 番号 | マクロ変数 | 点滅周期 (Hz) | デフォルト動作時間 (ミリ秒) |
|---|---|---|---|
| 0 | BLINK_GREEN_RED | 2 | 0 (無限大) |
| 1 | BLINK_GREEN | 2 | 0 (無限大) |
| 2 | BLINK_RED | 2 | 0 (無限大) |
| 3 | BLINK_ORANGE | 2 | 0 (無限大) |
| 4 | SNAKE_GREEN_RED | 5 | 0 (無限大) |
| 5 | FIRE | 20 | 0 (無限大) |
| 6 | STANDARD | 10 | 0 (無限大) |
| 7 | RED | 10 | 0 (無限大) |
| 8 | GREEN | 10 | 0 (無限大) |
| 9 | RED_SNAKE | 2 | 0 (無限大) |
| 10 | BLANK | 10 | 0 (無限大) |
| 11 | LEFT_GREEN_RIGHT_RED | 10 | 0 (無限大) |
| 12 | LEFT_RED_RIGHT_GREEN | 10 | 0 (無限大) |
| 13 | BLINK_STANDARD | 2 | 0 (無限大) |

[†] 詳細は AR.Drone SDK の Common/led_animation.h を参照してほしい．

コマンドラインから LED アニメーションを利用するには，以下のようにすればよい．

例：アニメーションパターン 1 を 4 Hz の頻度で 5 秒間点滅する
```
% rosservice call /ardrone/setledanimation 1 4 5
```

### ■ USB レコーディングサービス

ardrone_autonomy のサービス /ardrone/setrecord で，USB スティックでのフライトレコーディングの可否を指定することができる．リクエストする際は，true(1) は許可，false(0) は禁止である．

## 8.1.5　ardrone_autonomy を利用した AR.Drone プログラミング

ardrone_autonomy を利用して AR.Drone のフライト制御を行うプログラムを作成するには，まずマニフェストファイルに以下の追加を行う．

```
<build_depend> ardrone_autonomy </build_depend>
<run_depend> ardrone_autonomy </rund_depend>
```

次に，以下のようなテストプログラム ardrone_test_fly.cpp を作成する．

(1) 離陸して 5 秒間ホバリングする
(2) 5 秒間回転する
(3) 3 秒間着陸処理を行う
(4) Drone をリセットする

プログラム ardrone_test_fly.cpp を以下に示す．

▼リスト 8.3　ardrone_test_fly/ardrone_test_fly.cpp①

```
1  #include <ros/ros.h>
2  #include <std_msgs/Empty.h>
3  #include <geometry_msgs/Twist.h>
4  #include <ardrone_autonomy/Navdata.h>
5
6  #define NAVDATA_CHANNEL "/ardrone/navdata"
7  #define COMMAND_CHANNEL "/cmd_vel"
8  #define TAKEOFF_CHANNEL "/ardrone/takeoff"
9  #define LAND_CHANNEL "/ardrone/land"
10 #define RESET_CHANNEL "/ardrone/reset"
11
12 class ControlDrone {
13   public:
14     ControlDrone(void); //Constructor
15     ~ControlDrone(void) {}; //Destructor
16     void drone_proc_loop(void); //MainLoop
17
```

```
18    private:
19      void navinfo_callback(const ardrone_autonomy::Navdata& msg_in);
20      void show_navdata(const ardrone_autonomy::Navdata& nav);
21      bool check_flight(uint32_t state);
22
23      ros::NodeHandle nh; //ノードハンドラ
24      ros::Publisher pub_reset; //リセット制御用トピックハンドラ
25      ros::Publisher pub_takeoff; //テックオフ制御用トピックハンドラ
26      ros::Publisher pub_land; //着陸制御用トピックハンドラ
27      ros::Publisher pub_cmds; //飛行制御用トピックハンドラ
28      ros::Subscriber nav_sub; //ナビゲーショントピック購読用ハンドラ
29
30      float takeoff_time, avtive_time, landing_time, stop_time;
31      bool navinfo_flag; //ナビゲーション表示用フラグ
32
33      geometry_msgs::Twist cmd_msg; //フライト制御用メッセージ
34      geometry_msgs::Twist hover_msg; //ホバリング制御用メッセージ
35      std_msgs::Empty empty_msg; //離着陸，リセット用メッセージ
36    };
```

ここでは，ControlDroneクラスの定義を行い，各種トピックのハンドラとクラス変数の定義を行っている．

▼リスト 8.3　ardrone_test_fly/ardrone_test_fly.cpp②

```
38    ControlDrone::ControlDrone() :
39      //離陸して5秒間ホバリング，5秒間回転，3秒間着陸処理
40      takeoff_time(5.0),avtive_time(10.0),landing_time(3.0),
41        navinfo_flag(false)
42    {
43      pub_takeoff = nh.advertise<std_msgs::Empty>(TAKEOFF_CHANNEL, 1);
44      pub_reset = nh.advertise<std_msgs::Empty>(RESET_CHANNEL, 1);
45      pub_land = nh.advertise<std_msgs::Empty>(LAND_CHANNEL, 1);
46      pub_cmds = nh.advertise<geometry_msgs::Twist>(
47        COMMAND_CHANNEL, 1);
48      nav_sub = nh.subscribe(NAVDATA_CHANNEL, 1,
49        &ControlDrone::navinfo_callback, this);
50
51      //ホバリング制御用メッセージ
52      hover_msg.linear.x = 0.0;
53      hover_msg.linear.y = 0.0;
54      hover_msg.linear.z = 0.0;
55      hover_msg.angular.x = 0.0;
56      hover_msg.angular.y = 0.0;
57      hover_msg.angular.z = 0.0;
58
59      //フライト制御用メッセージ（回転）
60      cmd_msg.linear.x = 0.0;
61      cmd_msg.linear.y = 0.0;
62      cmd_msg.linear.z = 0.0;
63      cmd_msg.angular.x = 0.0;
```

```
64        cmd_msg.angular.y = 0.0;
65        cmd_msg.angular.z = 2.5;
66    }
```

クラスのコンストラクタでは，配布するの各種トピックの定義を行っている．さらに，Ardrone の情報を取得するために，トピック NAVDATA_CHANNEL，つまり /ardrone/navdata の購読を行っている．メッセージ定義部では，ホバリング制御用メッセージとフライト制御命令のメッセージを定義している．回転送度は angular.z の値で調整することができる．

▼リスト 8.3 ardrone_test_fly/ardrone_test_fly.cpp③

```
68    void ControlDrone::navinfo_callback(
69        const ardrone_autonomy::Navdata& navinfo)
70    {
71        //AR.Drone が空中にあるときにナビゲーションデータを表示する
72        //if(navinfo_flag && check_flight(navinfo.state))
73        // show_navdata(navinfo);
74    }
75
76    void ControlDrone::drone_proc_loop(void)
77    {
78        double time = (double)ros::Time::now().toSec();
79        ROS_INFO("Starting ARdrone_fly loop");
80
81        float t1 = takeoff_time;
82        float t2 = avtive_time + t1;
83        float t3 = landing_time + t2;
84
85        ros::Rate loop_rate(50);
86        while (ros::ok()) {
87            double now = (double)ros::Time::now().toSec();
88
89            if (now < time+t1) {
90                //離陸
91                pub_takeoff.publish(empty_msg);
92                ROS_INFO_ONCE("Taking off");
93                //ホバリング
94                pub_cmds.publish(hover_msg);
95            } else if (now > time+t1 && now < time+t2) {
96                //回転
97                pub_cmds.publish(cmd_msg);
98                ROS_INFO_ONCE("Moving/Hovering");
99                navinfo_flag = true;
100           } else if (now > time+t2 && now < time+t3) {
101               //着陸する
102               pub_land.publish(empty_msg);
103               ROS_INFO_ONCE("Landing");
104           } else if (now > time+t3) {
105               //終了処理
```

```
106            ROS_INFO_ONCE("Closing Node");
107            //AR.Drone をリセットする
108            pub_reset.publish(empty_msg);
109            break;
110        }
111
112        ros::spinOnce();
113        loop_rate.sleep();
114    }
115 }
```

navinfo_callback は，購読したトピック (/ardrone/navdata) のコールバック関数で，後述する処理メソッド show_navdata と併用すれば，AR.Drone のフライト情報を取得することができる (この例では未使用である)．AR.Drone の飛行制御は，drone_proc_loop メイン処理部で対応するトピックメッセージを配布することにより行っている．

▼リスト 8.3　ardrone_test_fly/ardrone_test_fly.cpp④

```
117 int main(int argc, char** argv)
118 {
119     ros::init(argc, argv,"ARDrone_flight");
120
121     ControlDrone d;
122     d.drone_proc_loop();
123
124     return 0;
125 }
```

メイン関数では，ControlDrone のインスタンスを取得して，drone_proc_loop メソッドで処理を行っている．

参考のために，AR.Drone の情報を取得するメソッドを以下に示す．ここで，AR.Drone が空中にある場合での情報を収集するために，check_flight メソッドを用意している．

▼リスト 8.4　Navdata を取得するメソッド

```
1  #define UNKNOWN 0
2  #define INIT 1
3  #define LANDED 2
4  #define FLYING1 3
5  #define HOVERING 4
6  #define TEST 5
7  #define TAKEGOFF 6
8  #define FLYING2 7
9  #define LANDING 8
10 #define LOOPING 9
11
12 bool ControlDrone::check_flight(uint32_t state)
13 {
14     std::string drone_states[] = {
```

```
15          "UNKNOWN", "INIT", "LANDED", "FLYING1", "HOVERING", "TEST",
16          "TAKEOFF", "FLYING2", "LANDING", "LOOPING"};
17
18      ROS_INFO_STREAM("Drone State: " << drone_states[state]);
19      if(state == FLYING1 || state == HOVERING || state==FLYING2)
20          return true;
21      else
22          return false;
23  }
24
25  void ControlDrone::show_navdata(const ardrone_autonomy::Navdata& nav)
26  {
27      std::cout << "header:" << std::endl;
28      std::cout << " " << nav.header;
29      std::cout << "batteryPercent: " << nav.batteryPercent
30          << std::endl;
31      ...(以下省略,chapter08/ardrone_navinfo/ardrone_navinfo.cpp を参照)
32  }
```

上記プログラムを実機で検証するには，ランチファイルを作成するか，ardrone_autonomy を立ち上げてから，rosrun で実行する必要がある．

なお，AR.Drone のビデオストリームを受信するには，/ardrone/image_raw などを購読するか，以下のように image_view などを利用すればよい．

```
rosrun image_view image_view image:=/ardrone/image_raw
```

/ardrone/image_raw などを購読する際に，以下のようなコールバック関数でビデオストリームを表示することができる．

▼リスト 8.5　AR.Drone のビデオストリームを取得するコールバック関数

```
1   void imageCallback(const sensor_msgs::ImageConstPtr& msg)
2   {
3       try {
4           cv_bridge::CvImagePtr img;
5           img = cv_bridge::toCvCopy(msg,
6               sensor_msgs::image_encodings::TYPE_8UC3);
7           cv::imshow("drone_camera",img->image);
8           cv::waitKey(1);
9       }
10      catch (cv_bridge::Exception& e) {
11          ROS_ERROR("Could not convert from '%s' to 'bgr8'.",
12              msg->encoding.c_str());
13      }
14  }
```

ここでは，ROS を利用した AR.Drone の基本的な制御方法しか示していないが，ardrone_autonomy を利用すれば，AR.Drone に対してさまざまな制御を行うことが可

能である.

## 8.2 AR.Droneの自律飛行

tum_ardroneはardrone_autonomyをベースに開発されたもので，ゲームパッドを利用したフライト制御と，画像処理技術を利用したオートパイロット飛行をサポートしている．

tum_ardroneを利用するには，まず以下のようにパッケージをインストールしておく．

```
% cd ~/ros/src
% git clone git://github.com/tum-vision/tum_ardrone.git tum_ardrone
% cd ~/ros
% catkin_make
```

### 8.2.1 tum_ardroneの自律飛行制御機構

tum_ardroneの自律飛行制御機構を図8.2に示す．

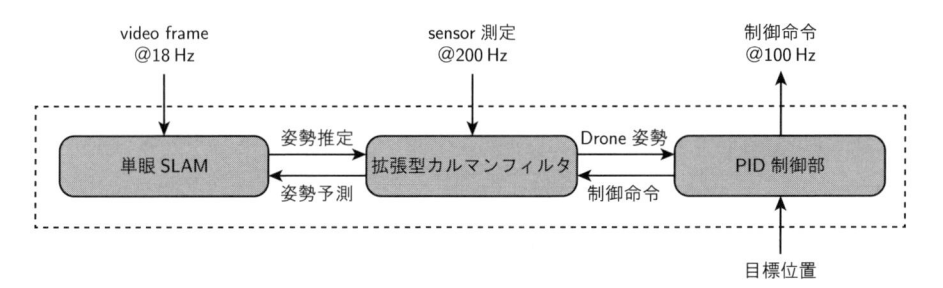

図8.2 tum_ardroneの自律飛行制御機構

- **単眼SLAM**

  ビデオ入力を用いてAR.Droneの姿勢推定を行うカルマンフィルタをベースにしたSLAM (simultaneous localization and mapping)アルゴリズムである．センサの測定情報とPTAM(parallel tracking and mapping)より測定した姿勢データ比較することにより，マップの初期スケールを推定する．

- **拡張型カルマンフィルタ**

  送信された制御命令の期待結果を，センサ測定とPTAM測定で評価を行う．両方のデータとを融合するために，拡張型カルマンフィルタを利用する．

- **PID制御部**

  拡張型カルマンフィルタより推定したAR.Droneの姿勢と速度に基づいて，機

体を目標地点までの飛行しホバリングさせる PID 制御機構である．

tum_ardrone では，GPS などの外部センサを利用せずに，単眼カメラで AR.Drone をナビゲートするために，自律飛行を行うマップのスケールを推定する．そして，推定したスケール値を利用して，連続している 2 枚のビデオ画面で AR.Drone 位置変化を計算して，機体の姿勢，位置の特定を行う．精度のよい推定を行うために，tum_ardrone は単眼カメラで撮影したビデオの差分情報と IMU センサで測定した差分情報を統合的に評価し，拡張型カルマンフィルタでノイズの除去を行っている．

tum_ardrone は主に，以下の三つのパッケージで構成されている．

| パッケージ | 説明 |
| --- | --- |
| drone_gui | drone_autopilot ノードと drone_stateestimation ノードの QT GUI を提供し，フライトプランニングファイルの読み込みや，キーボードとジョイスティックで AR.Drone を制御する方法を提供している |
| drone_autopilot | PID コントローラで，フライトプランニングを提供する |
| drone_stateestimation | navdata を利用して AR.Drone の位置特定や飛行を制御するための命令の転送を行う |

## 8.2.2　tum_ardrone の drone_gui パッケージ

drone_gui は簡単な GUI を提供し，AR.Drone のキーボード操作やジョイスティック制御，オートパイロットするためのフライトプランニングファイルの指定などを行う

図 8.3　tum_ardrone パッケージの GUI 画面

ことができる．
drone_gui を以下のように立ち上げると，図 8.3 に示す GUI 画面が表示される．

```
% rosrun tum_ardrone drone_gui
```

### ■ AR.Drone の状態をチェックする

drone_gui ウィンドウ上で，右上の "Node Communication Status" 欄のメッセージを確認すれば，AR.Drone の現在の状態を調べることができる．

```
Drone Navdata: XXXHz (XXX > 100)
Pose Estimates: 33Hz
```

### ■ キーボードで制御する

drone_gui ウィンドウをクリックして，ESC キーを押すか，"Control Source" の "Keyboard" をチェックすることにより，キーボード制御モードを有効にすることができる．すると，以下のキーで AR.Drone のフライト制御ができるようになる．

```
q, a        ← 上昇，下降制御
i, j, k, l  ← 水平飛行制御
u, o        ← ヨー軸の回転制御
F1          ← 緊急着陸
s           ← 離陸
d           ← 着陸
```

### ■ ゲームパッドで制御する

ゲームパッドで AR.Drone を制御するために，まず，joy_node ノードを立ち上げておく必要がある．

```
% rosrun joy joy_node
```

次に，GUI 上で "Joistick" をチェックして，通常どおりに AR.Drone を制御することができる．

### ■ autopylot 飛行

左上の画面 (オートパイロット命令入力部) 上に "autoInit 500 800" と入力する．

次に，"Reset"，"Clear"，"Send" をクリックする．すると，AR.Drone が離陸して，PTAM を初期化を行い，初期位置にホバリングする．後は，LoadFile タグの横にあるプルダウンメニューからフライトプランニングファイルを選び，"Send" を押せばよい．これで，選ばれたファイルの中に記述された命令が逐次的に実行され，オートパイロット飛行を行うことができる．

### 8.2.3 tum_ardrone の drone_autopilot パッケージ

drone_autopilot パッケージを利用すれば，事前に計画した飛行コースに沿って AR.Drone を飛行させる，いわゆる，プリプランニングフライトを実現することができる．drone_autopilot では，一連のフライト命令をフライトプランニングファイルの中に記述して，c COMMAND の形式で /tum_ardrone/com に送信して，必要に応じてキューイングした後，順次 AR.Drone に送り出して行く．命令キューは，c clearCommands でクリアすることができる．

drone_autopilot で提供されている命令は，以下のとおりである．

#### フライト制御命令

- autoInit [int moveTimeMS] [int waitTimeMS] [int riseTimeMs] [float initSpeed]
  drone を初期化して離陸させ，riseTimeMs 時間上昇して，約 1 m 上空にホバリングする．そして，PTAM の初期化を行い 1 回目のカルマンフィルタの推定を行う．次に，initSpeed の速度で，moveTimeMS 時間だけ上昇してから，waitTimeMS 時間後，2 回目のカルマンフィルタの推定を行う．各時間の単位は ms である．よく利用される値は "autoInit 500 800 4000 0.5" である．
- autoTakeover [int moveTimeMS] [int waitTimeMS] [int riseTimeMs] [float initSpeed]
  離陸した後で利用される点以外，autoInit 命令と同じである．
- takeoff
  離陸制御を行う．MAP と PTAM の初期化を行わない．
- setReference [doube x] [double y] [double z] [double yaw]
  参照ポイント (ホームポジション) の座標と回転速度を設定する．
- setMaxControl [double cap=1.0]
  最大制御量 cap を設定する．
- setInitialReachDist [double dist=0.2]
  AR.Drone の目標ウェイポイントに到達する許容誤差範囲 (m) を指定する．
- setStayWithinDist [double dist=0.5]
  AR.Drone の目標ウェイポイントの許容範囲内での待機時間を指定する．
- setStayTime [double seconds=2.0]
  目標ウェイポイントでの待機時間を指定する．この値は setStayWithinDist の設定値に含まれる．
- clearCommands
  バッファリングしているすべての命令をクリアする．これにより，新しい命令がすぐ実行されるようになる．
- goto [doube x] [double y] [double z] [double yaw]
  現在の参照ポイントを参照し，指定された (絶対) 座標にフライトする．指定され

た座標に到達するまでに同じ命令がブロックされる．オートパイロットの座標区間を図 8.4 に示す．

- moveBy　[doube x] [double y] [double z] [double yaw]
  現在のウェイポイント (前回の目標位置) から指定された (相対) 座標にフライトする．
- moveByRel　[doube x] [double y] [double z] [double yaw]
  現在の測定位置から指定された座標にフライトする．
- land
  着陸する．
- lockScaleFP
  PTAM で drone の現在位置の再計測するまで，参照点を固定する．

（a）AR.Drone の座標空間　　（b）オートパイロットのパスプランニング例

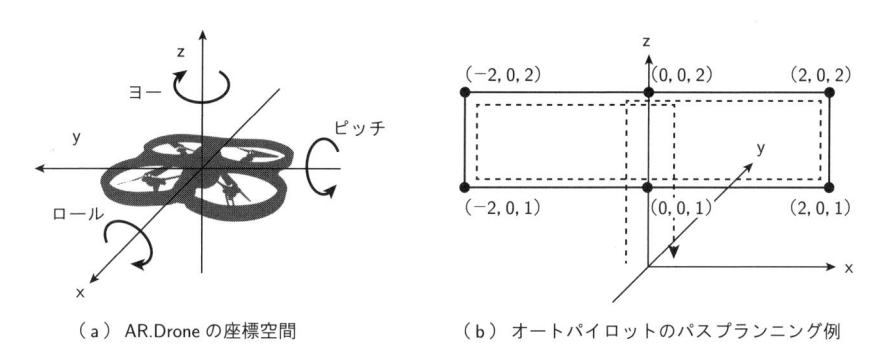

図 8.4　オートパイロットの座標空間とプランニングの例

これらの命令をプランニングファイルの中に記述して，GUI から読み出せば，AR.Drone の自律飛行を実現することができる．

図 8.4 のフライトプランニングの例について，そのプランニングファイルの内容を以下に示す．この例では，AR.Drone が垂直方向に，横 4 m，縦 1 m の長方形を描きながら飛行する．

```
autoTakeover 500 800
setReference $POSE$
setMaxControl 0.1
setInitialReachDist 0.2
setStayWithinDist 0.5
setStayTime 3
lockScaleFP
goto 0 0 0 0
goto 0.0 0.0 1.0 0
goto 0.0 0.0 2.0 0
goto 2.0 0.0 2.0 0
goto 2.0 0.0 1.0 0
goto 0.0 0.0 1.0 0
```

```
goto 0.0 0.0 2.0 0
goto -2.0 0.0 1.0 0
goto -2.0 0.0 2.0 0
goto 0.0 0.0 2.0 0
goto 0.0 0.0 1.0 0
```

このフライトプランニングファイルを~ros/src/tum_ardrone/flightPlans/の下においば，drone_gui からアクセスができるようになる．

## 8.2.4 tum_ardrone の drone_stateestimation パッケージ

drone_stateestimation パッケージは，AR.Drone のフライト情報 (navdata) と制御命令，およびビデオカメラを用いた PTAM での AR.Drone の位置計測を行うためのパッケージである．

drone_stateestimation パッケージでは，以下の ROS パラメータを利用している．

| パラメータ | 説明 |
| --- | --- |
| ~publishFreq | 位置を計測し，位置情報トピックを発行する頻度 (デフォルト：30 Hz) |
| ~calibFile | カメラキャリブレーションファイル (デフォルト：camcalib/ardroneX_default.txt) |
| UseControlGains | 拡張カルマンフィルタに制御ゲインを使うか否かを指定する |
| UsePTAM | 拡張カルマンフィルタのアップデートに PTAM の姿勢推定を利用するか否かを指定する |
| UseNavdata | 拡張カルマンフィルタのアップデートに navdata を利用するか否かを指定する．UsePTAM と UseNavdata の両方を false と設定した場合，拡張カルマンフィルタが動作せず，制御命令だけに従い Drone を制御することになる． |
| PTAMMapLock | PTAM マップをロックする |
| PTAMSyncLock | PTAM マップを同期ロックする (姿勢オフセットとスケールを固定する) |
| PTAMMaxKF | PTAM のカルマンフィルタの最大調整量 |
| PTAMMinKFDist | カルマンフィルタの連続 2 回推定の最小距離 (m) |
| PTAMMinKFWiggleDist | 平均奥行きに対して，カルマンフィルタの連続 2 回推定の最小距離 (m) |
| PTAMMinKFTimeDiff | カルマンフィルタの連続 2 回推定を行う最小時間間隔．(PTAMMinKFTimeDiff AND (PTAMMinKFDist OR PTAMMinKFWiggleDist)) が成り立つ場合，PTAM は新しいカルマンフィルタの推定を行う． |

| | |
|---|---|
| RescaleFixOrigin | スケールを再推定した場合，PTAM と推定空間の間で一つのポイントだけを固定する．false と設定した場合，このポイントの位置を現在位置とする．これにより，偶然に発生する大きいジャンプを回避できる．true と設定した場合，このポイントで初期化を行い，カルマンフィルタで再推定を行う．この場合，AR.Drone は突然ジャンプするかもしれないが，マップは固定したままとなる． |
| c1,…, c8 | 拡張カルマンフィルタの予測パラメータ |

drone_stateestimation で PTAM スケールを適切的に推定するためには，AR.Drone の初期化の直後に機体を少し上下移動させて，画面上特徴点の位置の差分を検出するとよい．

drone_stateestimation は二つの画面を利用する．一つはビデオ画面で，もう一つは PTAM マップ画面である (図 8.5 参照)．

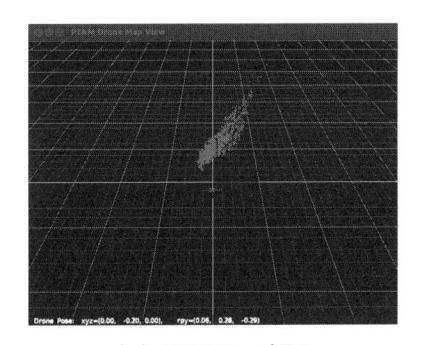

(a) ビデオ画面　　　　　　　　　(b) PTAM マップ画面

図 8.5　drone_stateestimation ノードの表示画面

ビデオ画面での基本操作を以下に示す．

| Key | tum_ardrone の命令 | 動作 |
|---|---|---|
| r | p reset | PTAM をリセットする |
| u | p toggleUI | 視点を切り替える |
| space | p space | PTAM を初期化するために，1 回目と 2 回目のキーフレームを生成する |
| k | p keyframe | PTAM にキーフレームを取得させる |
| l | toggleLog | ロギング機能をスタート，ストップする |
| m | p toggleLockMap | PTAMMapLock パラメータと同じ (PTAM マップをロックする) |
| n | p toggleLockSync | PTAMSyncLock パラメータと同じ (PTAM マップを同期ロックする) |

ビデオ画面をマウスでクリックすると，以下のようにウェイポイントが生成される．drone_autopilot が動いている場合，ウェイポイントが drone_autopilot により処理される．

- マウスを左クリックすると，X-Y 座標空間上でウェイポイントが設定される．この場合，ビデオ画面の中心座標が (0,0,0) で，画面の枠線まではそれぞれ 2 m ずつである．現在の位置から，クリックした座標 (x,y,0) へ飛行する．
- マウスを右クリックすると，Z 軸上でウェイポイントが設定される．この場合，X 方向のクリック量は回転角度を表す．現在の位置から，クリックした座標 (0,0,z) へ回転しながら飛行する．

マップ画面での基本操作を以下に示す．

| Key | tum_ardrone の命令 | 動作 |
| --- | --- | --- |
| r | f reset | 拡張カルマンフィルタと PTAM をリセットする |
| u | m toggleUI | ユーザ視点を切り替える |
| v | m resetView | ユーザ視点をリセットする |
| l | toggleLog | ロギング機能をスタート，ストップする |
| t | m clearTrail | 緑色の軌跡線を消す |

## 8.2.5 自律飛行の例

drone_autopilot のパッケージをまとめて実行させるためには，リスト 8.1 の ardrone.launch を利用して，以下のようにすればよい．

▼リスト 8.6　launch/autonomous.launch

```
 1  <launch>
 2      <include file="$(find my_tutorials)/chapter08/launch/
 3          ardrone.launch"/>
 4      <node name="drone_stateestimation" pkg="tum_ardrone"
 5          type="drone_stateestimation"/>
 6      <node name="drone_autopilot" pkg="tum_ardrone"
 7          type="drone_autopilot"/>
 8      <node name="drone_gui" pkg="tum_ardrone" type="drone_gui"
 9          required="true"/>
10      <node name="joy_node" pkg="joy" type="joy_node"/>
11  <launch>
```

IMU で測った高度値は PTAM のスケール推定に利用されているので，実機操作する際には，地面ができるだけ平坦な場所で実験したほうがよい．急激な高低差のある場所では，drone_stateestimation はある程度位置を維持することができるが，教室内で椅子や机など，高低差が連続変動するような場所ではうまく動作してくれないことに注意

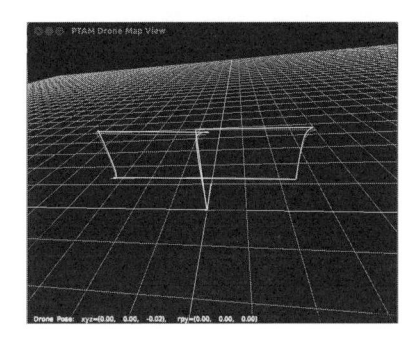

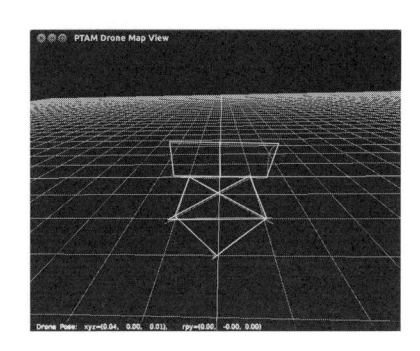

図 8.6　オートパイロットの実行例

してほしい．

ある程度平坦な場所であれば，プランニングファイルを正しく作成しておけば，さまざまなオートフライトパターンを飛行することができる (図 8.6 参照)[†]．

## 8.3　ROS ネットワーキング

ROS は分散型システムであるので，ノードを別々のホスト上で実行することができる．この場合，ROS マスターは中心的な役割を果たす．各ホスト上で実行されるノード間では，ROS マスターを利用してトピックやサービス，アクションの特定したり，パラメータをアクセスすることができるようになる．

### 8.3.1　ROS ネットワークの設定

■ ホスト名の登録

ROS システム内のすべてのホストは，互いに到達できることが要求される．それぞれのホストは同じネットワークに所属しなくてもかまわないが，ルータなどを経由して必ずたどりつけるようにしなければならない．これは，DNS などで IP アドレスが解決できることと，宛先への経路が確保できることを意味する．

小規模環境やローカルテストを行う場合，各ホストの/etc/hosts にネットワークを構成する各ホストの名前と IP アドレスを登録しておけばよい．ここで，同じネットワーク 192.168.10.0/24 に $n$ 台のホストがあり，ROS システムを構成することを考える．

まず，各ホストの IP アドレス決め，DHCP などを使わずに，/etc/hosts に手動で設定しておこう．

---

[†] ここでは図面を見やすくするために，実際の出力を描画し直している．

```
% sudo vi /etc/hosts
...
192.168.10.10    ros_node1
192.168.10.11    ros_node2
192.168.10.12    ros_node3
...
```

次に，/etc/hostname に自分のホスト名を登録しておく．たとえば ros node1 の場合，以下のように登録する．

```
% sudo vi /etc/hostname
ros_node1
```

各ホストへの登録が終わった後，互いに ping 命令で到達性の検証を行う．

```
例：ros_node1 において，以下の命令を実行する
  % ping  node_2
  PING node_2 (192.168.10.11) 56(84) bytes of data.
  64 bytes from 192.168.10.11: icmp_seq=1 ttl=64 time=0.017 ms
  ...
  % ping  node_3
  PING node_3 (192.168.10.12) 56(84) bytes of data.
  64 bytes from 192.168.10.12: icmp_seq=1 ttl=64 time=0.017 ms
  ...
```

■ SSH の設定

複数のホストで構成される ROS システムでは，ホストどうしは互いに SSH でアクセスできることが要求される[†]．

Ubuntu の場合，各ホストに以下のように SSH 環境をインストールすることができる．

```
% sudo apt-get install openssh-server
```

インストールした後，このままでもすぐ利用可能であるが，パスワードなしでログインしたい場合など，SSH アクセスに関する細かい設定については，インターネットなどのリソースを参考してほしい．

SSH の動作確認は以下のようにすればよい．ここでは，二つのホスト ros node1，ros node2 に SSH をインストールし，ros node1 から ros node2 へログインしている．

```
例：ros_node1 において，以下の命令を実行する
  % ssh  ros_node2  -l  ros_user    ← リモートホストのユーザ名を指定する
  （ここで，リモートホストのパスワードが要求されることがある）
```

---

[†] ランチファイルを利用しない場合，別々のホスト上でそれぞれのノードを実行することができれば，無理に SSH を使用しなくてもよいが，ノード数が多くなる場合やリモートアクセスをしやすくするために，SSH 環境を用意しておくことほうが無難である．

## 8.3.2 ROS ノードの分散的実行

### ■ コマンドラインでの実行例

ここで，2 台のホスト ros_node1, ros_node2 で，トピックの送受信を確認してみる．ros_node1 でトピックを配布する．

```
% export ROS_HOSTNAME=ros_node1
% export ROS_MASTER_URI=http://ros_node1:11311/
% roscore &
% rostopic pub -r 10 /hello std_msgs/String "hello ROS world!!!!"
```

ros_node2 でトピックを購読する．

```
% export ROS_HOSTNAME=ros_node2
% export ROS_MASTER_URI=http://ros_node1:11311/
% rostopic echo /hello
data: hello ROS world!!!!
---
data: hello ROS world!!!!
...
```

### ■ rosrun での実行例

ここで，2 台のホスト ros_node1, ros_node2 で，第 3 章の配布者プログラム my_first_publisher と購読者プログラム my_first_subscriber を実行してみる．ros_node1 を ROS マスターとする．

ros_node1 で配布者プログラムを実行する．

```
% export ROS_HOSTNAME=ros_node1
% roscore &
% rosrun chapter03 my_first_publisher
```

ros_node2 で購読者プログラムを実行する．

```
% export ROS_HOSTNAME=ros_node2
% export ROS_MASTER_URI=http://ros_node1:11311
% rosrun chapter03 my_first_subscriber
[ INFO] [1432874444.532663670]:
            I heard: [hello! thank you to subscribed this topic!]
...
```

同じように，ros_node1 で turtlesim の turtlesim_node, ros_node2 で turtle_telop_key を実行すれば，ros_node1 で表示されるシミュレータ画面上の小亀を ros_node2 のキーボードで操作できる．

## ■ roslaunch での実行例

前の例でわかるように，rosrun で実行する場合，それぞれのホストでそれぞれのノードを実行することは大変面倒である．そこで ROS では，ランチファイルを用意して，roslaunch で実行する方法が提供されている．

ここで，ros_node2 で取得したビデオ画像を ros_node1 で表示するランチファイルの例を以下に示す．ros_node1 を ROS マスターとする．

▼リスト 8.7　launch/net-camera.launch

```xml
 1  <launch>
 2      <machine name="ros_node1" address="ros_node1" default="true" />
 3      <machine name="ros_node2" address="ros_node2"
 4          env-loader="~/ros/rosnet.sh" user="ユーザ名"
 5          password="パスワード" />
 6
 7      <node name="pubNode" pkg="my_tutorials" type="image_publisher"
 8          machine="ros_node2"/>
 9      <node name="subNode" pkg="my_tutorials" type="image_subscriber"
10          machine="ros_node1" output="screen"/>
11  </launch>
```

ここでは，<machine>タグを利用して，各ホストの定義をしている．

第 2 行：roscore を実行するホスト側のノード (ros_node1) の定義で，default="true" と指定している．

第 3 行～第 5 行：リモートホスト上で実行されるノードの定義である．ここで，リモートホストに SSH でログインする際のユーザ名とそのパスワードを指定している．さらに，ログインする際に実行されるシェル環境ファイル rosnet.sh を指定している．

第 7 行～第 8 行：リモートホスト ros_node2 上で実行されるプログラム image_publisher を指定している．このプログラムを事前リモートホスト側のパッケージ my_tutorials のディレクトリに転送しておく必要がある．

第 9 行～第 10 行：ローカルホスト上で実行されるカメラ映像購読者プログラムを指定している．

リモートホストで実行される rosnet.sh の中では，普通，リモートホスト上での ROS 環境を設定する．たとえばこの例の場合，以下のような rosnet.sh を用意して，~/ros/ の下におけばよい．

▼リスト 8.8　rosnet.sh

```bash
1  #!/usr/bin/env bash
2
3  # Source the workspace configuration
4  source ~<usr_name>/ros/devel/setup.bash
5  export ROS_HOSTNAME=ros_node2
6  export ROS_MASTER_URI=http://ros_node1:11311
```

```
7
8  # Execute command
9  exec "$@"
```

最後に，以下のように rosnet.sh に実行権限を与えることを忘れないでほしい．

```
% chmod a+x  ~/ros/rosnet.sh
```

以上の準備ができた後，ローカルホスト上で net-camera.launch を実行すれば，リモートホストで取得したカメラ映像をローカルホスト上に表示できるはずである．

## appendix A  ROS のインストール

本書では，ROS Indigo の使用を想定している．ROS Indigo は Ubuntu 13.10 (Saucy), Ubuntu 14.04 (Trusty) をサポートしている．ここで，ROS Indigo をインストールする基本手順を示しておく．

(1) Sources.list を設定する

```
% sudo sh -c \
  'echo "deb http://packages.ros.org/ros/ubuntu trusty main" > \
  /etc/apt/sources.list.d/ros-latest.list'
```

(2) 鍵の設定

```
% wget http://packages.ros.org/ros.key -O - | sudo apt-key add -
```

(3) ROS パッケージのインストール

```
% sudo apt-get update
% sudo apt-get install ros-indigo-desktop-full
```

(4) rosdep の初期化

```
% sudo rosdep init
% rosdep update
```

(5) catkin ワークスペースの生成

```
% mkdir -p ~/ros
% mkdir -p ~/ros/src
% cd ~/catkin_ws/src
% catkin_init_workspace
% cd ~/ros
% catkin_make
```

(6) 環境設定

```
% echo "source ~/ros/devel/setup.bash" >> ~/.bashrc
% source ~/.bashrc
```

(7) rosinstall の準備 (オプション)

rosinstall は，別途に配布されているものとして，ROS 中で頻繁に使用されるコマンドラインツールである．rosinstall を利用すれば，ROS パッケージのインストールが簡単になる．以下の命令でインストールする．

```
% sudo apt-get install python-rosinstall
```

(8) インストール後の確認

```
% roscd
/home/user_name/ros/devel
```

appendix

# B

# ROS–Arduino 開発環境の
# インストール

## (1) デバイスの確認

Arduino を USB ケーブルで PC に接続して，以下の命令でデバイスが使用可能であることを確認する．

```
% ls /dev/ttyACM*
または
% ls /dev/ttyUSB*
```

ここで，環境によっては，ttyACM*ではなく，ttyBSB*が利用されることがあるので，表示されているほうを利用する．なお，通常，Arduino を 1 枚だけを利用する場合，ttyACM0 などのように，デバイス番号が 0 と表示されるはずであるが，Vmware などの仮想環境上で試す場合，センサーの配線替えなどにより，デバイス番号が変わることがある．その場合，Arduino をつなぐ USB ケーブルを差し替えるか，表示された新しい番号を利用する必要がある．

## (2) 必要なパッケージをインストール

Arduino の開発環境では Java を利用するので，必要に応じて以下のようにインストールしておく．

```
% sudo add-apt-repository ppa:webupd8team/java
% sudo apt-get update
% sudo apt-get install oracle-java8-installer
```

次に，ROS 関連パッケージをインストールしておく．

```
% sudo apt-get install ros-indigo-rosserial-arduino
% sudo apt-get install ros-indigo-rosserial
```

## (3) Arduino IDE のインストール

www.arduino.cc から Arduino の最新バージョン (32 bit) をダウンロードして，適当な場所に展開しておく (2016 年 2 月現在では，arduino-1.6.3-linux32.tar.xz となっている)．

```
% cd ~/Download; tar xvf arduino-1.6.3-linux32.tar.xz
```

次に，ROS 関連ライブラリを用意する．

```
% cd ~/Download/arduino-1.6.3/libraries
% rosrun rosserial_arduino make_libraries.py .
% cd ~/Download;
% sudo cp -r arduino-1.6.3 /opt/.
```

(4) 動作確認

以下のように，Arduino IDE を立ち上げる．

```
% /opt/arduino-1.6.3/arduino
```

利用する環境にもよるが，日本語環境を使用している場合，Arduino IDE 画面の文字が化けてしまうことがある．その場合，以下のように実行して，Arduino IDE の言語を英語モードに合わせる．

```
% (export LANG=C; /opt/arduino-1.6.3/arduino)
```

次に，Arduino IDE 画面の "File" をクリックして，"Prefernce" を選んで，"Editor langusage" のプールダウンメニューから "English (English)" を選択する (図 B.1 参照)．さらに，"Tools" を選択し，"Port" で "/dev/ttyACM0" を指定して，いったん Quit する．

これで，ROS-Arduino の環境設定が終了となる．

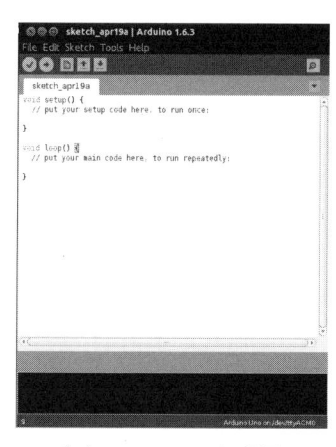

（a）Arduino のメイン画面　　　　（b）Arduino IDE の設定画面

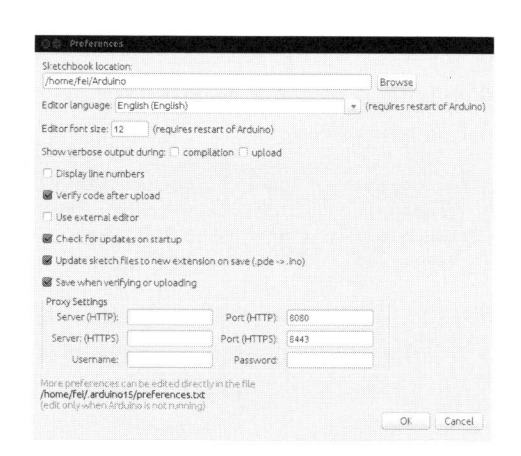

図 B.1　Arduino IDE の画面例

appendix

# C

# TurtleBot 開発環境のインストール

　TurtleBot は自律走行ロボットの教育研究用プラットフォームとして，世界中によく利用されている．TurtleBot には移動ベースとして，Yujin Robot 製 Kobuki が使用され，Kinect やレーザレンジファインダなどさまざまなセンサを装着することができるが，このプログラミング開発環境として，ROS を利用することができる．

　ここで，TurtleBot/TurtleBot2 の ROS 環境を設定方法を紹介する．

## ■ ROS パッケージのインストール

　2016 年 2 月現在では，TurtleBot/TurtleBot2 用 ROS 環境として，ROS Indigo が推奨され，ROS jade 環境の場合，ソースコードからのインストールとなる．ここで，ROS Indigo 環境を想定し，各種設定を行う．TurtleBot を制御する PC のホスト名を turtlePC とし，turtlePC を遠隔操作するホストの名前を localPC とする．

　ROS Indigo がインストールされた場合，以下の命令を実行して，turtlePC に TurtleBot と kobuki 関連のパッケージをインストールする．

```
% sudo apt-get install ros-indigo-turtlebot ros-indigo-turtlebot-*
% sudo  ros-indigo-rocon-remocon ros-indigo-rocon-qt-library
% sudo ros-indigo-ar-track-alvar-msgs
% ros-indigo-kobuki ros-indigo-kobuki-core ros-indigo-kobuki-ftdi
```

　次に，localPC に rocon ツールパッケージをインストールする．rocon は，マルチホストの分散環境で ROS を利用する際の管理ツール群で，TurtleBot/TurtleBot2 の車載ホスト上で実行される ROS ノードを管理することができる．

```
% sudo apt-get install ros-indigo-rocon-*
  ros-indigo-std-capabilities
% sudo apt-get install ros-indigo-rqt-capabilities ros-indigo-yocs*
```

## ■ ネットワーク環境の設定

　まず，turtlePC と localPC の間に SSH でリモートログインできるよう，両方のホストにホスト名の登録を行う．IP アドレスは，各自の環境に合わせて登録する．

```
% sudo vi /etc/hosts
...
192.168.100.10    localPC
192.168.100.20    turtlePC
...
```

次に，以下の命令をそれぞれのホスト上で実行して，両方のホストに openssh サーバをインストールする．

```
% sudo apt-get  -y install  openssh-server
```

最後に，ping 命令で互いに到達できることを確認する．

```
localPC において，以下の命令を実行する：
  % ping  turtlePC
turtlePC において，以下の命令を実行する：
  % ping  localPC
```

■ 動作確認

turtlePC を Kobuki に USB ケーブルで接続して，Kobuki の電源を入れて動作確認を行う．

(1) turtlePC 側の作業

まず，localPC 上で一つのターミナルを開き，SSH で turtlePC にログインして，以下の作業を行う．

以下の命令を実行して，udev ルールを適用する．

```
% ssh turtlePC
    <turtlePC 側のパスワードを入力する>
% rosrun kobuki_ftdi create_udev_rules
```

これで，Kobuki をアクセスするデバイス /dev/kobuki が生成される．ls 命令で確認しても /dev/kobuki が生成されていない場合は，USB ケーブルをいったん抜いて再度差し込めば，生成されるはずである．

次に，以下のような環境ファイル local-kobuki.sh を用意する．

```
#!/usr/bin/env bash

CATKIN_SHELL=bash

# Get the location of your workspace (i.e. the location of this script)
export MY_WORKSPACE="$( cd "$( dirname "${BASH_SOURCE[0]}" )" && pwd )"
if [ -d ${MY_WORKSPACE}/devel ]; then
source ${MY_WORKSPACE}/devel/setup.bash
fi
```

```
# Export the turtlebot variables
export TURTLEBOT_BASE=kobuki
export TURTLEBOT_STACKS=hexagons
export TURTLEBOT_3D_SENSOR=kinect
export TURTLEBOT_SERIAL_PORT=/dev/kobuki
export ROSLAUNCH_SSH_UNKNOWN=1
export ROS_MASTER_URI=http:// turtlePC:11311/
export ROS_HOSTNAME= turtlePC
```

次に，TurtleBot を起動してみる．

```
% source local-kobuki.sh
% roscore &
% roslaunch turtlebot_bringup minimal.launch --screen
```

(2) localPC 側の作業

ここで，rocon ツールを利用して動作確認を行う．まず，以下の環境変数を設定設定しておく．

```
export ROS_MASTER_URI=http://turtlePC:11311/
export ROS_HOSTNAME=localPC
```

次に，rqt_remocon を実行すると，図 C.1(a) に示す画面が現れ，そこから "PC Pairing" をクリックすると，PC ペアリング画面 (同図 (b)) が表示される．

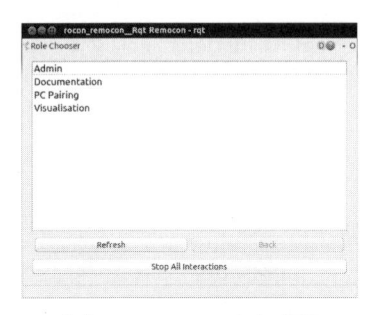

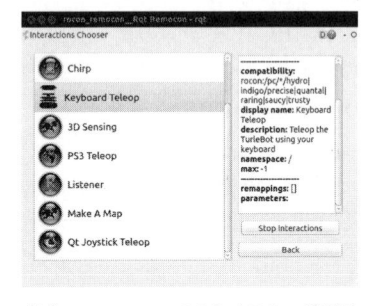

(a) rqt_remocon のメイン画面　　(b) rqt_remocon の PC ペアリング画面

図 C.1　TurtleBot を rqt_remocon でリモート制御する例

最後に，PC ペアリング画面からアプリケーション (Listener や Keyboard Teleop など) を選択して実行すれば，TurtleBot の動作確認を行うことができる．

TurtleBot を動かしながら，RViz で動作確認をしたい場合，localPC で以下の命令実行しておけばよい．

```
% roslaunch turtlebot_rviz_launchers view_robot.launch --screen
```

# 索 引

actionlib 204
actionlib::SimpleActionClient 207
　— cancelGoal 208
　— getResult 208
　— getState 208
　— isServerConnecte 207
　— sendGoal 207
　— waitForServer 207
actionlib::SimpleActionServer 208
　— acceptNewGoal 209
　— isActive 209
　— isNewGoalAvailable 209
　— isPreemptRequestede 209
　— publishFeedback 211
　— registerGoalCallback 210
　— registerPreemptCallback 210
　— setAborted 210
　— setPreempted 210
　— setSucceeded 210
　— shutdown 209
　— start 209
ardrone_autonomy パッケージ 266

camera_calibration 135
catkin 8, 36
　— catkin_create_pkg 38
　— CATKIN_DEVEL_PREFIX 37
　— catkin ワークスペース 36
　— CMake ファイル 44
　— ROS_PACKAGE_PATH 36
　— 開発スペース 37
　— ビルドスペース 37
　— マニフェストファイル 38, 42
catkin_create_pkg 38
cv_bridge 143, 144
　— CvImage::encoding 146

　— CvImage::header 146
　— CvImage::image 146
　— CvImage::toImageMsg 145
　— CvImage クラス 145
　— cvtColor 144
　— getCvType 144
　— toCvCopy 144
　— toCvShare 145

Dry パッケージ 8

image_transport 137
image_transport::CameraPublisher 138, 151
　— getInfoTopic 151
　— getNumSubscribers 151
　— getTopic 152
　— publish 152
　— shutdown 152
image_transport::CameraSubscriber 155
　— getInfoTopic 155
　— getNumPublishers 155
　— getTopic 155
　— getTransport 155
　— shutdown 155
image_transport::ImageTransport 140
　— advertise 140
　— advertiseCamera 141
　— getDeclaredTransports 141
　— getLoadableTransports 142
　— subscribe 142
　— subscribeCamera 142
image_transport::Publisher 148
　— getNumSubscribers 148
　— getTopic 148

## 索引

 — publish 148
 — shutdown 148
image_transport::Subscriber 148, 153
 — getNumPublishers 153
 — getTopic 154
 — getTransport 154
 — shutdown 154

libfreenect パッケージ 179

nodelet 234
nodelet::Nodelet 236
 — getMTCallbackQueue 236
 — getMTNodeHandle 237
 — getMTPrivateNodeHandle 237
 — getMyArgv 237
 — getName 237
 — getNodeHandle 237
 — getPrivateNodeHandle 238
 — init 238
 — Nodelet 236
nodelet 命令 235

pluginlib 222
 — ClassDesc クラス 223
 — ClassLoaderBase クラス 223
 — ClassLoader クラス 223
 — CreateClassException クラス 223
 — LibraryLoadException クラス 223
 — LibraryUnLoadException クラス 223
 — PluginlibException クラス 223
 — プラグイン記述ファイル 224, 228
pluginlib::ClassDesc 223
pluginlib::ClassLoader 223
 — createInstance 224
 — createUnmanagedInstance 224
 — getBaseClassType 224
 — getClassDescription 224
 — getClassLibraryPath 225
 — getClassPackage 225
 — getClassType 225
 — getDeclaredClasses 225

 — getName 225
 — getPluginManifestPath 225
 — getPluginXmlPaths 226
 — getRegisteredLibraries 226
 — isClassAvailable 226
 — isClassLoaded 226
 — loadLibraryForClass 226
 — refreshDeclaredClasses 226
 — unloadClassLibrar 227

rgbd_launch パッケージ 180
robot_state_publisher 246, 251
ros::init 84
ros::init_options::AnonymousName 122
ros::NodeHandle 89
 — advertise 89, 90
 — advertiseService 91
 — createTimer 96
 — createWallTimer 97
 — deleteParam 92
 — getNamespace 91
 — getParam 92
 — getUnresolvedNamespace 91
 — hasParam 93
 — param 93
 — resolveName 92
 — searchParam 93
 — serviceClient 91
 — setParam 92
 — shutdown 93
 — subscribe 90
ros::ok 85
ros::param 118
 — get 118
 — set 118
ros::Publisher 99
 — getNumSubscribers 99
 — getTopic 99
 — isLatched 99
 — publish 99
 — shutdown 99
ros::service::waitForService 119
ros::ServiceClient 114
 — call 114

|  |  |
|---|---|
| — exists 114 | — rosparam list 命令 66 |
| — getService 114 | — rosparam set 命令 67 |
| — shutdown 114 | rosrun 命令 50 |
| — waitForService 114 | — rosrun tf tf_echo 命令 187 |
| ros::ServiceServer 111 | rosserial_arduino 165 |
| — getService 111 | rosservice 29 |
| — shutdown 112 | — rosservice args 命令 30 |
| ros::SingleSubscriberPublisher 107 | — rosservice call 命令 32 |
| ros::spin 102 | — rosservice find 命令 31 |
| ros::spinOnce 100, 102 | — rosservice info 命令 31 |
| ros::Subscriber 101 | — rosservice list 命令 29 |
| — getNumPublishers 101 | — rosservice type 命令 30 |
| — getTopic 101 | — rosservice uri 命令 32 |
| — shutdown 101 | rossrv 32 |
| ros::this_node 94 | — rossrv list 命令 33 |
| — getAdvertisedTopics 94 | — rossrv md5 命令 35 |
| — getName 94 | — rossrv packages 命令 34 |
| — getNamespace 94 | — rossrv package 命令 34 |
| — getSubscribedTopics 94 | — rossrv show 命令 33 |
| ros::this_node API 94 | rostopic 22 |
| rosconsole 85 | — rostopic bw 命令 23 |
| roscore 49 | — rostopic echo 命令 24 |
| roslaunch 51, 69 | — rostopic find 命令 25 |
| rosmsg 27 | — rostopic hz 命令 25 |
| — rosmsg list 命令 27 | — rostopic info 命令 25 |
| — rosmsg md5 命令 28 | — rostopic list 命令 22 |
| — rosmsg packages 命令 29 | — rostopic pub 命令 26 |
| — rosmsg package 命令 28 | — rostopic type 命令 26 |
| — rosmsg show 命令 27 | ROS アクション 204 |
| rosnode 18 | — アクションイベント 205 |
| — rosnode cleanup 命令 21 | — アクションクライアント 206 |
| — rosnode info 命令 20 | — アクションサーバ 205 |
| — rosnode kill 命令 21 | — アクションデータタイプ 211 |
| — rosnode list 命令 19 | ROS サービス 11, 14, 110 |
| — rosnode machine 命令 21 | — サービス通信モデル 15 |
| — rosnode ping 命令 19 | — サービスデータタイプ 7, 11 |
| rosout 49 | ROS タイマー 96 |
| rospack 39 | ROS トピック 13, 60 |
| — rospack depends 命令 41 | — トピック通信モデル 15 |
| — rospack find 命令 40 | — メッセージ 9, 13, 57 |
| — rospack list 命令 40 | — メッセージデータタイプ 7, 9, 59 |
| rosparam 66 | ROS ノード 12 |
| — rosparam delete 命令 68 | ROS ノードハンドラ 84 |
| — rosparam get 命令 67 | ROS ノードレット 234 |

## 306　索引

　　── ベースクラス　235
　　── マネージャー　235
ROS バッグ　14
ROS パッケージ　6, 7
ROS パッケージマニフェスト　7
ROS パラメータサーバ　13
ROS ビルドシステム　8
ROS プラグイン　222
ROS マスター　13
ROS メタパッケージ　7, 44, 48
ROS ランチファイル　69
　　── arg タグ　74
　　── group タグ　74
　　── include タグ　72
　　── launch タグ　69
　　── machine タグ　71
　　── node タグ　70
　　── param タグ　72
　　── remap タグ　72
　　── rosparam タグ　73
ROS ランチファイルに関連する属性変数　75
RViz/Arbotix　243

tf　184
　　── tf ブロードキャスター　189
　　── tf リスナー　189
tf::Quaternion　193
　　── angle　193
　　── angleShortestPath　193
　　── dot　193
　　── setEuler　193
　　── setRotation　193
　　── setRPY　193
　　── slerp　194
tf::StampedTransform　190
　　── setData　191
　　── StampedTransform　190
tf::Transform　191
　　── deSerialize　191
　　── getBasis　191
　　── getIdentity　191
　　── getOrigin　192

　　── inverse　192
　　── setBasis　192
　　── setOrigin　192
　　── setRotation　192
tf::TransformBroadcaster　190
　　── sendTransform　190
tf::Transformer　195
　　── canTransform　196
　　── frameExists　197
　　── getParent　197
　　── lookupTransform　195
　　── waitForTransform　196
tf::TransformListener　194
　　── transformPoint　194
　　── transformPointCloud　194
　　── transformPose　195
　　── transformQuaternion　195
　　── transformVector　195
TinyGPS++ライブラリ　171

URDF　245, 257
usb_cam パッケージ　133

Wet パッケージ　8

Xacro　245, 256

クライアント　11
購読者　9

サーバ　11
サブトピック　138
疎結合通信　57

配布者　9
ビデオストリーム購読者の代表的なプログラム　157
ビデオストリーム配布者の代表的なプログラム　151
ベーストピック　138

リーフトピック　57

## 著者略歴

銭 飛（せん・ひ）
- 1991 年 千葉大学大学院自然科学研究科生産工学専攻博士課程修了
- 2000 年 広島国際学院大学工学部教授
- 2004 年 関東学院大学工学部教授
- 2013 年 関東学院大学理工学部教授
       現在に至る
       Ph.D.

主な著書：
ネットワーク符号化の基礎，森北出版，2015 年
NS3 によるネットワークシミュレーション，森北出版，2014 年
NS2 によるネットワークシミュレーション，森北出版，2006 年

```
編集担当  福島崇史(森北出版)
編集責任  藤原祐介・富井 晃(森北出版)
組   版  中央印刷
印   刷  同
製   本  ブックアート
```

---

ROS プログラミング　　　　　　　　　　　　　　　　　Ⓒ 銭 飛 *2016*
2016 年 3 月 30 日　第 1 版第 1 刷発行　　【本書の無断転載を禁ず】

著　者　銭 飛
発行者　森北博巳
発行所　森北出版株式会社
　　　　東京都千代田区富士見 1-4-11（〒102-0071）
　　　　電話 03-3265-8341／FAX 03-3264-8709
　　　　http://www.morikita.co.jp/
　　　　日本書籍出版協会・自然科学書協会　会員
　　　　JCOPY ＜(社)出版者著作権管理機構　委託出版物＞

落丁・乱丁本はお取替えいたします．

Printed in Japan／ISBN978-4-627-85341-6

# 森北出版 WEB サイトのご案内

☑ 書籍の詳細な情報が得られます

内容の紹介, 目次, 価格などのほか, 内容見本もご覧になることができます.

☑ サポート情報がダウンロードできます

プログラムのコードやソフトウェア, 正誤情報, 補遺などがある場合にダウンロードすることができます.

☑ 各種サービスのご案内がございます

教科書ご採用をご検討いただいている先生向けの献本申し込み, 毎月の新刊案内メールの申し込み等各種サービスに関するご案内がございます.